畜禽健康养殖与
疾病防治技术宝典系列

奶牛健康养殖与疾病防治宝典

王艳丰　张丁华　孔雪旺　主编

化学工业出版社
·北京·

《奶牛健康养殖与疾病防治宝典》全书共分9章，包括投资准备、基础知识、饲养管理、生态养殖、临床用药、临床诊断、疾病防治、经营管理和信息发布等，对奶牛养殖的现状及市场前景，养殖前的准备工作，养殖风险评估和效益分析，场址选择布局，奶牛场饲养用具、设备及相关配套设施，不同阶段奶牛的饲养管理，奶牛常见病的诊断及防治技术，牛场经营管理及临床诊断、临床用药等都做了详尽的叙述。采用“以点带面”的形式，注重通俗性，兼顾先进性和基础性；从养牛户的立场出发，以生产过程为顺序，以生产需要为重点，弱化了理论和宏观性内容，内容全面，循序渐进，浅显易懂；实用性、针对性和新颖性相结合，突出可操作性，力争每一个点都能解决生产中的一个关键问题；注重细节，侧重于做。

《奶牛健康养殖与疾病防治宝典》可供规模化奶牛场员工、专业养牛户、饲料及兽药企业技术员及初养者等阅读、使用，也可供奶牛科技工作者、农业院校的技术人员和师生阅读、参考。

图书在版编目（CIP）数据

奶牛健康养殖与疾病防治宝典/王艳丰，张丁华，孔雪旺主编．—北京：化学工业出版社，2017.1

（畜禽健康养殖与疾病防治技术宝典系列）

ISBN 978-7-122-28454-9

Ⅰ.①奶…　Ⅱ.①王…②张…③孔…　Ⅲ.①乳牛－饲养管理②乳牛－牛病－防治　Ⅳ.①S823.9②S858.23

中国版本图书馆CIP数据核字（2016）第264697号

责任编辑：尤彩霞　　装帧设计：张　辉

责任校对：王素芹

出版发行：化学工业出版社（北京市东城区青年湖南街13号　邮政编码100011）

印　　装：大厂聚鑫印刷有限责任公司

850mm×1168mm　1/32　印张11　字数318千字

2017年3月北京第1版第1次印刷

购书咨询：010-64518888（传真：010-64519686）

售后服务：010-64518899

网　　址：http://www.cip.com.cn

凡购买本书，如有缺损质量问题，本社销售中心负责调换。

定　　价：35.00元　　

畜禽健康养殖与疾病防治技术宝典系列
《奶牛健康养殖与疾病防治宝典》

编写人员

主　编　王艳丰　张丁华　孔雪旺

副主编　李进杰　化　军　李爱心

编　者（按姓氏笔画为序）

王艳丰　化　军　孔雪旺

李进杰　李爱心　张丁华

杨小杰

我国奶业经过近10多年的快速发展，已成为对农业结构调整作用最大、最富有朝气的产业之一。2015年底，全国奶牛存栏达1594万头，全国牛奶产量3755万吨，同比增长0.8%，占全球总量的4.68%，是全球第三大产奶国（美国第一，印度第二）。但是当前奶牛养殖也存在诸多问题，如奶牛单产水平和规模化程度低；奶价持续下跌，奶农卖奶难和乳企限收拒收；奶牛标准化规模养殖体系不健全；饲养管理水平低、饲养环境卫生条件差、设施陈旧、饲料品种单一及疾病发生频繁等。提高奶牛标准化、规模化饲养水平，实现精细化管理，帮助养殖场（户）树立健康养殖观念，降低疫病发生风险，保证乳产品安全迫在眉睫。基于此，我们立足于奶牛养殖的现状及存在的问题，以奶牛养殖与疾病防治所需的关键技术为切入点编写了此书。

《奶牛健康养殖与疾病防治宝典》共分9章，包括投资准备、基础知识、饲养管理、生态养殖、临床用药、临床诊断、疾病防治、经营管理和信息发布等，对奶牛养殖的现状及市场前景，养殖前的准备工作，养殖风险评估和效益分析，场址选择布局，奶牛场饲养用具、设备及相关配套设施，不同阶段奶牛的饲养管理，奶牛常见病的诊断及防治技术，牛场经营管理及临床诊断、临床用药等都做了详尽的叙述。采用“以点带面”的形式，注重通俗性，兼顾先进性和基础性；从养牛户的立场出发，以生产过程为顺序，以生产需要为重点，弱化了理论和宏观性内容，内容全面，循序渐进，浅显易懂；实用性、针对性和新颖性相结合，突出可操作性，力争每一个点都能解决生产中的一个关键问题；注重细节，侧重于做。

《奶牛健康养殖与疾病防治宝典》可供规模化奶牛场员工、专业养牛户、饲料及兽药企业技术员及初养者等阅读、使用，也可供奶牛科技工作者、农业院校的技术人员和师生阅读、参考。

《奶牛健康养殖与疾病防治宝典》由河南农业职业学院牧业工程学院王艳丰、张丁华、孔雪旺任主编，李进杰、化军、李爱心任副主编，杨小杰参编。笔者长期深入养殖一线，开展科技推广与培训，深知养牛过程中存在的问题，了解养牛人的需求，力争站在养殖者的角度去分析和思考问题，以解决他们的实际需求为编写原则。在编写过程中，得到了河南农业职业学院牧业工程学院领导及相关教师的指导和支持，也得到了河南豫正生物科技有限公司相关人员的协助，并邀请牧业工程学院院长朱金凤教授、河南省农业科学院动物免疫学重点实验室邓瑞广研究员审稿，并对提出的意见逐一修改。但由于编者水平所限，难免会有不足之处，敬请读者批评指正。

用药声明：书中提供的治疗方案仅供参考，具体用药应在兽医的指导下，视奶牛病情、发展经过、年龄和体重大小等因素决定用法、用量、用药时间及最佳治疗方案。出版社和作者对任何在治疗中所发生的对患病动物所造成的伤害和/或财产所造成的损失不承担责任。

编者

2016年12月

奶牛健康养殖与疾病防治宝典
目录 CONTENTS

第一章　投资准备

一、奶牛养殖的现状及发展前景

（1）奶牛存栏量呈递增趋势　2014年全国奶牛存栏1460万头，2015年全国奶牛存栏达1594万头，同比增长9.2%。2014年国家投资改扩建奶牛养殖场1000个，支持养殖企业进口良种奶牛19万头，优质奶源基地进一步扩大。全国共建成高产优质苜蓿生产基地150万亩（1亩=667平方米），形成了100万吨商品苜蓿产能。

（2）奶牛单产水平逐渐提高　从奶牛单产水平和规模化程度来看，占我国奶牛80%以上的中国荷斯坦牛平均年单产达到6000kg，年单产达9000kg以上的奶牛达130万头，但与世界奶业发达国家相比，仍有较大差距。

（3）乳制品进口依存度加大　据国家统计局公布数据显示，2015年我国牛奶（生鲜乳）产量3755万吨，比2014年的3725万吨增加30万吨，增长0.8%。但是，近年来我国乳制品的对外依存度逐渐加大，据统计数据显示，我国2013年进口液态奶18.5万吨，2014年进口液态奶约32万吨，同比增长73%；2015年进口液态奶47万吨，同比增长46.8%。可以预测，未来几年我国乳制品的进口依存度将有增无减。造成液态奶和固体乳制品进口激增的主要原因是价格因素。

（4）原料奶生产区域分布不平衡　我国原料奶生产区域主要集中在北方，其中以内蒙古自治区、黑龙江省和河北省为最大产地。按照

中国区域划分，华北是中国牛奶产量最大的地区。2013年，华北的牛奶总产量为1434万吨，占全国总产量的40.6%；华南地区的产量份额最小，仅占全国总产量的0.69%。值得关注的是，2003年以前，黑龙江省的牛奶产量一直保持产量最高的地位，然而在2003～2005年，内蒙古自治区的牛奶产量大幅增长，超过黑龙江省一跃成为全国的产奶第一大省。中国牛奶产量区域分布的不平衡性，与奶牛自身的生物特性及各地的自然资源禀赋和气候条件密切相关。

（5）奶牛模式化水平不断提高　奶牛养殖规模化比例不断提高，且向优势区域集中。2002～2012年，除年存栏1～4头的散养户占比逐年下降之外，存栏20头、100头、200头、500头、1000头以上牛场的比重均呈逐渐上升趋势。奶牛养殖主要集中在北方优势区域，列全国前几位的内蒙古、黑龙江、河北、新疆、山东和河南6省区2013年奶牛存栏合计1015万头，占全国总存栏的70.5%。2014年存栏100头以上奶牛规模养殖比重达到45%，比2008年提高25.5%。

（6）发展前景　我国乳制品行业是一个新兴产业、朝阳产业，发展潜力巨大，前景广阔。每年我国要新增人口600万，新增人口促使每年乳制品消费能够增长4%～5%。我国目前正处于城镇化的过程中，每年城镇化率提高1%～1.2%，据统计，一个农民被城镇化，其乳制品消费会增加一倍，可见城镇化的加快对我国乳制品市场的发展也会有很大的促进作用。根据国家目标，2020年之前居民收入增长要超过10%，按照相关研究成果，10%的居民收入增长可以拉动乳制品8%的增长；目前我国人均乳制品的消费量是34kg，是亚洲平均水平的1/2，世界平均水平的1/3，意大利平均水平的1/8；预计到2020年乳制品消费市场的容量可增长1倍达到6000万吨，这是我国乳制品刚性的增长。随着社会的发展和人们经济生活水平的提高，人们的膳食结构必然有重大的改变，必将带动乳制品行业更高更快更好的发展。

二、奶牛养殖的投资概算与经济效益分析

与肉牛相比，奶牛饲养周期长、对饲养人员技术要求相对较高、投入相对较高，因此，风险也相对高一些。如果在掌握一定技术后，能准确把握市场规律，把好原料乳质量关，拓宽销售渠道，与乳制品

企业做好营销对接，饲养规模由小及大，经济效益还是不错的。但是，养殖行业都存在一定的风险，特别是市场风险，使得奶牛行情存在着一定的波动。如果市场预测和把握不好，就会出现不赚钱甚至倒奶、杀牛等亏本赔钱的情况。

奶牛养殖成本在不考虑牛舍建设等固定投入的情况下，主要包括购牛成本、饲料成本、挤奶设备、人工费、防疫费、水电费等，其中，购牛成本、人工饲养成本和饲料成本为主要成本。由于不同地区的社会经济条件存在差异，再加上各养殖户的养殖规模、饲养模式、所用饲料等不同，各个地区的养殖成本也各不相同；由于影响因素诸多，每个地区不同时期的价格也有差异。因此，不同时期、不同地区每头奶牛的养殖收益也各不相同。在此主要侧重于介绍核算方法，实际应用时最好事先做市场调查，以最新数据为准。现以年存栏100头的奶牛规模养殖场为例进行分析。

（一）投入成本

1.固定投资

（1）牛舍费用　拴系式的奶牛舍大小按每100头牛占地面积为950～1000m^2设计。成年母牛每头占地9m^2左右，饲养100头奶牛牛舍长80m、宽12m（建筑面积）；青年牛每头占地8m^2，饲养100头青年牛牛舍长75m、宽11m；育成牛每头占地7m^2，饲养100头育成牛牛舍长70m、宽10m；犊牛每头占地5m^2，饲养100头犊牛舍长55m、宽9m。按每平方米造价300元计算，共计：980m^2（以980m^2占地面积计）×300元=29.4万元（取980m^2）。

（2）挤奶机械　饲养100头左右的奶牛舍要安装1套管道式机械挤奶机设备，每套按10万元计算。若使用移动式挤奶机，需4～6套，每套2800元，共计：2800元×5（以5套计）=1.4万元。

（3）青贮窖　100头奶牛约需1000m^3容积的青贮池，按300～400元/m^3计算，约需3.5万元（以350元/m^3计）。

（4）配套设施及其他建筑费用　如水电设施、饲料机械、饲料间、干草储存室、兽医室、办公室、宿舍等，共计15万元。

（5）土地租赁费　按1000元/亩·年计算，共计10亩×1000元=1.0万元。

2.饲养费用

（1）奶牛费用　购100头青年牛或已孕青年牛，按每头1.0万～1.6万元计算（注：奶牛价格因年龄、体重、血统、是否受孕或进口与否等因素有关），共计120万元（取1.2万元/头）。

（2）饲料费用　不同的饲料原料及配方，其价格不同。每头共计饲料支出11011元。

① 精饲料　厂家精补料，10kg/（头·d）×2.6元/kg×280d（泌乳期）=7280元/头，4.5kg/（头·d）×2.5元/kg×85d（干乳期）=956元/头。

② 粗饲料（黄贮、青贮对半）　30kg/（头·d）×0.3元/kg×280d（泌乳期）=2520元/头，15kg/（头·d）×0.2元/kg（黄贮）×85d（干乳期）=255元/头。

（3）配种费　由于防疫、配种技术、管理等原因导致每头牛每年平均配种2次，冻精享受良种补贴，不收费。配种操作费用为40元/头。

（4）防疫及兽药费用　每头牛年均100元（依牛场饲养管理水平而定）。

（5）水电燃油费　每头牛年均100元。

（6）牛折旧费　每头成年母牛现行市场价为12000元左右，淘汰1头牛回收7500元左右，按每头牛5个泌乳周期计算，折旧费为（12000−7500）÷5=900元/头。

（7）人工费用　场主仍需雇工人1名（按养殖标准一个人喂养40～50头牛计算（在此只计算雇工的费用，场主自己的未计算），月工资2500元每年每头牛人工费用为2500元×12月÷100头=300元。若夫妻两人自行养殖，此项费用不计。

1头奶牛饲养费用为：11011元+40元+100元+100元+900元+300元=12451元。因奶牛饲养周期较长，故此处购买奶牛费用暂不计入，场地设施折旧费用不计，设备日常维修、维护费不计，占用资金利息不计。

（二）产出收益

（1）牛奶收入　按产奶期280～305d，干乳期60～85d，日产奶量15～20kg（由于饲养管理、疾病、繁育管理等因素，不同奶牛场存在一定差异），原料奶价格按3.47元/kg计算，1头奶牛牛奶收入：

16kg/（头·d）×280d×3.47元/kg=15545元（按产奶期280天，日产奶量16kg计算）。

（2）奶犊收入 奶牛一年产一胎，产下公犊牛和母犊牛的比例为1∶1。小母奶牛的售价为1000～1500元（小公奶牛一般在出生以后就被卖掉，根据重量计算价格，一般一头售价在600～800元），收入为：（母牛1000元/头+公牛700元/头）÷2=850元/头（按母牛售价1000元，公牛售价700元计算）。

（3）牛粪收入 平均每头成年母牛粪便收入为100元。

1头奶牛每年收入为：15545元+850元+100元=16495元。每年纯利润为16495元−12451元=4044元。其中购牛费用、固定投资不计算在内。

注：由于奶牛饲养周期长，衡量经济效益周期也较长，收益高低需要对奶牛全程投入产出计算之后才更科学、更准确，其中收益还包括淘汰牛收入。

三、奶牛养殖的风险

奶牛与其他家畜养殖一样，都存在一定的风险。主要表现在：

（1）市场风险 主要包括市场需求变化、政策时效性变化和同业竞争三个方面。如2014年2月以来，连续2年的高奶价戛然而止，原料奶价格一路走低，从2月的均价4.27元/kg，到2015年1月降至3.7元/kg，接近3.5元/kg的综合成本价。各地出现不同程度的“卖奶难”，倒奶、杀牛的情况时有发生。

（2）疾病风险 奶牛养殖最大的风险就是疾病，如口蹄疫、结核病、布鲁氏杆菌病、前胃疾病、蹄病、乳房炎、代谢病、繁殖障碍疾病等。奶牛疾病风险具有不确定性，是造成奶牛养殖业高风险的重要因素。疾病还会导致奶牛生产性能下降，严重时还会直接淘汰甚至诱发死亡，极大地损害了养殖户的利益，给产业带来很大风险，造成巨大经济损失。

（3）技术风险 主要指由于养殖者自身技术水平、管理经验和经营技巧的差异，造成奶牛疾病发生率、生产水平、经济效益的不同结果所带来的风险，直接影响养殖者的收益、投资信心甚至生活水平。如果养殖技术或经验不足，一旦发病，奶牛会出现生产性能下降甚至大批死亡的现象，会给养殖者造成巨大的经济损失。

（4）政策风险　如奶牛良种补贴政策、环保评价政策、乳制品加工相关政策（如生鲜乳生产收购管理办法）、市场流通相关政策、乳制品进出口贸易相关政策、乳品质量安全相关政策、全国兽药（抗菌药）综合治理五年行动规划、兽药国标化及国家奶牛进出口政策（中澳自由贸易协定）、粮改饲、奶牛保险等政策变化经过传导最终会影响乳制品生产的价格。

（5）环境风险　一是自然灾害因素，如地震、水灾、风灾、冰雹、霜冻等气象、地质灾害会给奶牛生产带来风险；二是国民的乳制品消费理念和消费水平也会影响其消费量；三是国家陆续出台的相关法律和法规，如《环境保护法》、《畜禽规模养殖污染防治条例》、《中华人民共和国食品安全法（修订草案）》、《中华人民共和国土地管理法》、2015年的中央1号文件《关于加大改革创新力度加快农业现代化建设的若干意见》。

（6）资金风险　奶牛养殖所需的投资很大，尤其是购买奶牛需要的流动资金更大，当前一头黑白花奶牛少则近万元，多则1.6万～1.8万元，甚至更高。如果一次购进50头奶牛，仅购牛成本一项就至少需要几十万元。同时，还有牛舍、设施、设备、饲料、水电、药物及人工等费用支出。因此，投资者应根据自身的资金情况确定饲养规模的大小，从而避免因缺乏足够的资金保障使得奶牛养殖不能顺利开展而形成资金风险。

四、奶牛养殖前的准备工作

奶牛养殖前期要从场舍、用具、技术、饲料、防疫、购种等方面做好准备工作。

1.场舍准备

牛舍应选择坐北朝南、地势高燥、通风采光、排水良好的地方。牛舍内应清洁、干燥、卫生，冬暖夏凉，有一定数量和大小的窗户，以保证光照充足和空气流通。地面应保温，不透水、不打滑，污水、粪尿易于排出舍外。房顶应有一定厚度，隔热、保温性能好。建筑面积大小适宜，经济耐用。

2.用具准备

包括各种饲养设备、供水系统、饲料加工、饲料贮存、饲料运送、供暖设备、挤奶设备、储奶设备、通风降温设备、清粪设备、卫生防疫设备、检测器具和运输工具等。如保定架、鼻环、缰绳及笼头、卫生设备（竹扫帚、铁锹、平锹、架子车或独轮车、清洁刷）、吸铁器、耳号牌、铡草机、饲料粉碎机等。

3.技术准备

奶牛与肉牛相比，饲养周期较长，对饲养管理、疾病防治等关键技术要求较高。投资奶牛生产若不掌握奶牛的生长发育规律和生理特点、不使用科学的饲养技术，就难以获得最佳效益。

4.饲料准备

要使奶牛充分发挥其生产潜力，就必须供给含各种营养物质全面而且平衡的饲料，包括精饲料和粗饲料（青贮料、秸秆料）。饲料要根据奶牛各个生长阶段的营养需要来进行配合和选择使用。饲养奶牛之前，一定要充分考察当地的饲草资源，就近解决饲草问题。否则，靠长途运输、高价购买来解决饲草问题将得不偿失。在条件允许的情况下，若能拿出适当的耕地进行粮草间作或轮作，以解决青饲（贮）料的供应问题，会更为经济。

5.防疫准备

对所买奶牛要由自带的兽医进行现场检疫，主要是布鲁氏杆菌病及结核病检疫，不要只看过去的检疫结果或不经检疫就买，也不要买来自疫区的奶牛。同时，还需按免疫程序接种口蹄疫、炭疽、牛副伤寒等疫苗，并准备好驱虫药物。

6.购牛准备

引种前要全面、多方位地了解供种货源，掌握相关的基本知识。购买育成牛或犊牛时要注意：①要到有经营资格的单位购买；②坚持比质、比价、比服务；③坚持就近购买；④把好育成牛或犊牛的质量关、价格关和结构关。

7.资金准备

饲养奶牛需要一定的流动资金，用于购买育成牛或犊牛及饲料、兽药、疫苗、水电、工资等费用支出，其中用于购买奶牛的费用及饲料费用占较大比例。

8.心理准备

奶牛养殖风险大，既有疾病风险，又有市场风险，有时会亏本或利润较低，所以养殖者需要慎重考虑，要做好心理准备，减少投机心理。

9.模式准备

养奶牛前一定要选择好生产经营模式，是奶牛养殖小区、家庭牧场，还是标准化、集约化、规模化养殖模式，还是租赁模式、托牛所等，每种模式各有其特点，养牛前，应根据自身的经济实力、技术条件、管理水平、市场定位及销售渠道等来确定生产经营模式。

五、奶牛场场址的选择

奶牛场场址选择应以符合当地土地利用发展规划，与农牧业发展规划、农田基本建设规划等相结合，科学选址，合理布局为原则。应因地制宜，根据生产需要和经营规模，对方位、地形、土质、水源以及周围环境等进行多方面选择。

（1）地形地势　应选择地势高燥、背风向阳、地下水位较低，具有一定缓坡且总体平坦的地方建场。地势高燥有利于排水，避免雨季造成场地泥泞、牛舍潮湿。平原地区应避免在低洼潮湿或容易积水处建场，否则会影响奶牛的体热调节和肢蹄发育，还易于滋生蚊蝇及病原微生物，给奶牛健康带来危害。山区建设奶牛场，应选在较平缓的向阳坡地上，且要避开风口，以保证阳光充足、排水良好。地面坡度不宜超过25°，一般以1°～3°为宜。一般可按每头奶牛（中型牛场）160～186m^2确定生产区面积，牛场建筑物面积按场地总面积的10%～20%来考虑。或建筑面积按每头成年母牛28～33m^2（成年母牛100头以上的规模），总占地面积为总建筑面积的3.5～4倍。

（2）土质良好　要求土质透气、透水性能好，易干燥，抗压性强，以沙壤土为好（黏土不适宜），雨水、尿液不易积聚，雨后无硬结，有利于牛舍及运动场的清洁与环境卫生干燥，也有利于防止蹄病及其他疫病的发生。

（3）交通便利　在奶牛场正常经营中，会有犊牛、育成牛、牛奶的运送、大批饲草饲料的购入和粪肥的销售，运输量很大，来往频繁，

有些运输要求风雨无阻。因此，奶牛场应选择在交通便利的地方建场。

（4）便于防疫 牛场最好距公路主干线不小于500m，不要靠近居民点、企业，离居民点至少应在1000m以上，也不要靠近水源地，以免造成对水质的污染，更不能靠近畜产品加工厂、屠宰场以及活畜交易市场，周围1500m以内无易产生污染的企业和单位。

（5）水源充足 应有充足并符合卫生要求的水源，取用方便，能够保证生产、生活用水。奶牛生产中需要消耗较多的水，除牛群饮用外，其他如场地、牛舍、设备、道路的冲洗、消毒以及工作人员使用、绿化等都需要消耗一定量的水。在舍饲条件下，供水能力按每头存栏母牛每日供水300～500L设计。饮水的水质要符合《无公害食品—畜禽饮用水标准》（表1-1）。

表1-1 畜禽饮用水水质标准（NY 5027—2008）

项目		标准值	
		畜	禽
感官性状及一般化学指标	色	≤30°	
	浑浊度	≤20°	
	臭和味	不得有异臭、异味	
	总硬度（以$CaCO_3$计）/（mg/L）	≤1500	
	pH	5.5～9.0	6.8～8.0
	溶解性总固体/（mg/L）	≤4000	≤2000
	硫酸盐（以SO_4^{2-}计）/（mg/L）	≤500	≤250
细菌学指标≤	总大肠菌群/（MPN/100mL）	成年畜100，幼畜和禽10	
毒理学指标	氟化物（以F^-计）/（mg/L）	≤2.0	≤2.0
	氰化物/（mg/L）	≤0.2	≤0.05
	砷/（mg/L）	≤0.20	≤0.20
	汞/（mg/L）	≤0.01	≤0.001
	铅/（mg/L）	≤0.1	≤0.1
	铬（六价）/（mg/L）	≤0.10	≤0.05
	镉/（mg/L）	≤0.05	≤0.01
	硝酸盐（以N计）/（mg/L）	≤30	≤30

（6）草料丰富　奶牛饲养场因所需的饲草饲料用量大，场址宜建在距秸秆、青贮饲料和干草饲料资源较近的地方，以保证草料供应，减少运费，降低成本。

（7）供电稳定　规模化、集约化养牛离不开稳定的电力供应。机器挤奶、牛舍照明、饲料加工、机械通风、饮水供应、粪便清理、环境消毒以及生活等都离不开电。牛场电力负荷为3级，并宜自备发电机组。

（8）防止污染　牛场选址应参照国家有关标准的规定，避开水源防护区、风景名胜区、人口密集区等环境敏感地区，远离村镇、城市。还要考虑牛场污水的排放条件，对当地排水系统进行调查，污水去向、纳污地点、距居民区水源距离、是否需要处理后排放等都会影响到生产成本。

六、奶牛场的布局

奶牛场的规划和布局应本着因地制宜和科学管理的原则，以整齐、紧凑、提高土地利用率和节约基建投资，经济耐用，有利于生产管理和便于防疫、安全为目标。一般来说奶牛场按不同功能分成五大区，即生活管理区、辅助生产区、生产区、粪污处理区和病畜隔离区。

1.分区规划

① 生活管理区　包括职工居住与经营管理有关的建筑物。本区应在牛场上风处和地势较高处，并与生产区严格分开。职工居住区应至少保证距离生产区100m以上，中间可栽绿化带，以保证生活区良好的卫生环境。经营管理区与生产区至少保证50m以上距离。外来人员只能在管理区活动，场外运输车辆、牲畜严禁进入生产区。除饲料加工厂外，其他仓库均可放在管理区。

② 生产区　是奶牛场的核心区，主要包括牛舍、挤奶厅（台）、人工授精室等生产性建筑。应设在场区的下风位置，入口处设人员消毒室、更衣室和车辆消毒池。生产区奶牛舍要合理布局，能够满足奶牛分阶段、分群饲养的要求，泌乳（产奶）牛舍应靠近挤奶厅，各牛舍之间要保持适当距离，布局整齐，以便防疫和防火。

③ 辅助生产区　主要包括供水、供电、供热、维修、草料库等设施，要紧靠生产区布置。干草库、饲料库、饲料加工调制车间、青贮

窖等辅助生产区应该和饲养区相近，便于饲料供应。对于饲养规模较大的奶牛场，可以将生产辅助区，尤其是饲料（草）供应区置于生产区和饲料库之间，以提高效率，减少机械运输的成本和对奶牛生产的干扰。饲料贮藏加工一般位于上风口较好，同时注意防火、防雨。

④ 粪污处理区、病畜隔离区　主要包括兽医室、隔离牛舍、病死牛处理及粪污贮存与处理设施。应设在生产区外围下风向、地势低处，与生产区保持300m以上的间距。粪尿污水处理区、病畜隔离区应有单独通道，便于病牛隔离、消毒和污物处理。牛粪的堆放和处理位置必须远离各类功能地表水体（距离不得小于400m），并应设在养殖场生产及生活管理区的常年主导风向的下风向或侧风向处。

2. 道路规划

场内道路应硬化处理，宽度根据用途和车宽决定。道路要通畅，与场外运输连接的主干道宽6m；通往畜舍、干草库（棚）、饲料库、饲料加工调制车间、青贮窖及化粪池等运输支干道宽3m。运输饲料的道路与粪污道路要分开，不得交叉混用，以利卫生防疫。净道用于运输饲料、育成牛、牛奶等清洁品，污道用于运送粪便污物、病死牛等。场外的道路不能与生产区的道路直接相通。

3. 场区绿化

牛场植树、种草绿化，可以改善场区小气候、净化空气和水质、降低噪声等。在场界周边种植乔木和灌木混合林带，并栽种刺笆。乔木类有大叶杨、旱柳、钻天杨、榆树及常绿针叶树等，灌木类有河柳、紫穗槐、侧柏等，刺笆可选陈刺等，可起到防风、阻沙、安全等作用。为分隔场内各区，如生产区，住宅区及管理区的四周，都应设置隔离林带，一般可用杨树、榆树等，其两侧种植灌木，以起到隔离作用。道路绿化宜采用松柏、冬青等四季常青树种进行绿化，并配置小叶女贞或黄杨组成绿化带。在运动场的南、东、西三侧，应设1～2行遮阳林。一般可选择枝叶开阔、生长势强、冬季落叶后枝条稀少的树种，如杨树、槐树、法国梧桐等。

4. 牛场排污

场内雨水采用明沟排放，污水采用暗沟排放和三级沉淀系统。沟宽为30～35cm，沟深为5～15cm，沟底向下水道方向倾斜。也可采用深沟，上面加盖漏缝地板。

5.牛舍布局

应根据牛场全盘的规划来安排，主要考虑当地地势和主风向等因素。一般牛舍要安置在与主风向平行的下风头的位置，避免冬季寒风的侵袭，保证夏季凉爽。北方建牛舍需要注意冬季防寒保暖，南方则应注意防暑和防潮。此外，确定牛舍方位时还要注意自然采光，让牛舍能有充足的阳光照射。北方建牛舍应坐北朝南（或东南方向），或是坐西朝东。

七、奶牛舍的类型及建筑要求

1.牛舍类型

在生产中，牛舍类型多种多样，各地奶牛场可根据当地实际情况选择不同类型的牛舍。

（1）按开放程度分类

① 全开放式牛舍　外围护结构全开放，无墙、柱、梁，顶棚结构坚固。一般在我国中部和北方等气候干燥的地区采用较多。这种牛舍只能克服或缓和某些不良环境因素的影响，如挡风、避雨雪、遮阳等，不能形成稳定的小气候，因其是个开放系统，几乎不能防止辐射热，人为控制性和操作性不好，不能很好地发挥强制吹风和喷水的效果，蚊蝇防治效果差。优点是结构简单、施工方便、造价低廉。

② 半开放式牛舍　三面有墙，向阳一面敞开，在敞开一侧设有围栏，有顶棚，适宜于南方地区，牛舍的敞开部分在冬季可以遮拦封闭。通过单侧或三侧封闭并加装窗户，夏季开放窗户，能良好通风降温；冬季封闭窗户，可保持舍内温度。

③ 封闭式牛舍　有四壁、屋顶，留有门窗，目前在我国各地区采用较多。冬天舍内可以保持在10℃以上，夏天借助开窗自然通风和风扇等物理送风降温。

（2）按屋顶结构分类

① 钟楼式　牛舍通风透光性好，夏季防暑效果好，但冬季不利于防寒保温，并且构造复杂、造价高。适合于高温高湿地区。

② 半钟楼式　在屋顶向阳面设有“天窗”，一般背阳面坡较长，坡度较大；向阳面坡短，坡度较小。舍内采光、防暑优于双坡式牛舍。

其采光面积决定于天窗的高矮、窗面材料和窗的倾斜角度。夏天通风较好，但寒冷地区冬季不易保温。

③ 单坡式　主要用于家庭式小型牛场，造价低廉。

④ 双坡式　造价相对较低，可利用面积大，适用性广。

（3）按牛床在舍内的排列形式分类

① 单列式　一般适用于几十头的家庭牛场。牛舍跨度小，通风散热面积大，设计简单，容易管理，但每头牛所摊造价高于双列式牛舍。

② 双列式　因奶牛站立方向的不同，可分为牛头向墙的对尾式和牛头相向的对头式。

③ 三列式和四列式　多见于大型奶牛场散栏式饲养。

（4）按饲养方式分类

① 拴系式牛舍　属于传统牛舍。每头牛都有固定的牛床，用颈枷拴住牛只，除运动外，饲喂、挤奶、刷拭及休息均在牛舍内。优点是专人管养固定牛群，对每头奶牛的情况比较熟悉，管理细致；奶牛有较好的休息环境和采食位置，相互干扰小，能获得较高的产量。缺点是操作繁琐费力，劳动生产率较低，牛只关节损伤等也较其他形式多。挤奶方式为手工挤奶、移动式挤奶机挤奶或管道挤奶。拴系式牛舍的跨度通常为10.5～12m，檐高2.4m。

拴系式牛舍的牛床长度取决于体型、体长和饲养方式。一般奶牛的前腿要靠近饲槽后壁；后腿要接近牛床边缘，以利于粪尿直接排入粪尿沟，尽量不要落到牛床上。牛床应有一定的坡度，有一定厚度的垫料。沙土、锯末或碎秸秆可作为垫料，也可使用橡胶垫层。拴系式牛床尺寸参数见表1-2。

表1-2　拴系式牛床尺寸参数

牛别	长度/m	宽度/m
成年母牛	1.7～1.9	1.1～1.2
围产期牛	1.8～2.0	1.2～1.3
青年母牛	1.5～1.6	1.1～1.2
育成牛	1.6～1.7	1.0～1.1
犊牛	1.2	0.9

食槽表面要光滑、不渗水，要耐酸碱、耐磨。两侧的槽壁要呈圆弧形，食槽底部要平。食槽排水口一侧要低于对侧，以便于对食槽冲刷、消毒等。奶牛饲槽尺寸参数见表1-3。

表1–3 奶牛饲槽尺寸参数

牛别	槽上部内宽/cm	槽底部内宽/cm	近牛侧沿高/cm	远牛侧沿高/cm
成年母牛	65～75	40～50	25～30	55～65
青年母牛和育成牛	50～60	30～40	25～30	45～55
犊牛	30～35	25～30	20～25	30～35

牛舍内饲料通道宽度为1.2～1.4m，中间通道宽度为1.6～1.8m。牛舍围护结构应能防止雨雪侵入，保温隔热。牛舍内表面应耐酸碱等消毒药液清洗消毒。

② 散栏式牛舍　不同于拴系饲养，一是奶牛不拴系，二是奶牛场的饲养管理、生产工艺和劳动组织等方面均有较大的改变。即将奶牛的采食、休息和挤奶集中于牛舍内同一床位的饲养方式，改变为分别建立奶牛采食区、休息区和挤奶区的分区饲养模式；将饲喂、挤奶等工序集中于一人的复杂劳动，改变为按饲喂、挤奶、清粪等不同工种专门岗位的单一劳动。因此，采用散栏式饲养便于实行工厂化生产，可大幅度提高劳动效率；同时，散栏式牛舍内部设备简单，造价低，可减少褥草消耗。此外，奶牛散栏式饲养可在采食区、休息区及运动场自由活动而更感舒适。散栏式饲养的缺点是不易做到个别饲养；并且由于共同使用饲槽和饮水设备，传染疾病的机会多；半固体状的粪尿混合物难以清洁。大约有10%的奶牛，尤其是老年奶牛不愿进入散栏式牛床休息。目前国内新建的机械化奶牛场大多采用散栏式饲养。

散栏式牛舍通常适合饲养50头或更多的奶牛。牛舍内的卧床有两列式、三列式、四列式、五列式和六列式。牛舍的跨度为12～34m，牛舍檐高最小为2.7m；走道宽为2.0～4.8m，与饲槽毗邻的走道比其他走道要宽些。散栏式牛床尺寸参数参照表1-4。

现代化散栏饲养的牛舍一般不设单独的食槽，而是直接把饲料撒在靠近牛颈枷的过道边，让奶牛直接采食。牛槽用混凝土制成，为便于机械操作，其长短与饲喂制度有关。如果每日喂两次，则每牛应有

表1-4　散栏式牛床尺寸参数表

牛别	长度/m	宽度/m
成年母牛	2.2 ～ 2.5	1.1 ～ 1.2
青年母牛	1.6 ～ 1.8	1.1 ～ 1.2

0.6m的长度；如果饲槽是供自由采食时，则每牛有0.15 ～ 0.3m的长度。

散栏牛舍的饮水池一般设在卧栏的一端。每一组奶牛应至少设2个饮水池，饮水池的长度应为1 ～ 3m，深度一般为30cm，宽度为60cm，容量分别为180 ～ 540L，供水管每分钟的流量为50 ～ 60L。

（5）按奶牛不同年龄来分

① 成年奶牛舍　可采用双坡双列式或钟楼、半钟楼式双列式。双列式又分对头式与对尾式两种。饲料通道、饲槽、颈枷、粪尿沟的尺寸大小应符合奶牛生理和生产活动的需要。

② 青年牛、育成牛舍　多采用单坡单列敞开式。根据牛群品种、个体大小及需要来确定牛床、颈枷、通道、粪尿沟、饲槽等的尺寸和规格。

③ 犊牛舍　多采用封闭单列式或双列式；初生至断奶前犊牛宜采用犊牛岛饲养。

2.建筑要求

牛舍建筑应根据生产需求、自然条件、经济条件，因地制宜采用开放式、半开放式或封闭式牛舍。牛舍应坐北朝南，南北向偏东或偏西不宜超过30°。应坚固耐用，宽敞明亮，给排水、通风良好。应根据地理位置和气候条件增设防暑降温或防寒设施。舍内通道应方便人员及料车通行，便于饲喂。牛床地面应结实、防滑、易于冲刷，向粪沟倾斜。可采用水泥地面并铺褥草或铺橡胶垫。

八、奶牛舍及相关配套设施的设计与规划

奶牛舍建筑的设计，要根据饲养规模的大小而定。房舍和牛舍之间及各牛舍之间，应该有50m以上的距离。每头奶牛所需的面积：泌乳（产奶）牛为9 ～ 10m^2，初孕牛和育成牛为4.6 ～ 7m^2，犊牛为2.8m^2。

1.奶牛舍常用建筑参数及结构要求

见表1-5。

表1–5 奶牛舍常用建筑参数及结构要求

项目	建筑参数	结构要求
地基	地下水位2m以下，有1%～3%坡度	地基与墙壁之间最好要有油毡绝缘防潮层
长度	一般根据饲养数量和方式而定，长50～200m，跨度12～28m	每栋饲养规模在100～400头成母牛
跨度	双列对头或对尾式牛舍（不带卧床）跨度为10～12m，带卧床为27m，单列式为7m	
墙体	砖墙厚24～37cm	用普通砖和沙浆修建
墙裙	高0.5～1m	从地面算起，墙根地面向外有0.5m的滴水板，适当向外斜
高度	以屋檐为标准，双坡式为3.0～3.6m，单坡式2.5～2.8m，钟楼式稍高点，棚舍式略低些	屋檐和顶棚太高，不利于保温；过低则影响舍内光照和通风。可视各地最高温度和最低温度而定
门	使用TMR饲喂车的饲喂通道的门高2.0～2.8m，宽3.0～3.5m；通往运动场的门洞宽1.8～2.0m，高2.0～2.2m	百头成年奶牛舍通到运动场的门不少于2～3个
窗户	宽1.5～3.0m，高1.5～2.4m，采光系数（窗户面积与舍内地面面积之比）成年母牛为1：12，犊牛为1：(10～14)，窗户距地面1.2m左右	奶牛舍窗户的规格、数目因防暑、防寒的要求，结合采光系数而异
屋顶		一般采用木架或钢木结构、水泥石棉瓦或者彩钢顶
沙床	长1.8m，宽1.1m，靠背高1.2m，前台宽0.55m，坑深0.25m	
通气孔	单列式：0.70m×0.70m，双列式：0.90m×0.90m；通气孔高于屋脊0.5m或在房的顶部；每孔间距3.5～5m	一般设在屋顶，大小因牛舍类型不同而异；北方牛舍通气孔总面积为牛舍面积的0.15%左右；通气孔上面设有活门，可以自由启闭
运动场	成母牛20～30m^2，青年牛20～25m^2，育成牛15～20m^2，犊牛8～10m^2；运动场可按50～100头的规模用围栏分成小的区域	地面最好用三合土夯实，平坦、干燥，要有一定坡度，靠近牛舍一侧稍高，向对侧倾斜。禁止全部用混凝土或砖石铺运动场
运动场围栏	栏高1.0～1.5m，栏柱间距1.5～2.0m，横栏间隙为0.3～0.5m，门宽2m	用钢管焊接或用水泥柱作栏柱，再用钢筋、钢管或木柱等串联在一起

续表

项目	建筑参数	结构要求
运动场饮水槽	按每头牛20cm计算水槽的长度，槽深60cm，水深不超过40cm	供水充足，保持饮水新鲜、清洁
凉棚	高3.0～3.6m，每头成年奶牛4～5m^2，青年牛、育成牛3～4m^2	南向，棚顶应隔热防雨；两侧设排水沟，宽0.8～1.5m，深0.5～0.8m
污水池	距牛舍6～8m，其容积以牛舍大小和牛的头数多少而定，一般可按每头成年牛0.3m^3、每头犊牛0.1m^{3}计算，以能贮满一个月的粪尿为准，每月清除一次	
青贮窖和氨化池	青贮窖按600～800kg/m^{3}设计容量，氨化池按每头牛5m^{3}计算	光滑、无裂缝、无渗水

2. 奶牛舍内部建筑要求

见表1-6。

表1-6　奶牛舍内部建筑要求

项目	建筑参数	结构要求
舍容牛数	双列对尾式，手工挤奶，每栋牛舍容牛应为12的倍数；用可移动式挤奶机时，每栋牛舍容牛为16的倍数；在奶厅挤奶时，每栋牛舍容牛应为60的倍数	一般每栋牛舍容牛48～120头
地面	水泥地面要压上防滑纹（间距小于10cm，纹深0.4～0.5cm）	土地面、立砖地面、水泥地面、石头地面等，坚固耐用
牛床	成年母牛：长1.6～1.8m，宽1.0～1.2m；青年牛和育成牛：长1.6～1.7m，宽1.0m；犊牛：长1.2m，宽0.8m	向粪沟方向坡度1.0%～1.5%；具体见前面表1-2、表1-4
饲槽	具体见前面表1-3	饲槽设在牛床前面，以固定式水泥槽最适用，高于牛床5～10cm
饮水器	碗状，直径20～25cm，深度10～15cm，高度一般距牛槽底部20～40cm	
通道	人工饲喂：饲料通道宽度为1.2～1.4m，中央通道宽度为1.6～1.8m；TMR饲喂车饲喂时通道宽度为3.0～3.5m	分为中央通道和饲料通道。通道宽度应以送料车能通过为原则
清粪通道	宽1.6～2.0m	路面防滑，标高应低于牛床，最好有大于1%的拱度

续表

项目	建筑参数	结构要求
粪尿沟	宽30～40cm，深5～18cm	设置于牛床后部，一般为明沟或半明沟。光滑、防漏、易排水，应有6%的坡度，沟底为方形，以便用方锹清粪
牛栏和颈枷	牛栏由横杆、主立柱和分立柱组成，每相邻两个主立柱之间的距离与牛床宽度相同。主立柱之间由许多分立柱构成，分立柱之间距为0.10～0.18m，牛栏和颈枷高度为1.20～1.50m。泌乳（产奶）牛的牛栏高度为1.40～1.50m，育成牛、青年牛的略低	隔栏用弯曲的钢管制成，一端和牛栏立柱相连，另一端固定在牛床前2/3处，隔栏高80cm，由前向后倾斜；牢固耐用，光滑，便于操作

3.挤奶厅建设与管理

（1）位置　挤奶厅应建在养殖场（小区）的上风处或中部侧面，距离牛舍50～100m，有专用的运输通道，不能与污道交叉，既便于集中挤奶，又减少污染。奶牛在去挤奶厅的路上可以适当运动。避免运奶车直接进入生产区。

（2）数量　根据奶牛的头数决定建造挤奶厅的个数，按照如下公式计算：（鱼骨式或并列式）挤奶位数量=泌乳（产奶）牛头数÷单班挤奶时间÷4÷2，大型奶牛场也可采用转盘挤奶方式。

（3）组成　包括挤奶大厅、待挤区、设备室、储奶间、休息室、办公室等。

（4）设备　最好选择具有牛奶计量功能的设备，如玻璃容量瓶式挤奶机械和电子计量式挤奶机械。挤奶厅应有牛奶收集、贮存、冷却和运输等的配套设备。

（5）挤奶大厅的环境要求

① 挤奶厅通风系统尽可能考虑能同时使用定时控制和手动控制的电风扇。

② 挤奶厅的墙可以采用带防水的玻璃丝棉作为墙体中间的绝缘材料或采用砖石墙。

③ 挤奶厅地面要求做到经久耐用、易于清洁，安全、防滑、防

积水。地面可设一个到几个排水口，排水口应比地面或排水沟表面低1.25m。

④ 挤奶厅的光照强度应便于工作人员进行相关的操作。

（6）挤奶厅（台）的形式

① 串列式挤奶台 在挤奶栏位中间设有挤奶员操作的地坑，坑道深85cm左右，坑道宽2m。适于产奶牛100头以下规模的养殖场（小区），从1×2至2×6栏位。优点是挤奶员不必弯腰操作，流水作业方便；同时，识别牛只容易，乳房无遮挡。

② 鱼骨式挤奶台 挤奶台栏位一般按倾斜30°设计。中等规模的奶牛场，栏位根据需要可从1×3至2×16栏位。100头以上中、大规模的奶牛养殖场（小区），根据需要可安排2×8至2×24栏位。棚高一般不低于2.45m，坑道深0.85～1.07m（1.07m适于可调式地板），坑宽2.0～2.3m；坑道长度与挤奶机栏位有关。这种挤奶台使牛的乳房部位更接近挤奶员，有利于挤奶操作。

③ 并列式挤奶台 根据需要可安排1×4至2×24栏位，可以满足不同规模奶牛养殖场（小区）的需要。并列式挤奶厅棚高一般不低于2.2m。坑道深1.0～1.24m（1.24m适于可调式地板）；坑宽2.6m；坑道长度与挤奶机栏位有关。这种挤奶台操作距离短，挤奶员最安全，环境干净，但奶牛乳房的可视程度较差。

（7）辅助设施

① 奶牛通道 从待挤区进入挤奶厅的通道和从挤奶厅退出的通道应是直道。此外还要避免在挤奶厅进口处设台阶和坡道。常见的是单一通道，一组奶牛从挤奶厅前面穿过而返回去，出挤奶厅的通道应该足够宽，能够容纳拖拉机刮粪板通过。挤奶厅内的进出通道宽度应为95～105cm，避免奶牛在通道中转身。通道可以用胶管或抛光的钢管制作。

② 待挤区 是进入挤奶厅前奶牛等候的区域，一般来说待挤区是挤奶大厅的一部分，为了减少雨雪对通往挤奶厅道路的影响，应在通往挤奶厅的走道上设顶棚。在建设待挤区的时候要考虑挤奶位的多少，每次挤奶时奶牛在待挤区中待的时间不要超过1h。待挤区内的光线要充足，使奶牛之间彼此清晰可见。待挤区要有通风、排湿、降温、喷

淋设备等。

③ 设备间　要为奶罐以及其他设备选择安放的位置。最好能采用卷帘门，方便进出设备间。设备间应留有足够的空间以方便操作，同时还要为将来可能购置的设备留下空间。设备间内要有良好的光照、排水、通风，设计通风系统应考虑冬季能利用压缩机放出的热量来为挤奶大厅保暖。真空泵、奶罐冷却设备、热水器、电风扇、暖风炉、电动门等均需要电线电器系统。将配电柜安装在设备间的内墙上可减少水汽凝集，减少对电线的腐蚀。在配电柜的上下及前面的1.05m的范围内不要安装设备，也不要在配电柜周围1m范围内安装水管。

④ 储藏间　用来存放清洗剂（用具）、药品、散装材料、挤奶机备用零件特别是橡胶制品。储藏室应与设备间分开，并且墙壁应采用绝缘材料，以减少橡胶制品的腐蚀和老化。储藏室内设计温度要低，最好能安装臭氧发生器。建议设置在中央、无窗但通风良好、能控制温度升高的地方。此外还要有良好的光照和排水环境，还需要1台冰箱来存放药品。储藏室的温度应保持在4 ～ 27℃。

⑤ 储奶间　通常是放置奶罐、集奶罐、过滤设备、冷热交换器以及清洗设备的区域。储奶间的大小与奶罐的大小有关。储奶间要尽可能地减少异味和灰尘进入。最好能采用在进气口带过滤网的正压通风系统，减少异味从挤奶厅进入储奶间。电风扇的安装位置应远离有过多的异味、灰尘、水分的地方。储奶间应有一个加热单元或采用中央加热系统以保证不结冻。许多大奶罐的相当一部分伸出储奶间的墙外，这样可以减少储奶间的尺寸，降低造价，但需要有支撑奶罐的墙壁建造技术。基础要能够经得住奶罐的重压。

（8）挤奶厅卫生控制　挤奶厅是质量管理的关键环节，在挤奶厅内许可使用的化学物质和产品应放在不会对牛奶造成污染的位置贮存。确保挤奶厅的水被排净。挤奶厅的下水道必须便于对冲洗所用的水进行处理。地面的下水道口应有过滤较大固体沉淀物的措施。下水道必须有一个容易清洗干净的滤气阀，使废气和臭气排出挤奶间。下水道应该定期清洗以防阻塞。

4. 犊牛岛修建

犊牛岛又叫犊牛栏、犊牛笼，是犊牛从出生到断奶后1周左右饲养的地方。犊牛岛的特殊要求包括通风和保温的有机结合，室内犊牛岛靠近产房，要求每犊一栏，犊牛岛长130cm，宽80～110cm，高110～120cm，侧面用钢丝网、木条、塑料等制成。通过完全隔离或其他方法来防止犊牛间互相吮吸，能有效防止病原微生物在病牛与健康牛之间传播。底部用木制漏缝地板制成，便于排尿和保温。正面有向外开的门，还有颈枷，下方有两个活动的钢筋圈，用来放置饲喂牛奶、犊牛料、饲草和饮水的用具，一般是喂牛奶后放置水桶以供饮水，犊牛料和饲草共用一个用具，可以做到自由饮水和采食。后面有通风孔，无顶部。室内犊牛岛适合北方较寒冷地区使用，尤其是刚出生不久的犊牛使用。

室外犊牛岛呈一种半开放式，是前高后低或者前低后高的直角梯形，两侧面长分别是150cm和165cm，前面和后面分别是115cm和145cm，顶部是130cm×170cm的矩形。在每个犊牛岛前面有各自独立的运动场，运动场长、宽和高分别是300cm、120cm和90cm，运动场围栏用钢筋围成栅栏状，围栏前有活动的钢筋圈，放置饲喂牛奶、犊牛料、饲草和饮水的用具。每头犊牛的占地面积是5.6m^2。

九、标准化奶牛养殖小区建设与规划

参照《标准化奶牛养殖小区项目建设标准》（NY/T 2079—2011），适用于成年母牛存栏200～800头的奶牛养殖小区建设。具体如下：

1.小区选址与建设

（1）选址要求　符合当地土地利用发展规划和村镇建设发展规划；建设地点选择应符合NY/T 682—2003《畜禽场场区设计技术规范》中4-1的要求；选址应远离屠宰场所和工矿企业，特别是距离化工类企业宜在2km以上，且周围应无传染源。

（2）空气质量和小区的生态环境质量　应符合NY/T 388—1999《畜禽场环境质量标准》的要求。

2.工艺与设备

（1）生产工艺　标准化奶牛养殖小区选用拴系式或散栏式饲养方式，宜采用阶段分群饲养工艺。小区内各养殖户应在奶牛品种、原料采购与加工、挤奶、兽药使用、消毒防疫、粪污处理、管理及销售等方面协调统一。

（2）主要设备　包括牛卧栏、颈枷、犊牛栏、挤奶设备、粪污处理、采暖、清洗消毒、兽医防疫、饲料加工等设备，其他设备参照国家相关标准执行。

3.规划与布局要求

（1）小区规划原则　建筑紧凑，节约土地，布局合理，方便生产。

（2）规划面积　按表1-7控制。

表1-7　奶牛养殖小区建设用地控制指标　　单位：m^2

成年母牛存栏数/头	生产区	管理生活区	辅助生产区	粪污处理区	小区规划面积
200～400	19200～32000	2700～4200	4860～8400	4800～8240	32000～53000
401～600	32000～46700	4200～4800	8400～12260	8240～8600	53000～72400
601～800	38400～46700	4800～5550	12260～15280	8600～8870	72400～140000

（3）小区功能区　一般包括3～4个功能区，即管理生活区、生产和辅助生产区、病畜管理区及粪尿污水处理区。功能区间应设有隔离带或隔离墙；连通各区的道路应净道、污道分开，避免交叉污染。

①管理生活区　管理区包括与经营管理、兽医防疫及育种有关的建筑物。管理区应与生产区严格分开，距离50m以上；生活区应在小区上风向和地势较高地段，并与生产区的距离在100m以上。

②生产区　应设在小区的下风向。大门口设立门卫传达室、人员消毒室和更衣室以及车辆消毒池。生产区挤奶厅（含储奶室）、奶牛舍（含运动场）要合理布局，各养殖户牛舍之间要保持适当防疫和防火距离。辅助生产区，离牛舍位置适中。

③粪污处理区　设在生产区下风向的地势低处，与生产区保持30m卫生间距，防止污水、粪尿、废弃物蔓延污染环境。

④病畜管理区　病牛区应有单独通道，便于隔离、消毒、污物处理等。

⑤辅助生产区　草料库的建设，宜符合保证生产、合理贮备的要求（饲草贮存量应满足3～6个月生产需要用量的要求，精饲料的贮存量应满足1～2个月生产需要用量的要求）；青贮窖要求建在地势较

高，土质坚硬，干燥，距离粪坑、污水较远，距离牛舍较近的地方；饲料加工车间距离饲养区较远，配套的饲料加工设备应能满足小区饲养的要求。

4. 小区建筑与构筑物

（1）生活管理及其他用房建设　按《民用建筑设计通则》GB 50352的规定执行。

（2）青贮窖　构筑物尺寸大小根据养殖规模确定，并且青贮储备量应满足12个月以上青贮需要量。青贮窖按600～800kg/m^{3}设计容量确定。青贮窖的容积应保证每头牛不少于7m^3。

（3）单元牛舍与运动场建设

① 单元牛舍建设　牛舍一般为坐北朝南，通风向阳。牛舍内的温度、相对湿度、气流（风速）和光照应满足奶牛不同饲养阶段的需求。冬季温度保持在5℃以上，夏季高温时保持在35℃以下。牛舍防疫间距应在8.0m以上。

牛舍可采用单列、双列式牛舍，建筑面积按每头6.0～10.0m^{2}计算。双列式跨度一般为10.0～16.0m，净高为3.0～4.0m。对头式中间为饲料通道，两边各有一条清粪通道；对尾式中间为清粪通道，两边各有一条饲料通道。单列敞开式牛舍三面有墙，有顶棚，向阳敞开，设有围栏。牛舍类型可采用封闭式、敞开式和半敞开式牛舍，并在牛舍的一端设值班室和精料储存间。

一般采用条形刚性基础，应有足够强度和稳定性，坚固；防止下沉产生不均匀下陷。墙体多采用砖墙，要求坚固结实、防水，具有良好的保温与隔热性能。采用单坡式或双坡式屋顶，要求质轻、坚固结实、防水、保温、隔热，能抵抗雨雪、强风等外力影响。

门宽为1.8～2.0m，高为2.0～2.2m。如采用TMR车饲喂，宽为3.5～4.0m，高为2.5～3.0m。窗户的设置应符合通风采光的要求。窗户面积与舍内地面面积之比应不小于1∶12。一般窗户宽为1.5～2m，高为2.2～2.4m，窗台距地面为1.2m。可采用推拉窗、卷帘等窗户。

奶牛养殖小区散养牛床建设尺寸和拴系奶牛舍牛床建设尺寸可参考表1-8。

表1-8　牛床建设推荐尺寸

月龄	体重/（kg/头）	牛床宽/cm	牛床长/cm	颈轨高/cm	胸板至粪道/cm
6～8	160～230	76	152	78	117
9～12	230～300	84	163	84	124
13～15	300～360	94	183	94	145
16～24	360～540	107～112	198	94	158
＞24	540～680	112～122	215	102	168
	680以上	122～132	228	107	180

奶牛饲槽设计要便于机械操作，宜建成高通道、低槽位的道槽合一式，即槽缘和通道在一个水平面上。对头式饲养的双列式牛舍，中间通道宽为2.9～3.3m。道宽以能通过送料车为原则。若采用道槽合一式，饲喂通道宽宜为4.5m。

牛舍宜设有良好的清粪排尿系统。采用机械刮粪则应为混凝土地面，地面宜向清粪的方向倾斜2%～3%以便清洗，走道宽度与清粪机械（或推车）宽度相适应。若采用水冲粪，走道宜采用漏缝式地板，下面设粪沟，粪沟应有3%倾斜坡度。

② 运动场建设　围栏用钢管建造，立柱间距为3.0m，立柱高度按地平计算为1.4～1.5m，横梁2根；运动场面积按每头牛为15.0～25.0m^2。在运动场内应设自控饮水池和矿物质添加剂补饲槽。场地宜平坦，自然坡度为1%～3%。

（4）挤奶厅建设

① 挤奶厅面积与设备　成母牛规模：200～800头；挤奶设备选择：鱼骨式或并列式挤奶设备；挤奶厅面积：以存栏奶牛数计，每头牛平均占地面积为0.35～0.60m^2。

② 挤奶厅（台）的形式　多采用鱼骨式和并列式两种，栏位根据养殖规模需要确定。棚高一般不低于2.5m，栏位中间设有挤奶员操作的坑道。坑道深为0.80～0.85m，宽为2.0～2.3m，坑道长度与挤奶机栏位有关，详见表1-9。

鱼骨式挤奶台栏位与坑道一般按倾斜30°设计，并列式挤奶台按90°设计。

表1-9　挤奶台坑道长度

鱼骨式挤奶台坑道长度		并列式挤奶台坑道长度	
挤奶机栏位/个	坑道长度/m	挤奶机栏位/个	坑道长度/m
2×6	9.0	2×6	6.4
2×8	11.3	2×8	7.7
2×10	13.6	2×10	9.1
2×12	15.9	2×12	10.5
2×14	18.2	2×14	11.8
2×16	20.5	2×16	13.2
2×18	22.8	2×18	14.6
2×20	25.1	2×20	16.0
2×22	27.4	2×22	17.3
2×24	29.7	2×24	18.7

③ 挤奶厅建筑　鱼骨式挤奶厅跨度为7.5 ～ 8.0m，并列式挤奶厅跨度为9.3 ～ 12.0m，建筑基础及墙体同养殖单元。墙面1.8m以下贴瓷砖，1.8m以上刷防水涂料。混凝土地面做防滑处理，坡度控制在1% ～ 3%；坑道贴瓷砖。宜采用铝扣板吊顶。

④ 挤奶厅附属用房及设备　附属用房：在挤奶台旁设有机房、牛奶制冷间、热水供应系统、更衣室、化学品储存间、卫生间及办公室等。储乳室：根据需要设置储乳罐和冷却设备，应满足在2h内使牛奶冷却到0 ～ 4℃的要求。待挤区：宽不大于挤奶厅，面积按每头牛$2.5m^2$设计。在挤奶厅出口处牛舍走道旁设分离栏。在挤奶厅内应建有粪尿排污系统。

⑤ 做好防震、防火及节能设计　生产建筑、公用配套及生活建筑不低于三级耐火等级。

⑥ 小区建筑使用年限　小区内生活管理用房及挤奶厅等建筑设计使用年限应在25年以上。

5.配套工程

（1）水源　小区内有足够的生产和饮用水源，饮水质量应符合无公害食品-畜禽饮用水标准（农业部制定，NY 5027—2008）。

（2）电力负荷及照明　小区电力负荷为三级，设变配电室，并宜自备发电机组。舍内照明光源宜采用节能灯。

（3）道路　小区内道路应净道、污道分开，与小区外连接的主干道宽为4.0m，支干道宽为3.0m。

（4）消毒池　在饲养区人员、车辆入口处应设有消毒池，具体要求是：车辆消毒池的尺寸应依车轮间距确定，长度依车轮的周长而定，消毒池宽为3.0m，长为3.8m，深为15cm；人员消毒池长2.8m、宽1.4m和深5.0cm。池底要有一定坡度，池内设排水孔。

（5）粪污处理　小区的粪污处理设施应与生产设施同步设计、同时施工、同时投产使用。根据小区养殖规模及自然条件，粪污处理可选用集中堆肥或厌氧发酵处理，处理能力应与建设规模相匹配，污物排放应符合国家相关的规定，具体要求是：小区采用堆肥发酵对粪污进行无害化处理，固体废弃物采用条垛式或机械强化槽式堆肥发酵，液体废弃物宜采用好氧或自然生物等技术处理；小区采用厌氧发酵技术即沼气工程对粪污进行无害化处理，处理设施应根据小区粪污排放量确定建设规模。

（6）消防与安全　小区消防设施应符合下列要求：消防给水及安全设施，应符合GB 50016《建筑设计防火规范》的相关要求；草垛与牛舍及其他建筑物的防火间距应大于20m，且位于下风向；消防通道可利用小区内道路，应确保小区内道路与小区外公路畅通。

（7）绿化　小区绿化率不小于30%。

6. 防疫设施

小区应健全防疫体系，各项防疫措施应完整、配套、简洁和实用；小区四周应建围墙，并有绿化隔离带；各功能区间建有围墙或绿化隔离带；小区防疫消毒设备，宜选配手动背负式喷雾器或踏板式喷雾器；小区分期建设时，各期工程应形成独立的生产区域，各区间设置隔离沟、障及有效的防疫措施。

7. 主要技术经济指标

（1）根据建设规模和饲养工艺，其建设总投资和分项工程建设投资应符合表1-10的规定。

表1-10 奶牛小区建设投资控制额度表 单位：万元

项目名称	建设规模/头					
	200 ～ 400		401 ～ 600		601 ～ 800	
	沼气	堆肥	沼气	堆肥	沼气	堆肥
总投资指标	730 ～ 1380	540 ～ 1100	1380 ～ 1860	1100 ～ 1560	1860 ～ 2530	1560 ～ 2190
生产设施设备	290 ～ 780	290 ～ 780	780 ～ 1200	780 ～ 1200	1200 ～ 1760	1200 ～ 1760
公用配套及生活设施	233 ～ 290	233 ～ 290	290 ～ 315	290 ～ 315	315 ～ 360	315 ～ 360
防疫设施	10 ～ 20	10 ～ 20	20 ～ 25	20 ～ 25	25 ～ 30	25 ～ 30
粪污无害化处理设施	190 ～ 300	7 ～ 10	300 ～ 340	10 ～ 20	340 ～ 380	20 ～ 30

（2）小区内各养殖户根据建设规模、饲养工艺，其建设总投资和分项工程建设投资应符合表1-11的规定。

表1-11 养殖户建设控制额度表 单位：万元

项目名称	建设规模/头	
	25	50
总投资指标	93 ～ 110	138 ～ 175
生产设施设备	39 ～ 50	65 ～ 103
公用配套及生活设施	29 ～ 31	38 ～ 40
防疫设施	1 ～ 2	2 ～ 3

（3）小区占地面积及建筑面积指标应符合表1-12的规定。

表1-12 小区占地面积及建筑面积指标 单位：m^2

项目名称	建设规模/头		
	200 ～ 400	401 ～ 600	601 ～ 800
占地面积	29000 ～ 53000	53000 ～ 72000	72000 ～ 140000
总建筑面积	3750 ～ 10220	10220 ～ 14550	14220 ～ 18800
生产建筑面积	3170 ～ 8950	8950 ～ 13180	13180 ～ 17430
其他建筑面积	580 ～ 1270	1270 ～ 1370	1370 ～ 1470

（4）小区内各养殖户占地面积及建筑面积指标应符合表1-13的规定。

表1–13　小区内各养殖户占地面积及建筑面积指标　单位：m^2

项目名称	建设规模/头	
	25	50
占地面积	2288	3608
总建筑面积	360～576	660～1056
生产建筑面积	346～554	646～1034
其他建筑面积	14～22	14～22

（5）标准化奶牛养殖小区生产消耗指标应符合表1-14的规定。

表1–14　奶牛养殖小区生产消耗指标

项目名称	指标
每头成年母牛年用水量/m^3	160～230
每头成年母牛年用电量/（kW·h）	140～160
每头成年母牛年用精料量/t	3.0～4.8
每头成年母牛年用干草量/t	1.0～2.0
每头成年母牛年用青贮饲料量（鲜重）/t	6.5～9.0

十、奶牛养殖需要的饲养设备及设施

1.管理器具

无论规模大小，管理器具必须齐备。主要有为牛体清洁的刷子（如铁挠、棕毛刷等），拴系设备如拴牛的鼻环、缰绳、旧轮胎制的颈圈（特别是拴系式牛舍），清扫牛舍用的叉子、三齿叉、翻土机、扫帚，耳标、削蹄用的短削刀、镰刀及无血去势器、体尺测量器械、保定架、吸铁器等。

2.饲草饲料收割与加工机械和设备

（1）收获机械　可供选用的品种和机型很多。如：①青饲收获机，分为直接切碎式、直流式和通用式三种，由于通用式青饲收获机适应性广，切碎质量好，应用日益广泛；②玉米收获机，专门用于收获玉米，一次可完成摘穗、剥皮、果穗收集、茎叶切碎、装车进行青贮等

项工作，可分为悬挂式、带有玉米割台的牵引式以及带有玉米割台的自走式三种；③割草压扁机，是较先进的割草机，集收割、茎秆压扁和搂草等功能为一体；④压捆机，可将散乱秸秆和牧草压成捆，便于运输和贮存，分固定式和捡拾式两类。

（2）加工机械　主要用于饲草饲料的加工和配制，可以大大提高生产率。如：①铡草机，主要用于牧草和秸秆类干饲料的切短，也可用于铡短青贮料；②揉搓机，是介于铡切与粉碎两种加工方法之间的一种新型机械，可以将物料切断，揉搓成丝状；③粉碎机，目前国内生产的粉碎机类型有锤片式、劲锤式、爪式和对辊式4种，锤片式粉碎机生产效率高，适应性广，既能粉碎谷物类精饲料，又能粉碎含纤维、水分较多的青草类、秸秆类饲料，粉碎粒度好；④小型饲料加工机组，主要由粉碎机、混合机和输送装置等组成；⑤袋装青贮装填机；⑥全自动全混合日粮搅拌喂料车，主要由自动抓取、自动称量、粉碎、搅拌、卸料和输送装置等组成，可以自动抓取青贮料、草捆、精料及啤酒糟等。

3. 挤奶与鲜奶冷却机械和设备

（1）挤奶机械

① 管道式挤奶机　主要是针对小型及中型奶牛场设计的。在对原有的牛舍不需要做大的改动的前提下，就可实现机械化挤奶，同时便于扩大规模或更新原有的挤奶系统。适用于存栏数在100头左右的养殖场。该设备适用于拴系式棚养奶牛场和牧业小区。100头牛左右的牛舍安装此机型最为合适，可同时对6～8头牛进行挤奶。牛奶在全封闭系统中收集，输奶管为不锈钢管道，保证鲜奶质量，并可对该系统进行清洗消毒。奶自动收集，原位循环清洗，保证牛奶卫生，经济实用。

② 提桶式挤奶机　包括挤奶机组、脉动器及不锈钢奶桶等。牛奶收集在奶桶内，每次称重记录后，将奶倒入奶槽，即时泵至奶缸冷藏。结构简单，易于操作，成本低，不受养殖规模和牛只产奶量的限制。适合存栏数40～120头奶牛的中小型奶牛场挤奶之用，具有投资少、收益高、使用维护简单等特点。

③ 转盘式挤奶台　并列式转盘挤奶系统可满足高效挤奶的需求，适用于散养几百头至几千头的奶牛场。牛群连续自动地进入转盘，彼

此之间无干扰，挤奶员在转盘外从牛后面挤奶。旋转的平台避免了挤奶员频繁走动，工作高效舒适。

④ 移动式挤奶车　该设备适于小型奶牛场和个体散养奶牛用户使用。单桶型一次挤一头牛，双桶型一次可同时挤两头牛，每头牛挤奶时间为5～8min。单桶型适合于15头以下的奶牛群使用，双桶型适合于20～30头的奶牛群。这种挤奶车是集真空泵、奶杯组、奶桶于一车之上，具有可移动作业、经济、方便等优点。

（2）鲜奶冷却设备　一般由温度调节仪、制冷压缩机、搅拌机、安全绝热层等组成。贮奶缸是存鲜乳的容器，外形为圆柱体，有立式和卧式之分，缸外包有绝热层，以减少外界热量的传入。有的贮奶缸带有冷却夹套，可使贮存的鲜乳保持一定的低温。凡与牛乳接触的器壁和附件均采用不锈钢材料制造，也有采用铝材或耐酸搪瓷等材料制造的。

4.通风降温设备

牛舍通风设备有电动风机和电风扇。轴流式风机是牛舍常见的通风换气设备，既可排风，又可送风，而且风量大。电风扇也常用于牛舍通风，一般以吊扇多见。喷淋式降温系统是目前最实用且有效的畜禽降温装置，主要用于降低牛体的温度。天气过热时，可将机械通风和喷淋降温结合，以形成强制气流，提高蒸发散热效率，迅速带走牛体多余的热量。对于喷淋、通风结合的降温系统，通风和喷淋要交替进行。

5.饮食设备

如饮水槽、自动饮水器、连通式饮水器、饲料槽等。一般奶牛场可用手推车给料，大型奶牛场可用拖拉机等自动或半自动给料装置给料。

6.消毒设备

主要有水洗清洁、喷雾消毒和火焰消毒。水冲清洁设备一般选高压清洗机或由高压水泵、管路、带快速连接的水枪组成的高压冲水系统。消毒设备一般选机动背负式超低量喷雾机、手动背负式喷雾器、踏板式喷雾器。当在疫情严重的情况下，可选火焰消毒器。

7.清粪设备

包括自动刮粪板、铲车、吸浆泵等清理运输设备和粪便固液分离、沼气生产、沼气发电和堆肥发酵等处理设施。中小规模养殖场多用笤帚、铁锨等工具将牛粪收集成堆，然后通过人力装车运走。大型牛场清粪普遍采用的技术主要有固定链式刮粪板、机械铲车和滑移装载机等。

8. 附属设施

主要包括运动场与围栏、凉棚、补饲槽、饮水设施、人工授精室、饲料库、干草间、青贮窖或青贮池、兽医室、病牛舍、消毒室和消毒池、粪尿污水池和贮粪场等。

十一、奶牛的饲料来源

奶牛的饲料包括精饲料和粗饲料两大类。粗饲料包括玉米青贮、优质干草、秸秆、酒糟等，可以直接购买，也可以购买原料自己制作，平时要和牛场周边种植业相结合，在农作物收获季节及时收割、调制和贮存。如在秋季玉米收获时要大量收购、制作青贮饲料，一次制作要够牛场一年所需。多汁饲料如胡萝卜也要在收获季节及时收贮，其他饲料可随时从市场上购买。精饲料的来源主要有以下两种方式。

（1）直接购买市售的饲料　目前，市场上生产、销售奶牛饲料的厂家比较多。包括预混料（5%，分为奶牛育成期、青年奶牛妊娠期、奶牛泌乳期、奶牛干奶前期、奶牛干奶后期或犊牛、育成牛、围产牛、产奶牛及干奶牛等）、浓缩料（50%，分为奶牛育成后期、产奶期、产奶高峰期等）、精料补充料（分为奶牛犊牛开食期、育成前期、育成后期、月子料、产奶期、产奶高峰期等）等。不同公司生产的预混料、浓缩料和精料补充料，划分阶段可能有所不同。养殖户可以根据市场口碑、饲料价格和实际情况自行选择。

（2）根据饲料配方自己配料　根据相关研究与实践已证明效果好的饲料配方及饲料类型，自己购买相关饲料原料及添加剂，自行配制，价格相对便宜。

十二、种母牛和犊牛的来源

牛源有两种途径，分别是自繁自养和外购。种母牛和犊牛或育成牛购买必须从正规合法、信誉度高、有经营许可证，并且可以从国家

工商行政管理总局的《全国企业信用信息公示系统》（http://gsxt.saic.gov.cn/，注：查询时只需输入“奶牛”、“牛”等关键字，再输入验证码即可）或当地工商局网站中可以查询到的或在当地有良好信誉度及较好口碑的种牛场购买；也可登录国家种畜禽生产经营许可证管理系统（http://www.chinazxq.cn/）查询各地的种牛场，不管从哪一个牛场购买，牛场都必须具备《种畜禽生产经营合格证》和《动物防疫条件合格证》。此外，有条件的牛场也可应用胚胎移植技术利用黄牛扩繁奶牛。

十三、个人饲养奶牛数量的确定

一个人能养多少奶牛，与其自身能力、饲养水平、机械化程度、生产模式及资金投入等有关，在备足饲草饲料的前提下，传统饲养一个人能养30 ～ 50头奶牛，如果采用TMR饲喂、挤奶厅集中挤奶、自动清粪等先进技术，机械化程度较高的情况下一个人能养80 ～ 120头奶牛。

十四、奶牛及原料奶的销售渠道

1.成立或加入奶牛养殖专业合作社，与其签订销售合同，由其回收统一销售。

2.与乳制品企业合作，签订收购合同，由其负责回收，是当前原料奶销售的最主要渠道。

3.直接将生鲜乳销售给周边居民。

4.建立鲜奶吧，如山东省一些规模化奶牛场养殖者为了满足消费者对“新鲜、营养、健康、安全”的牛奶的需求，在相关政府部门的协调和支持下，以自有牛场生产的生鲜奶为原料，在消费者相对集聚的地点投资兴建的从事生鲜奶“现场加工、现场消费（或现场销售）”巴氏奶的一种经营场所（鲜奶吧）。目前，在东营、潍坊、济南等地诞生的鲜奶吧其基本特征是生产、加工、销售高度一体化。生鲜奶配送到鲜奶吧后，即刻进行巴氏杀菌，杀菌消毒后马上就出售给消费者。消费者既可在门店即时饮用，也可带回家里消费。当天销售不完的巴氏奶可现场制作成酸奶、冰激凌、奶昔等产品，第二天继续销售。

5.奶牛可以卖给奶牛场、奶牛养殖小区及养牛户等，淘汰奶牛可卖给肉联厂或肉牛饲养场适当肥育以后再销售。

十五、学习奶牛养殖技术的途径

1.图书期刊（如《奶牛健康养殖与疾病防治宝典》、《中国奶牛》、《黑龙江畜牧兽医》、《北方牧业》、《中国乳业》、《中国畜牧》杂志等）；

2.视频资料（CCTV7科技苑、农广天地的奶牛的夏季饲养管理、奶牛优良品种介绍、奶牛的数字化生活、奶牛围产期的管理、奶牛寄生虫病综合防治技术、奶牛全混合日粮饲喂技术、奶牛全混合日粮自动投喂机的使用与维护、中国荷斯坦奶牛养殖技术、娟姗牛养殖技术等）；

3.网络学习，如输入“奶牛养殖技术或相关关键词”点击百度搜索；专业网站：如农广天地（http://tv.cctv.com/lm/ngtd/yangzhi/）、牛联网（http://www.niulianwang.com/）；牛农网（http://www.niunong.com.cn/）；中国奶业信息网（http://www.chinadairyindustry.org.cn/）；奶牛专家咨询系统（http://cecs.tjau.edu.cn/）等；

4.实地考察（如去奶牛养殖场实地参观学习、交流）；

5.与相关高校、科研院所（如河南农业职业学院动物疫病快速诊断中心等）联系，请求技术指导或进行咨询。

十六、我国奶业发展中存在的主要问题

（1）饲养规模小　奶牛的养殖模式主要是以个体奶农为主体的中小规模奶牛养殖，难以形成规模经济，严重制约着我国乳业的发展。根据国际上的有关经验，奶农的养殖规模以50头左右为宜。目前，我国存栏100头以上的奶牛养殖规模达到45%，散养户、中小规模养殖场仍占有较大比例。

（2）牧草生产不能满足需求　牧草是奶牛的重要营养来源。在我国现阶段奶牛的饲料主要是以粮食、作物副产品、秸秆及少部分牧草为主。我国的奶牛缺乏优质的粗饲料，尤其是优质苜蓿和其他牧草是制约我国奶牛产奶性能的因素之一。

（3）良种牛比例不高，单产低　我国良种奶牛品种主要是中国荷斯坦奶牛，在新疆、内蒙古牧区还有少量的三河牛、新疆褐牛以及西门塔尔牛等。目前，我国的良种奶牛覆盖率还不足50%，大大落后于

发达国家100%的良种奶牛覆盖率。我国每年都要进口大量的改良种用牛和牛冷冻精液以弥补良种牛的严重不足。我国奶牛目前平均单产6t左右，而美国的单产水平已经达到了9.6t。

（4）消费者对国产乳制品仍缺乏足够信心　2015年全国乳制品总产量2530.96万吨，与2014年相比下降120万吨左右，国内奶业消费市场出现首次下滑。

（5）乳制品质量安全监管的加强和乳制品企业质量意识有待提高

当前，奶农卖奶难，乳制品企业限收拒收的群体多为散养户，主要是由于散户在养殖生产过程中大多数有着“小、散、乱”的生产特点，原料奶质量和数量没有保障，在奶业形势下行的大背景下，直接受到影响。中型规模以上养殖场，养殖操作规范、原料奶数量和质量稳定、签订有正规收购合同的，受到影响相对较小。

（6）乳制品市场秩序不规范　一些乳制品企业缺乏稳定的奶源基地，淡季压价、旺季争抢奶源的现象时有发生；部分乳制品企业为抢市场打价格战和广告战，炒作概念，不落实复原乳标识制度，误导消费者，有的欠款严重。

（7）原料奶定价机制不合理　奶农组织化程度较低，乳制品企业单方面决定生鲜乳价格，奶农利益难以保证。

十七、养奶牛投资多大规模合适

中国奶牛业不能过度追求养殖规模的扩大，应根据我国国情发展中小规模养殖小区，进而提高奶农组织化程度，调动奶牛饲养者的积极性，逐渐推进奶牛适度规模养殖的发展。

适度规模的具体数量要由养殖户根据自己所拥有的资源（如资金实力、自有土地及其所能提供的饲草与饲料等）、管理能力、龙头企业的服务半径以及环境条件等因地制宜、因时制宜地决定，并实行种养结合、合理安排各种资源要素并使各种资源得到充分发挥。现阶段适合中国的奶牛养殖规模是小型50～100头、中型100～1000头、大型1000～3000头，规模太大不利于环境保护和疫病防治，管理难度也大。适度规模养殖比较典型的形式有标准化养殖小区、规模化家庭牧场、奶联社、奶农专业合作社、乳品企业自建牧场以及外资企业等六种模式。

十八、奶牛养殖的未来发展方向

转变奶牛养殖观念，变革饲养模式，走标准化、规模化、规范化、健康化的可持续发展之路是我国奶牛养殖的未来发展方向。

（1）规模化　奶牛业只有形成规模生产，才能产生规模效益，才能增加科技含量，才能有效规避风险。这是保证奶牛业健康、稳步发展的必要条件。要围绕龙头企业，集中各种资源，统一规划，建设高标准奶牛场（区）；要全力扶持建设一批大规模、高标准的奶牛场，实行科学、规范、标准化的奶牛饲养管理集成技术，进而形成区域性的辐射示范群，带动本地和周边地区的奶牛养殖业由数量速度型向质量效益型方面转变，向规模要效益。

（2）标准化　按照畜禽良种化、养殖设施化、生产规范化、防疫制度化和粪污无害化等“五化”要求，建设标准化规模养殖场、家庭牧场和专业合作组织，提高设施化和集约化水平。粗放的奶牛业生产模式不会带来高产、高效，只能用科学的饲养管理来实现降低奶牛业生产成本，提高效益水平。因此，标准化的科学饲养管理将成为今后奶牛业重点发展方向。

（3）区域化　奶牛业生产只有形成区域优势，才能得到快速、健康和可持续发展。因为奶牛业生产的产品——生鲜奶保存期过短的特点，决定了它的运输距离不能过长；而生鲜奶的主要销售市场是乳品加工企业，这就要求奶牛养殖地区要有一定规模的乳品加工企业，才能保证奶牛业销售市场的畅通。只有在本地区形成奶牛业的群体规模和产业优势，才会吸引乳品加工企业投资办厂，这样奶牛业生产的鲜奶才有销售市场，有市场才能进一步拉动奶牛业的发展。因此，形成奶牛业区域化优势是保证奶牛业可持续发展的前提。

（4）行业组织化　目前，我国的奶牛产业中，产品加工企业大多已具备了较高的现代化水平，而为之生产原料的养殖户，则以散户饲养为主，生产方式落后。“小而散”的生产特点，使养殖者在整个奶业产业链中自然处于被动地位，在利益分配上，更多的听命于奶加工企业，利益空间往往会被加工企业压至最小，是真正的弱势群体。奶牛

养殖户要想争取合理的利益，只有组织起来，成立行业组织，变小群体为大群体，形成合力与企业抗衡，才能争取到属于自己的合理利益。同时，行业协会还可以通过技术交流和合作，增加本地区本行业的科技含量，提高生产力水平，使行业效益最大化。

（5）产品安全化　乳制品安全是保证人们身体健康的前提。随着“疯牛病”等动物疫病在世界各地的蔓延以及“三聚氰胺”事件的发生，奶牛业安全生产越来越受到国家和社会的广泛重视和关注。今后，国家将对奶牛业从生产到加工环节实行全方位的监管。目前，很多发达国家和国内的京、津、沪等大中城市相继实行了畜产品市场准入制度，因此，保证乳制品的安全和质量也成为发展奶牛业的关键词。这就要求在奶牛业生产中要把住产品质量安全关，要时刻把握住可能引起奶牛产品质量安全问题的各个环节。

（6）生态化　随着社会文明程度的不断提升，生态绿色环保是当今社会的主旋律，生态绿色饮食概念已深入人心。乳制品作为人类高营养食品的生态绿色特征，更为广大消费者所关注。因此，乳品加工企业要想提高市场竞争力，就必须向生产生态绿色乳制品方向发展；而生态绿色的奶牛业生产方式，是保证乳品加工企业生产生态绿色乳制品的基础和关键。今后，生态绿色奶牛业生产方向，是保证其健康和可持续发展的关键。

十九、建奶牛场需要的手续

（1）要到当地土地部门咨询养殖场占地的性质　新建养殖场禁止占用基本农田，要符合乡镇土地利用总体规划。养殖户首先需本人提出申请，写明养殖地点、规模、投资等情况，经村、镇审批后，在当地国土资源所办理登记备案手续。

（2）新建规模养殖场要符合动物防疫条件和环保要求　要到县级以上畜牧兽医行政主管部门和环保局申报，由相关部门组织人员进行现场实地考察，依据有关法律法规要求，做出答复。合格后发放《动物防疫条件合格证》和环评批复手续。

（3）土地、防疫、环保等条件达到要求后，即可建场。

（4）养殖场建成投产后，到当地畜牧部门登记备案。

（5）要在县工商局办理工商登记证。

（6）要在县质量技术监督局办理组织机构代码证并作法人登记。

不同的地区，办理程序可能不同。具体办理时，可咨询当地各业务管理部门。在许多农村地区，只要有合适的场地，即可上马开始奶牛养殖。

二十、奶牛场的环境评价

根据《畜牧法》（中华人民共和国主席令第四十五号）第三十九条的规定，畜禽养殖场、养殖小区的规模标准由省级人民政府根据本行政区域畜牧业发展状况制定。畜禽养殖场、养殖小区应纳入环评范围，按照《建设项目环境影响评价分类管理名录》（环境保护部令第2号）的有关规定执行。要求各地促进畜禽养殖业与环境保护协调发展，新改扩建畜禽养殖场，必须进行环评。

（1）向当地环保部门提交书面申请。

（2）上交相关手续，包括发改部门的立项手续、国土部门的土地审批手续和工商部门核准的工程名称等。

（3）委托有资质的环评机构做相关环境影响评价，出环评报告表或报告书，然后经专家组进行评审，最后交环保部门进行审批。

（4）批复后，在当地所在县（市、区）环保部门的监管下，按照环评进行施工建设。

具体的相关手续可以到所在地环保局进行咨询。

二十一、目前我国对奶牛养殖的补贴政策

目前，国家支持养殖业发展的相关政策包括畜牧良种补贴政策、畜牧标准化规模养殖支持政策、动物防疫补助政策以及农业保险保费补贴政策等。如奶牛良种补贴标准为荷斯坦牛、娟姗牛、奶水牛每头能繁母牛补贴30元，其他品种每头能繁母牛补贴20元，并开展优质荷斯坦种用胚胎引进补贴试点，每枚补贴标准5000元。畜牧标准化规模养殖支持政策重点支持养殖场（小区）水电路改造、粪污处理、防疫、挤奶、质量检测等配套设施建设。如2016年国家继续安排中央投资用于奶牛标准化规模养殖场（小区）建设，补助标准：中央投资分年存

栏300～499头、500～999头、1000头以上三个档次予以补助。其中：年存栏300～499头的养殖场（小区），每个由中央补助投资80万元；年存栏500～999头的养殖场（小区），每个由中央补助投资130万元；年存栏1000头以上的养殖场（小区），每个由中央补助投资170万元。

此外，各省、自治区、直辖市等也会出台各自相应的补贴政策。如《河南省2015年奶牛、肉牛良种补贴项目》实施方案中规定：每头能繁荷斯坦奶牛每年使用两剂冻精，每剂冻精补贴15元；每头能繁奶水牛每年使用3剂冻精，每剂冻精补贴10元。浙江奉化2016年《奶牛政策性补贴资金管理暂行办法》规定：奶牛人工授精良种补贴，按每头经产奶牛补贴2剂冻精测算，其中存栏100头以上的养殖场使用验证公牛冻精，每剂补贴30元，其他场使用农业部认定公牛冻精每剂补贴15元；后备母牛补贴，每头补贴1000元；成年奶牛引种补贴，每头1500元；牧草种植补贴，每亩100元；生产贷款贴息补贴，贷款利息总额的30%；鲜奶收购贷款贴息补贴，收购鲜奶贷款利息总额的30%。各地情况有所不同，具体可向当地畜牧局咨询。

第二章　基础知识

一、奶牛的生物学特性

（1）草食性　以植物为食物，主要采食植物的根、茎、叶和籽实。牛无上门齿，舌是摄取食物的主要器官。牛舌较长，运动灵活而坚强有力，舌面粗糙，能伸出口外将草卷入口内。上颌齿龈和下颌门齿将草切断，或靠头部的牵引动作将草扯断。散落的饲料用舌舔取。日粮以青粗饲料为主，以干物质计算，当粗饲料占日粮比例少于50%时，牛患各种消化和代谢疾病的概率将明显增加，短期内不能少于30%（如高产奶牛），否则，不仅增加饲料的成本，而且会引发多种疾病。在配制日粮时，必须考虑这个特性。

（2）视觉灵敏，记忆力强　奶牛体躯高大，视野好，视觉很灵敏，记忆力强，对它接触过的人和事印象深刻，能很快熟悉并接受新环境。利用此特点，能训练牛固定槽位、定时到奶厅挤奶等。只要把它在指定槽位拴上两天，以后就能认定自己的槽位；日常管理要求定时饲喂、饲喂程序固定、饲养员固定等；粗暴对待牛，则会抑制牛对畜主（饲养员）的怀恋，不仅会使生产受到损失，而且会遭到牛的寻机报复，对畜主（饲养员）造成伤害。

（3）睡眠时间短　每天总共1 ～ 1.5h。因此，应尽可能延长牛的自由采食时间，在运动场设置补饲槽和矿物质舔剂等，使牛在夜间有充分的时间采食和反刍，有利于提高采食量和生产性能。

（4）群居性　奶牛在转群、进入挤奶厅以及在运动场运动时，喜欢3～5头结帮活动。牛群经过争斗建立起优势序列，优势者在各方面优先。即抢食其他牛的饲料、抢饮水、抢先出入牛舍等，利用优势者（头牛）的优势可以方便管理，但也有不利的方面，因此必须进行分群。分群应考虑牛的年龄、健康状况和生理等因素，以避免恃强凌弱，否则小牛吃不到应有的饲料量，失去饲料配制的意义。

（5）群体性　牛的行为具有群体性，因此，应积极引导，加以利用。如在运动场设置补饲槽、饮水槽等，可诱使牛群多采食、多饮水，提高饲料利用效果。如果牛群受惊吓，会集体骚动，运动场围栏不严时，也会集体逃离。

（6）竞食性　牛在自由采食时有互相抢着吃的习性，群体饲养时利用这一特点可使用通槽（与单槽对应，即几个牛一个槽）增加采食量，或诱导牛吃一些适口性较差的饲料。

（7）怕热耐寒　奶牛比较怕热，一是由于奶牛饲料消化和利用过程中产热量多，干物质采食量一般相当于其体重的3%以上，即相当于普通牛的1.2～1.7倍。二是牛属于大型哺乳类恒温动物，单位体重的体表面积小，有利于热的保存，不利于热的散发。三是牛汗腺不发达，被毛和体组织的保温性能好，不利于对流和蒸发。四是奶牛生产牛奶必须消耗能量，日产20kg奶的奶牛，每天需要增加45～58MJ的能量消耗，都是以热的形式损失。牛虽然喜欢凉爽、耐寒，但在严冬时，还要注意室内外温差。室内外温差大于20℃时，会损害牛的健康。根据牛耐寒不耐热的生物学特性，应注意在日粮中配合发热少、营养好、易消化的草料。

（8）容易应激　奶牛的各种应激（如管理、环境、营养、运输及防疫等）会较一般牛强烈，泌乳期较干奶期强烈，升奶期较平稳期和降奶期强烈，成年牛较幼牛强烈。空怀又不产奶的牛以及育成牛（6～24个月）应激反应最轻。非特异性应激反应包括心跳加速、血压波动、呼吸频率加快、血糖升高和脂肪分解加强等，特异性应激反应包括生产性能降低、繁殖力下降（不发情、流产、死胎等）和消化吸收能力下降等。

（9）喜运动　牛喜欢自由活动，在运动时常表现嬉耍性的行为特

征，幼牛特别活跃。饲养管理上应保证牛的运动时间，散栏式饲养有利于牛的健康和生产。

（10）食性广　喜吃青绿饲料、精料和多汁饲料，其次是优质青干草、低水分青贮料，最不爱吃秸秆类粗饲料。同一类饲料中，牛爱吃 $1cm^3$ 左右的颗粒料，最不喜欢吃粉料。因此，在以秸秆为主喂牛时，应将秸秆切短或粉碎，并拌入精料或打碎的块根、块茎类饲料饲喂；也可将其粉碎后压制成颗粒饲料饲喂。

二、奶牛的消化生理特点

1. 消化器官的特点

（1）胃　奶牛属反刍动物，有四个胃，分别是瘤胃、网胃、瓣胃和皱（真）胃。

① 瘤胃　大型牛140～230L，小型牛95～130L，约占全胃容积的80%。呈椭圆形，几乎占整个腹腔的左半部，具有暂时储存食物的功能，不能分泌胃液。胃黏膜表面有无数密集的角质化乳头，胃内有大量的瘤胃原虫和细菌，具有物理和生物消化作用。

② 网胃　又称蜂巢胃。位于瘤胃前方，是4个胃中最小的，约占全胃容积的5%，其上端的瘤网口与瘤胃相通，下方的网瓣口与瓣胃相通。饲料颗粒可在瘤胃和网胃之间自由移动。主要功能是将随饲料吃进的重物（钉子、铁丝等）贮藏起来。

③ 瓣胃　呈球形，位于右季肋部，网胃与瘤胃交界处的右侧，占全胃容积的7%～8%，其上端的网瓣口与网胃相通，下端的瓣皱口与皱胃相通。内壁有纵列褶膜，故又称百叶胃。主要功能是进一步研磨食糜，吸收有机酸和水分，使进入真胃的食糜更细、含水量更低，以便于消化。

④ 皱胃　又称真胃。呈长梨形，位于右季肋部和剑状软骨部，与腹腔底部紧贴。皱胃黏膜有螺旋形大皱褶，可以防止皱胃内容物逆流回瓣胃。奶牛的4个胃中只有皱胃分泌胃液，胃液中含胃蛋白酶和胃酸，可消化食糜中的蛋白质，使食糜得到初步的化学消化，但不消化脂肪、纤维素和淀粉。

（2）小肠　包括十二指肠、空肠及回肠，特别发达，长27～49m。

其内存在大量的消化液，含多种蛋白酶类，可进一步消化进入小肠的食糜。小肠的内表面折叠，折叠的表面上有许多柱状肠绒毛，可以增加吸收面积，使消化后的营养物质得到充分吸收。

（3）大肠　包括盲肠、结肠和直肠，盲肠为0.75m，结肠为10～11m。大肠中有微生物，可对食糜进行降解，能消化饲料中15%～20%的纤维素，产生大量可被机体吸收利用的，挥发性脂肪酸，主要作用是吸收水分、水溶性物质、矿物质及胆酸盐等。

2.消化生理特点

（1）反刍　奶牛的采食方式与单胃动物不同。在采食过程中，未经充分咀嚼就匆匆将食物吞咽入瘤胃，在瘤胃内经过一段时间的浸泡和软化，再返回口腔，重新咀嚼并混入唾液、重新咽下的过程称为反刍。

奶牛每昼夜的采食时间为6～8h，放牧或饲料粗糙时，采食时间延长，气温过高或过低也会使采食时间延长。因此，夏天应以夜饲为主，冬天以舍饲为主；日粮品质较差时，应延长饲喂时间。反刍时间与采食时间之比大约为1∶1。成年牛每昼夜有10～15个反刍周期，每次约30min。反刍周期的发生和停止主要与前胃食糜的状态和运转情况有关。一般晚上的反刍时间较白天多，大概有10次左右，且每次反刍的持续时间也较长。当处于安静环境时，反刍常在饲喂结束20～30min后才出现；若存在外界干扰因素，则反刍会延迟。

反刍的作用是将饲料颗粒进一步磨碎，至不再随逆呕食团进入口腔。每个逆呕食团再咀嚼的持续时间和次数主要决定于食糜的性质。一般每个食团从瘤胃经食管沟到口腔需1秒，咀嚼时间需40～50秒，咀嚼次数为40～70次，且吞咽后5秒即可发生再次逆呕。

（2）瘤胃微生物及其作用　奶牛的瘤胃中寄居着大量的微生物，每毫升瘤胃液中有10^9～10^{10}个，其微生物区系十分复杂，种类众多，主要有瘤胃细菌、厌氧真菌和瘤胃原虫三大类。各种微生物种群所占比例受饲料种类、饲喂制度及奶牛年龄等影响。

瘤胃微生物不仅与牛之间存在共生关系，各微生物种群之间也相互联系和制约，三类微生物之间形成一个动态的平衡，共同构成瘤胃微生物的生态系统。这些微生物在瘤胃内能抑制病原菌的生长，协助

消化各种饲料，并合成蛋白质、氨基酸、多糖及维生素，供自身生长和繁殖；最后随食糜进入真胃和小肠，在各种消化酶类的作用下分解为可供宿主利用的营养物质。优化瘤胃微生物菌群能最大限度地提高采食量、纤维消化率和微生物蛋白的合成，以实现稳定高产；还可促进挥发性脂肪酸的生产，降低有机酸的积累，防止酸中毒。

（3）采食

① 采食特点　牛无上门齿，饲料在口中不经咀嚼即咽下，在休息时进行反刍。牛舌大而厚，有力而不灵活，舌头上表面有许多朝后凸起的角质化刺状乳头，会阻止口腔内的饲料掉出来。如饲料中混有铁钉、铁丝、玻璃碴等异物时，舌头不会把它顶出，这些较重的尖状物沉入网胃底部。当牛反刍时，胃强烈收缩，尖锐异物会刺破胃壁，造成创伤性胃炎；有时会刺破横隔膜、心包、心脏等，引起创伤性心包炎，危及牛的生命。未切碎的根茎类饲料，容易造成牛食道梗阻。塑料薄膜过大时，会堵塞网瓣孔，严重时造成死亡。

② 采食时间　在适宜温度内，自由采食情况下，牛的采食时间为每昼夜6～7h。牛的采食习性受气温变化的影响，气温在低于20℃、等于27℃和高于30℃时，分布在白天的自然采食时间分别为68%、37%和11%，因此，在炎热的夏季要注意在早晨和晚上饲喂。放牧时采食时间比舍饲长一些；饲喂干草秸秆或草切的过长则采食时间较长；喂全价颗粒日粮所需的采食时间短。

③ 干物质采食量　通常奶牛干物质的采食量占体重的2%～4%或者更高，但是也随产奶量和奶牛的食欲而变化；也受诸多因素影响，如饲料、生理阶段（发情、妊娠阶段少，分娩后增加）管理、环境、健康状况、日粮组成等。计算方法：干物质采食量（kg/d）=0.025×体重（kg）+0.1×日产奶量（kg）。

（4）嗳气　瘤胃和网胃中寄居着大量的微生物，可以对进入胃中的各种营养物质进行强烈的发酵，产生挥发性脂肪酸和各种气体（主要是甲烷和二氧化碳）；随着瘤胃内气体的增多，气体被驱入食管，从口腔逸出的过程就是嗳气。奶牛每昼夜可产生气体600～1200L，每小时嗳气17～20次，每次嗳气时气体排出量为0.5～1.7L。

三、奶牛的外貌鉴定与体尺测量

1.外貌鉴定

整体特点是皮薄、骨细、血管显露、被毛细短有光泽、肌肉和皮下脂肪不发达、胸腹宽深、体躯容量大、乳房发达、细致紧凑体型。

（1）头部　母牛的头形清秀细致，公牛的头略宽深，明显不同于肉牛的头形。眼睛圆大、明亮、灵活、有神，目光温和、不露凶相（尤其是公牛）；口宽阔、下颚发达；鼻孔圆大、鼻镜湿润；耳中等大小，薄而灵活。留角的牛，角质致密光润。

（2）颈部　颈长一般占体长的27%～30%，皮较薄，两侧皮肤皱褶细密。颈部与躯干连接自然，结合部无凹陷。

（3）鬐甲　以第2～6背椎和肩胛软骨为解剖基础，是连接颈、前肢和躯干的枢纽，有长短、宽窄、高低、分岔之分。奶牛以长鬐甲为好，分岔、尖锐、短薄、低凹均为不良形状。

（4）前肢　包括肩、臂、前臂、球结、系、蹄及胸部。肩部以肩胛骨为解剖基础，有狭长肩、短立肩、广长斜肩、瘦肩、肥肩、松弛肩、翼状肩等类型。良好的肩形应为广长斜肩，肩胛骨宽而长，肩部与体躯结合自然，有力但不粗糙。狭长肩的牛肩胛骨窄，短立肩的牛肩胛骨短。肥肩和瘦肩与牛的膘情有关，过肥的牛肩部丰满圆润、脂肪厚；过瘦的牛肩胛骨棘突显露、两侧凹陷成沟。松弛肩和翼状肩是严重缺陷，前者的成因是肩胛骨与躯干结合无力，通常伴随出现分岔鬐甲；后者为前躯松弛无力所致，肘端与躯干明显分离。

前肢的肢势应端正，肢间距宽。当牛以端正的姿势站立时，从前方看，前肢能遮住后肢；由肩关节向地面引的垂线从腕关节中央通过，平分前肢。若垂线位于腕关节的外侧，则说明两前肢腕关节过于靠近，通常称为前肢“X”状肢势。从侧面看，由肩胛骨上1/3处向地面引垂线，从前肢侧面中央通过。若垂线在前肢的后方，称前踏肢势；位于前肢的前方则称后踏肢势。

牛的前臂应有适当的长度，前膝要整洁有力；前管光整，筋腱明显；球结要强大，系部要有弹性，与地面呈45°～55°角；蹄圆大、厚实，蹄踵壁与地面呈40°～50°角。

（5）胸、背、腰、腹 胸部要宽深，表明心、肺发达。背腰要平直，肋骨向外、向后充分开张，使躯干有较大的容积。腹部要大而结实，不下垂。

（6）后躯 尻部要求长、宽、平，腰角与坐骨端的连线基本与地面平行。尾根着生良好，粗细适中，皮薄毛短。臀部及后肢内侧肌肉不发达，乳房发育的空间大。后肢肢势端正，由坐骨端引向地面的垂线与飞节后端相切，从后肢后方中央通过。系部结实、有弹性；蹄圆大、坚实。

（7）乳房 应有良好的外形、发达的乳腺组织和良好的血液循环系统。乳房的底线要平，略高于飞节；4个乳区匀称，乳头位于乳区下方的正中央，长7～8cm；乳房向前自然过渡到腹壁，向后悬着的位置要高，乳镜要宽大；乳房上被毛稀短，皮肤有弹性，悬着乳房的韧带坚实有力。乳房内部乳腺组织发达，结缔组织较少，乳房有弹性。乳房充满乳汁时，乳房的浅表静脉怒张，两条乳静脉粗大，乳井圆大。

中国荷斯坦奶牛（母牛）外貌鉴定评分标准见表2-1，外貌鉴定等级标准见表2-2。

表2-1 中国荷斯坦奶牛（母）外貌鉴定评分标准

项目	细目与评满分标准要求	标准分
一般外貌与乳用特征	1.头、颈、鬐甲、后大腿等部位棱角和轮廓明显	15
	2.皮肤薄而有弹性，毛细而有光泽	5
	3.体格高大而结实，各部结构匀称，结合良好	5
	4.毛色黑白花，界线分明	5
体躯	5.长、宽、深	5
	6.肋骨间距宽，长而开张	5
	7.背腰平直	5
	8.腹大而不下垂	5
	9.尻长、平、宽	5
泌乳系统	10.乳房形状好，向前后延伸，附着紧凑	12
	11.乳房质地：乳腺发达，柔软而有弹性	6
	12.四乳区：四个乳区匀称，前乳区中等大，后乳区高、宽而圆，乳镜宽	6
	13.乳头：大小适中，垂直呈柱形，间距匀称	3
	14.乳静脉弯曲而明显，乳井大	3

续表

项目	细目与评满分标准要求	标准分
肢蹄	15.前肢：结实，肢势良好，关节明显，蹄质坚实，蹄底呈圆形	5
	16.后肢：结实，肢势良好，左右两肢间宽，系部有力，蹄形正，蹄质坚实，蹄底呈圆形	10
总计		100

注：母奶牛外貌评定一般要求在产后第3～5个月进行。

表2-2　中国荷斯坦奶牛外貌鉴定等级标准

性别	特等	一等	二等	三等
公	85	80	75	70
母	80	75	70	65

2.体尺测量

常用测量器具有测杖、卷尺、圆形测量器、测角计等，体尺测量数目依测量目的不同各异。常用体尺有（图2-1）：

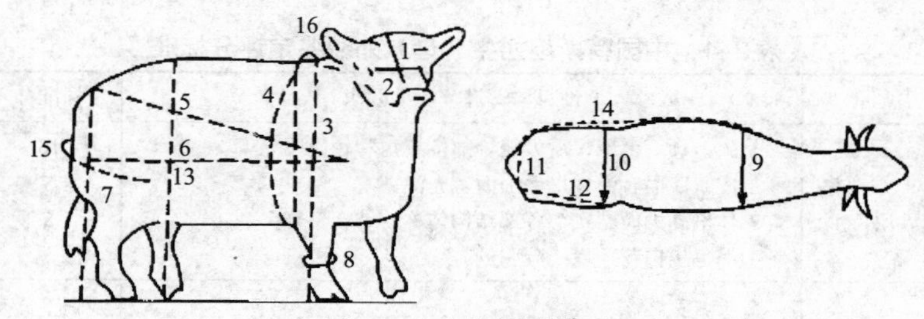

图1-1　牛体尺测量图

1—头长；2—额宽；3—体高（鬐甲高）；4—胸围；5—体斜长；6—腰高（十字部高）；7—坐骨端距地面垂直高度；8—管围；9—胸宽；10—腰角宽；11—坐骨端宽；12—尻长；13—体直长；14—软尺体斜长；15—后腿围；16—胸深

（1）体高（鬐甲高）　由鬐甲最高点到地面的垂直距离。

（2）胸围　肩胛骨后沿处体躯的水平周径。

（3）体斜长　由肩端前缘到坐骨结节后缘的曲线长度。

（4）尻高　由荐椎骨最高点垂直到地面的高度。

（5）管围　左前肢管部的最细处（管部上1/3处）的周径。

（6）胸宽　两肩胛后缘之间的最大距离，即左右第6肋骨之间的距离。

（7）腰角宽　两腰角外缘的距离。

（8）坐骨端宽　左右两坐骨端（坐骨结节）最外缘隆突之间的距离。

（9）尻长　从髋结节（腰角前缘）到坐骨结节后缘的直线距离。

（10）体直长　由肩端到坐骨端后缘垂直线的水平距离。

（11）背高　最后胸椎棘突到地面的垂直距离。

（12）腰高　两腰角的中央（即十字部）到地面的垂直高度。

（13）胸深　沿肩胛骨后面作一垂线，测从鬐甲到胸骨的垂直距离。

（14）乳房的测量　乳房容积的大小、形状与奶牛产奶量有密切关系。因此测定奶牛乳房的容积可作为评定其产奶性能的参考指标。测量乳房时，应在最高泌乳胎次和泌乳高峰期（产后1～2个月）及在挤乳前进行。一般包括以下3个指标：①乳房围，指乳房的最大周径；②乳房深度，指后乳房基部（乳镜下部突出处）至乳头基部的距离；③两乳头基部间的距离，包括前、后乳房两乳头基部间的距离和左、右乳房两乳头基部间的距离。

3.体重估测

（1）实测法　奶牛的体重最好以实际称重为准。一般用地磅或台秤称重。

（2）估测法　用体尺测量计算体重的方法。估测法所得的结果会与实际称重结果有一定差异。不同年龄奶牛的体重估算方法如下：

① 6～12月龄：体重（kg）=［胸围（m）］^{2}×体斜长（m）×98.7。

② 16～18月龄：体重（kg）=［胸围（m）］^{2}×体斜长（m）×87.5。

③ 成年奶牛：体重（kg）=［胸围（m）］^{2}×体斜长（m）×90.0。

④ 乳肉兼用：体重（kg）=［胸围（m）］^{2}×体直长（m）×87.5。

四、奶牛的常见品种与选择

（1）常见奶牛品种　目前，常见的国内外优良奶牛品种见表2-3。在我国饲养的主要是中国荷斯坦牛和荷斯坦牛（荷兰、澳大利亚等进口）。

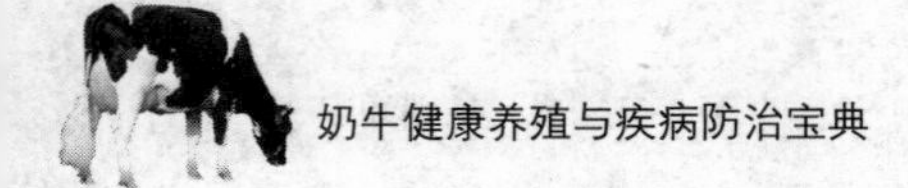

表2–3　常见的奶牛品种

	品种名称	产地	外貌特征	生产性能	优缺点
引进品种	荷斯坦牛	荷兰	大型乳用品种，成年母牛体形呈3个三角形，后躯发达；背毛细致、皮薄、弹性好，黑白花或红白花，白花多分布于牛体下部，界限明显；体格高大、结构匀称、头清秀狭长、眼大突出；颈瘦长，颈侧多皱纹，垂皮不发达；前躯较浅窄，肋骨弯曲，肋间隙宽大；额部多有白星，四肢下部、腹下和尾帚的毛色为白色；尻长而平，尾细长；四肢强壮，开张良好；乳房发达，向前、后延伸良好，乳静脉粗大而多弯曲，乳头长且大。 成年公牛体重900～1200kg，体高145cm，体长190cm，胸围206cm，管围23cm；成年母牛体重650～750kg，体高135cm，体长170cm，胸围195cm，管围19cm。犊牛初生重38～55kg	泌乳性能为各乳用品种之首。母牛平均年产奶6000～7000kg，乳脂率为3.5%～3.8%，乳蛋白率3.3%	乳脂率及奶中干物质偏低，肉质差，育肥效果欠佳；乳房附着差、斜尻、肢蹄较易得病；要求饲养管理条件较高，耐热性较差
	娟姗牛	英国	小型乳用品种，中躯长，后躯较前躯发达，体形呈楔形。头小而轻，额部凹陷，两眼突出；角中等大小，向前弯曲，色黄，尖端为黑色；鼻镜及舌为黑色，口、眼周围有浅色毛环，颈细长，有皱褶，颈垂发达；毛短细而有光泽，毛色以灰褐色为多，也有黑褐、黄褐、银褐等色，尾常为黑色。 成年公牛体重650～750kg，成年母牛340～450kg，犊牛初生重23～27kg	以乳脂率高著称于世。年产奶量3000～4000kg，乳脂率5%～7%，乳蛋白率3.7%～4.4%，乳脂色黄，风味好，初次配种年龄为15～18月龄	早熟、耐热，是我国南方牛较适宜的改良者。乳脂率高。体格小，有尖尻，神经质

续表

	品种名称	产地	外貌特征	生产性能	优缺点
引进品种	爱尔夏牛	英国的苏格兰	以强壮的体躯、良好的乳房及健壮的肢蹄而著称。体格中等，结构匀称，额稍短。角细长，形状优美，由基部渐渐向上方弯曲，角色白，尖黑色，颈垂皮小，胸深较窄，关节粗壮，乳房匀称，前后联系宽广，4个乳区匀称，乳头中等长，位置方正；毛色红白花，其红色有深有浅，变化不一；鼻镜、眼圈浅红色，尾帚白色。成年平均体重公牛680～900kg，成年母牛550～600kg；公犊牛重35kg，母犊牛为32kg	产奶量低于荷斯坦牛，高于娟姗牛和更赛牛。305d产奶量平均为4500kg，乳脂率4.0%～5.0%，乳蛋白率3.5%	乳稳定性较差，肉用性能好，干乳期易于育肥；早熟，耐苦，适应性能好
培育品种	中国荷斯坦牛	中国	我国唯一的纯种乳用品种。毛色同乳用型荷斯坦牛，由于血缘复杂，加上各地饲养管理条件不一，形成了外貌体型不太一致、生产性能有一定差异的品种，北方荷斯坦牛体型较大，南方荷斯坦牛体型略小。中国北方荷斯坦成年公牛体高155cm，体长200cm，胸围240cm，管围24.5cm，体重1100kg；成年母牛体高135cm，体长160cm，胸围200cm，管围19.5cm，体重600kg。南方荷斯坦牛体型偏小，成年母牛体高132.3cm，体长169.7cm，胸围196cm，体重585.5kg。犊牛初生重35～50kg	平均产乳量3500～7000kg，乳脂率3.2%～3.6%	性情温顺，适应性强，易于风土驯化；饲料利用率高，产乳性能良好；毛色不够一致；乳房小，附着欠佳，前乳房不充实，有乳房下垂现象，乳脂率低，生产性能高低不齐，部分牛尖斜尻

（2）品种选择　农业部发布的2016年主导推荐奶牛品种主要有：

① 荷斯坦奶牛　适宜在全国奶牛养殖区域饲养。

② 娟姗牛　适宜在我国南方地区饲养。

③ 槟榔江水牛　适宜在云南、广西、广东、贵州、湖北等南方地

区养殖。

④ 摩拉水牛　适宜我国南方各省、区饲养。

⑤ 尼里/拉菲水牛　适宜我国南方各省、区饲养。

五、奶牛的饲养方式

奶牛饲养方式主要有三种：常年放牧法、舍饲与放牧结合法和常年舍饲法。饲养方式不同，奶牛场的设计和建设也不相同。舍饲奶牛现在主要有以下三种饲养方式。

（1）拴系饲养　作为较为传统的饲养方式，在我国应用非常普遍，尤其是中小型奶牛场。这种饲养方式的主要特点是每头牛都有固定的牛床，除运动外，饲喂、饮水和挤奶都在此牛床位完成。优点是可以针对个体进行细致的饲养管理、繁殖配种，疾病诊疗等非常方便，容易发挥奶牛个体的生产潜力，对饲养人员定额管理也比较容易。缺点是不利于机械化，劳动生产率低，劳动强度大，每个饲养员只能管理10～15头奶牛，而且牛舍的基本建设投资较大。拴系式饲养仅对少于70头奶牛的小牧场最为合适，超过这个规模，则散放或散栏饲养更为经济。

（2）散放饲养法　奶牛不进行拴系，能自由进出牛舍、运动场，饲槽和饮水器一般设于运动场，奶牛可自由采食粗饲料和饮水。牛舍比较简单，只供奶牛休息、遮阳和避雨雪用。舍内铺有垫草，平时不进行清粪，只需添加新垫草，常用铲车式机械清粪，这种方式所需的机械设备少，投资较低，劳动生产率较高，每个饲养员可饲养30～35头奶牛。散放饲养法设有专用挤奶间，饲养员定时将奶牛引导入挤奶间，并在挤奶的同时喂给精料。因此散放饲养法生产的牛奶清洁卫生、质量较高，而且挤奶设备的利用率也较高。缺点是易发生强夺弱食现象，使奶牛采食不均，从而影响产奶量。此外，饲养员对奶牛的管理不很细致，也将影响奶牛的健康和产奶量。寒冷地区采用这种方法，常会发生青贮料冻结而影响牛的采食。

（3）隔栏散放饲养法　由散放饲养法改进而成，兼有拴养和散养的优点，是目前较流行的一种饲养方法。整个饲养系统包括：设有隔栏的牛舍、舍外运动场和专用挤奶间。在寒冷地区，饲槽应设在舍内。

奶牛可自由进出牛舍，饲养员对奶牛不需过多管理，只要定时将奶牛引导入挤奶间挤奶，并在挤奶的同时喂给精料。隔栏和牛床的尺寸应使奶牛能顺卧，并将粪尿排在粪沟内。在设有舍内饲槽时，应使奶牛采食处的站立通道宽度不小于2.5m，以保证奶牛采食时不会影响其他奶牛的通过。

六、奶牛购买与运输的关键环节

1.奶牛购买

（1）选购原则　一是坚决不到疫区购牛，防止传入疫病；二是综合考虑奶牛饲养阶段和生产经济效益等因素，优先选购育成牛和青年牛。

（2）购买地点　一定要到信誉好或者比较熟悉的规模场或小区选购奶牛，因为这些场区的奶牛品种质量好，管理水平相对较高，产奶性能稳定，防疫、检疫措施齐备，疫病少，各种生产档案资料记录比较齐全。千万不要轻信各地出售奶牛信息中的高产量、低价格、乳品企业倒闭、大量出售奶牛的信息，避免上当受骗。

（3）系谱选择　选购奶牛时，要索要和查阅奶牛场档案，优良的品种都具有正规的档案。看是否有档案、档案真伪以及档案记录是否完整等。通过档案可了解所购奶牛的品质优劣。奶牛系谱档案包括奶牛品种、牛号、出生年月日、出生体重、成年体尺、体重、外貌评分、等级、各胎次产奶成绩等详细内容。同时，还有父母代和祖父母代的体重、外貌评分、等级，该牛的疾病和防疫检疫、繁殖、健康情况等详细记录。

（4）选购适龄奶牛　购买奶牛可以购入母犊牛、育成牛，也可以购入成年母牛。买母犊牛用费少且有可能从买进的犊牛中获得较好的奶牛，但达到投产所需时间过长，而且饲养费用高。买入的育成母牛、成年母牛可能是空怀牛，也可能是妊娠牛。一般情况买进的母牛平均在场内产奶时间是4～5年，大多数奶牛在7～8岁时因各种原因被淘汰。奶牛一般7岁以前属于高产期，到10岁以后产奶量逐渐下降，并且对疾病的抵抗力也逐渐下降。因此，宜选2岁左右且已怀孕（胎龄在6月龄以内）的青年牛。这样购入后饲养几个月后母牛即分娩，可多得一头犊牛，且母牛利用年限较长。要注意对年龄的鉴别，一是查系谱记录；二是请奶牛场有经验的鉴定人员通过牛门齿变化规律鉴定和角轮鉴定相结合的办法进行年龄鉴定。

（5）根据体型外貌选购　要求其体格健壮，结构匀称，体躯长宽深。头颈长而清秀，轮廓优美，明显地表现出细微型；鼻镜宽，眼大隆起。颈长而薄，与头部及肩部结合良好，两侧有无数微小皱褶。胸宽而深，肋骨弯曲呈圆形。背部长，宽而直，与腰连接良好，腰部应平直。中躯应发育良好，腹部粗大、宽深，呈圆桶形，不下垂。四肢结实、端正，无内弧或外弧现象。蹄中等大，蹄面无裂痕。毛色黑白花，片大，黑白界线分明。被毛柔软丛密而富有光泽，皮薄易拉起，皮脂分泌旺盛。乳房要大，呈方圆形，向前后延伸，底部呈水平状，底纹略高于飞节，乳腺发育充分，乳头大小适中，分布匀称，乳静脉粗大而多弯曲，乳井大而深。

（6）必须健康　选购奶牛时，首先要做好疫病的检疫，如口蹄疫、结核病、布鲁氏杆菌病、牛肺疫、乳房炎等的检疫；特别是奶牛结核病、布鲁氏杆菌病是两种严重危害人类健康的人畜共患病。购买数量较多时，可委托当地兽医检疫部门检测。绝不能购买监测结果呈阳性的奶牛。牛起运之前，需督促卖方向当地检疫部门报检，办理有关检疫手续，索取检疫证明。

（7）选购时间要适宜　购买奶牛宜选择在10～11月份最好，气候较凉爽。还应注意购买地的气温、气候和饲草料质量等条件是否与购入地相似，以有效避免因为运输和变更饲养地点而产生各种应激反应。

（8）价格适宜　单纯考虑买生产用奶牛，尤其是养牛户，应注意价格高低，平均1头牛价格过高则不能买。以平均1头牛年盈利2000～3000元计，平均1头牛可饲养4～5年计算，价格以平均一头牛价不超1万元为妥。如果平均1头牛价值1.6万～1.8万元，4～5年则可能就因各种原因被淘汰收不回成本。

2.奶牛的运输与隔离

（1）运输前的准备

① 办齐相关手续　对长途运输的奶牛，按照国家规定在当地县级以上的动物防疫部门办理《产地检疫合格证》、《乳用动物检疫合格证》、《非疫区证明》及《运输车辆消毒证》等。检疫证明一定要证、

物相符，否则视为无效证明。

② 选择运输方式　长途运输多采用汽车运输，最好找有经验、专职运输大牲畜的车辆运输；也可找当地或运输地口碑较好、能够承担国内公路货车运输服务、服务高效、安全有保障的中介公司，要签订承运合同。

③ 备好运输车辆　应选用双排座的高护栏敞篷车，车护栏高度应不低于1.8m。如果高护栏敞篷车不易组织，也可使用低护栏车，但是要捆扎松木棒使护栏高度达到1.8m，且结实、耐用。

④ 了解途中情况　一旦确定运输路线，要调查了解运输途中的水源和水质情况，联系并确定好途中饮水、饲喂地点。

⑤ 做好技术保障　根据路途和运输量，要找一定数量的技术管理人员押运，做好运输中的技术保障工作。

⑥ 补充营养　运输前5～7d提高营养水平，将牛精饲料中能量、蛋白质的浓度提高3%左右，口服或注射维生素C。

（2）装车前的准备

① 严格检查调运奶牛的体质状况　对准备调运的奶牛，技术人员在装运前一天要进行逐圈检查，及时挑出患病或有外伤的个体。

② 做好车厢的防滑工作　奶牛在长途运输过程中会排出大量粪尿，使车厢地板湿滑，易造成摔伤。因此，车厢底部最好铺厚30cm的河沙防滑；如果无河沙，可用熏蒸消毒过的干草或草垫替代，厚度在20～30cm以上，铺垫均匀。

③ 配备饮水设备　每辆运输车要配备长15～20m的软水管1根，配发10个左右熟胶桶，普通的塑料桶或盆都易被牛踏坏或挤破；或用帆布做成软水槽固定在车厢一边。另外运输途中若经过水源缺乏的地区，可备一个能装100kg水的大桶一个，预防水源缺乏时应急用。

④ 饲草准备　根据调运地的实际情况选用饲草，一般首选苜蓿草捆，其次选用当地质量较好的、奶牛喜食的当家草，最次要配备羊草。草捆中严禁混有发霉变质的饲草。干草捆可放在车厢的顶部，用帆布或塑料布遮盖一下，防止途中雨水浸湿变质。

⑤ 药品准备　如盐酸普鲁卡因青霉素、链霉素、安乃近、氨基比林、碘酒、双氧水、止血敏等。在途中为了降低应激反应，还要备好

葡萄糖粉、口服补液盐、水溶性多维等抗应激药物。

（3）运输途中的管理

① 运输前的饮水　装载前要让牛饮水，在装运前2～4h停喂。为防止应激反应，装车前半小时肌注盐酸氯丙嗪（100kg体重注射2.5%氯丙嗪1.7mL，或添加氯丙嗪200mg/kg日粮）。

② 奶牛装车　一般选择清晨或傍晚开始装车，每车装载牛的数量根据车身的长短来决定，车长12m的可装未成年牛（体重300kg左右）20～25头。在装车过程中如发现有外伤或有病的牛，要及时剔除。奶牛上车后，要核对奶牛耳牌号和数量，并登记造册，在隔离场方、调牛方和承运司机三方签字确认无误后方可出隔离场。

③ 起运时间选择　一般选择清晨或傍晚出发，可避开高温时段，避免太阳直射。另外，还要考虑到运达目的地的时间应是白天，以便于卸牛。

④ 车辆和人员合理分组　根据具体情况，可将5～10辆车编为1个小组，每辆车上配备2名或3名司机、1名饲养员，每个小组配1名兽医。1个小组统一行程，相互协作，安排好牛只的饮水、喂草和人员的食宿。饲养员和兽医要忌着红色服装。

⑤ 行车要平稳　车辆起步或停车时要缓慢、平稳，行车时要匀速。每行驶数小时后要停车检查，确保奶牛无异常情况发生。

⑥ 运输途中勤观察　在运输过程中，若发现有牛卧地时，千万不能对牛只粗暴地抽打、惊吓，紧急情况下可用木板或木棍、钢管将卧地牛隔开，避免其他牛只踩踏，再根据情况处理。奶牛如有外伤可用碘酒、双氧水涂抹，流血不止的可注射止血敏、维生素K_3等。运输当中可能会遇到较多的疾病情况如前胃迟缓、产后胎衣不下、乳房炎、流产等，还有因路面不平或车起步、急刹车造成的牛只滑倒扭伤。

⑦ 运输温度　运输过程不要高于28℃和低于0℃，以5～10℃为宜。炎热季节运输奶牛最好选择阴雨天或气温较低的天气，并采取降温措施。

⑧ 做好特殊牛运输　运输过程中，饲养员和兽医要特别注意临产的孕牛，防止孕牛难产而造成损失。如在途中生产，要及时做好初生牛犊的防护，让犊牛及时吃上初乳，并用木板或栅栏将犊牛隔开，防

止被挤踏伤。

⑨ 合理饮食　长途运输过程中，必须保证奶牛每天饮水3～4次，每头采食干草3～5kg。

（4）隔离　运输到场后，为防止随牛引入疫病，新引进的牛必须全部放入隔离区，并向当地畜牧防疫主管部门报检。刚卸下的奶牛，不能马上饲喂和饮水。休息1～2h后可以补充电解质水或清洁饮水，初次饮水要适当限量。间隔3～4h后再自由饮水，饲料以品质较好的粗料为主，不喂或少喂精料，一般1.5kg。随着牛只体力的恢复，逐渐增加精料。隔离饲养15d以上，确认健康时，方可混群、分群。分群要按大小、产奶高低分群，傍晚分群比较容易成功，分群以10头以上为宜。

七、奶牛的营养需要

奶牛为了维持生命、生长发育、泌乳和繁衍后代，需要从外界摄取各种营养物质。高品质的饲料是保证奶牛生产性能发挥的重要条件，只有满足其营养需要量才能使奶牛的生产性能发挥到最佳。

1. 干物质（DMI）

干物质采食量是奶牛配合日粮中一个重要指标，影响奶牛干物质采食量的因素包括体重、产奶量、泌乳阶段、环境条件、日粮的精粗比例、饲料类型与品质、体况等。奶牛在泌乳开始的最初几天，采食量低；通常最大干物质采食量发生在产后10～14周。

（1）产奶牛　我国奶牛饲养标准（2004）中，产奶牛干物质采食量计算公式为：适用于偏精料型日粮的参考干物质进食量（kg/d）= $0.062W^{0.75}$（代谢体重）$+0.40Y$（精粗料比约60∶40）；适用于偏粗料型日粮的参考干物质进食量（kg/d）$=0.062W^{0.75}+0.45Y$（精粗料比约45∶55）。式中，W为牛体重（kg），Y为含脂4%标准乳量（kg）。

一般而言，日产奶量在20～30kg的高产奶牛日进食日粮干物质占其体重的3.3%～3.6%；日产奶量在15～20kg的中产奶牛为2.8%～3.3%；日产奶量在10～15kg的低产奶牛为2.5%～2.8%；干乳期为1.8%～2.2%，围产期为2.0%～2.5%。

（2）生长母牛　我国奶牛饲养标准（2004）提出的生长母牛的干物质参考给量=NND×0.45。NND为奶牛能量单位。NRC（2001）提出荷斯坦后备母牛的干物质进食量为：DMI（kg/d）=$BW^{0.75}$×（0.2435×NEm−0.0466×NE_m^2−0.1128）÷ NEm。式中，BW为体重（kg），NEm为维持净能（兆卡/千克，Mcal/kg）。

2.能量

奶牛的一切生理过程包括采食、消化、吸收、生长、繁殖、泌乳、维持体温等都需要能量。奶牛所需要的能量主要来源于碳水化合物、脂肪和蛋白质。最重要的能源是从饲料中的碳水化合物（单糖、寡糖、淀粉、粗纤维等）在瘤胃的发酵产物——挥发性脂肪酸中取得的。脂肪和脂肪酸提供的能量约为碳水化合物的2.25倍，但作为饲料中的能源来说并不占主要的地位。我国的奶牛饲养标准（2004）将奶牛的产奶、维持、增重、妊娠和生长所需能量均统一用产奶净能表示（饲料能量转化为牛奶的能量称为产奶净能），并且采用相当于1kg含脂率为4%的标准乳所含的能量，即3.138MJ产奶净能作为一个“奶牛能量单位”，缩写为NND。也可用下式表示：NND=产奶净能（MJ）÷3.138。饲料产奶净能值的测算：产奶净能（MJ/kg干物质）=0.5501×消化能（MJ/kg干物质）−0.3958。

（1）成年母牛维持的能量需要　在适宜环境温度拴系饲养条件下，奶牛的维持需要（kJ）=293×$W^{0.75}$。对自由运动可增加20%的能量，即293×120%=351.6$W^{0.75}$。由于第一和第二个泌乳期奶牛的生长尚未停止，因此，第一泌乳期的能量需要应在维持基础上增加20%，第二泌乳期应增加10%。式中，W表示体重（kg）。放牧运动时，能量消耗明显增加。水平行走的维持需要见表2-4。

表2-4　水平行走的维持能量需要量（kJ/头·d）

行走距离/km	行走速度/（m/s）	
	1m/s	1.5m/s
1	364$W^{0.75}$	368$W^{0.75}$
2	372$W^{0.75}$	377$W^{0.75}$
3	381$W^{0.75}$	385$W^{0.75}$
4	393$W^{0.75}$	398$W^{0.75}$
5	406$W^{0.75}$	418$W^{0.75}$

注：W表示体重（kg）。

牛在低气温条件下能量需要明显增加。在18℃基础上，平均每下降1℃ 24h产热增加2.5kJ/$W^{0.75}$。式中，W表示体重（kg）。

① 产奶的能量需要　产奶的能量需要量=牛奶的能量含量×产奶量。牛奶的能量含量（kJ/kg）=1433.65+415.30×乳脂率或牛奶的能量含量（kJ/kg）=166.19+249.16×乳总干物质率。

② 产奶牛的体重变化与能量需要　成年母牛每增重1kg需25.10MJ产奶的净能，相当于8kg标准乳；每减重1kg可产生20.58MJ产奶净能，即6.56kg标准乳。

③ 产奶牛不同生理阶段的能量需要　分娩后泌乳初期阶段，母牛对能量进食不足，须动用体内贮存的能量去满足产奶需要。在此期间（产后15d内），应防止过度减重。

奶牛的最高日产奶量出现的时间不一致，但一般多出现在产后60d以内。因此，当食欲恢复后，可采用引导饲养，给量应稍高于需要。

奶牛妊娠的代谢能利用效率较低，妊娠第6、7、8、9月时，每天在维持基础上增加4.18MJ、7.11MJ、12.55MJ和20.92MJ产奶净能。

（2）生长公、母牛的能量需要

① 生长牛的维持能量需要　生长母牛的能量需要（kJ）=531×$W^{0.75}$。在此基础上加10%的自由运动量，即为维持的需要量。

② 生长牛增重的能量需要　由于奶用生长牛的增重速度不如肉用牛那样快，为了应用方便，对奶用生长牛的净能需要量也统一用产奶净能表示。其产奶净能的需要量在增重的能量沉积上加以调整。

增重的能量沉积（MJ）=

$$\frac{\text{增重（kg）}\times[1.5+0.0045\times\text{体重（kg）}]}{1-0.30\times\text{增重（kg）}}\times4.184$$

增重所需产奶净能=增重的能量沉积×系数（表2-5）。

表2-5　增重的能量沉积换算成产奶净能的系数

项目	体重/kg								
	150	200	250	300	350	400	450	500	550
系数	1.10	1.20	1.26	1.32	1.37	1.42	1.46	1.49	1.52

生长公牛的维持能量需要与生长母牛相同。生长公牛增重的能量

需要按生长母牛增重能量需要的90%计算。

（3）种公牛的能量需要　种公牛的能量需要（MJ）=0.398×$W^{0.75}$。式中，W为体重（kg）。

3.蛋白质

是构成奶牛生命活动的基础物质，如肌肉、皮肤、被毛、内脏、神经、血液等都含有大量蛋白质。所需要的蛋白质必须从饲料中摄取而获得。当日粮中缺乏蛋白质时，幼牛生长缓慢或停止，体重减轻；成年牛食欲不振，消化力和体重下降，生产性能降低；还会影响牛的繁殖机能，如母牛发情不明显、不排卵、受胎率降低、胎儿发育不良、公牛精液品质下降。相反，蛋白质供给过多，不仅会造成浪费，还会增加肝、肾的排泄负担，甚至出现中毒、公牛精子发育不正常、精子活力和受精力下降、母牛不易形成受精卵或胚胎的活力下降。

蛋白质是由20多种氨基酸构成的，氨基酸可分为必需氨基酸和非必需氨基酸两大类。必需氨基酸是指牛体内不能合成，或合成数量较少不能满足营养需要，必须由饲料供给的氨基酸。非必需氨基酸是指在牛体内可以合成，或者可以由其他氨基酸代替，一般不会缺乏的氨基酸。牛组织至少需要9种必需氨基酸（组氨酸、异亮氨酸、亮氨酸、赖氨酸、蛋氨酸、苯丙氨酸、苏氨酸、酪氨酸和缬氨酸），但这些氨基酸能够被瘤胃微生物合成以满足牛的需要。所以，成年牛一般无需由饲料中提供必需氨基酸。但犊牛由于瘤胃发育不完全，瘤胃内没有微生物或微生物合成功能不完善，需要提供必需氨基酸。

（1）维持的蛋白质需要　维持的可消化粗蛋白质需要量为：产奶牛3.0（g）×$W^{0.75}$，200kg体重以下的生长牛为2.3（g）×$W^{0.75}$。

维持的小肠可消化粗蛋白质的需要量为：产奶牛2.5（g）×$W^{0.75}$，200kg体重以下的生长牛为2.2（g）×$W^{0.75}$。

（2）产奶的蛋白质需要　产奶的蛋白质需要量取决于奶中的蛋白质含量。产奶的可消化粗蛋白质需要量=牛奶的蛋白质量/0.60；产奶的小肠可消化粗蛋白质需要量=牛奶的蛋白质量/0.70。乳蛋白率（%）应根据实测确定。在未测定的情况下，可根据乳脂率进行推算：乳蛋白率=(2.36+0.24×乳脂率)×100%。

（3）生长牛增重的蛋白质需要量　生长牛增重的蛋白质需要量

取决于体蛋白质的沉积量。增重的蛋白质沉积（g/d）= ΔW（170.22−0.1731W+0.000178W^2）×（1.12−0.1258ΔW）。式中，ΔW表示日增重（kg），W为体重（kg）。

增重的可消化粗蛋白质需要量（g）= 增重的体蛋白质沉积量（g）/0.55；增重的小肠可消化粗蛋白质需要量（g）= 增重的体蛋白质沉积量（g）/0.60。生长牛日粮可消化粗蛋白用于体蛋白质沉积的利用效率为55%，但幼龄时效率较高，体重40～60kg为70%，70～90kg为65%。生长牛日粮小肠可消化粗蛋白质的利用效率为60%。

（4）妊娠的蛋白质需要　按牛妊娠各阶段子宫和胎儿所沉积的蛋白质量进行计算。可消化粗蛋白用于妊娠的效率为65%，小肠可消化粗蛋白质的效率为75%。在维持的基础上，妊娠的可消化粗蛋白质的需要量：妊娠6个月时为50g/d，7个月为84g/d，8个月为132g/d，9个月为194g/d；妊娠的小肠可消化粗蛋白质需要量：妊娠6个月时为43g/d，7个月为73g/d，8个月为115g/d，9个月为169g/d。

（5）种公牛的蛋白质需要　种公牛的蛋白质需要量是以保证采精和种用体况为基础。种公牛的粗蛋白质需要量（g）=4.0×$W^{0.75}$。可消化粗蛋白质的需要量（g）=3.3×$W^{0.75}$。式中，W为体重（kg）。

4.矿物质

是构成骨骼、被毛、血液等组织不可缺少的成分，对奶牛的生长发育、生理功能及繁殖具有重要作用。奶牛不能在体内合成矿物质，只能从饲料中摄取。奶牛需要的矿物质元素至少有17种，常量元素包括钙、磷、钾、钠、氯、镁、硫等，微量元素包括钴、铜、碘、铁、锰、硒、锌、铬、钼等。饲料中矿物质元素含量过多或缺乏都可能产生不良后果。

（1）钙和磷　是构成骨骼的主要成分。钙对维持神经、肌肉的正常生理功能、维持心脏正常活动、维持酸碱平衡及促进血液凝固等均有重要作用。日粮中缺钙会使幼牛生长停滞，易发生佝偻病。成年牛缺钙引起软骨症或骨质疏松症，泌乳母牛会出现产后瘫痪。缺磷会使奶牛食欲下降，出现“异食癖”，泌乳量下降。同时，钙、磷缺乏还会影响奶牛的繁殖性能。日粮中钙、磷比例不当也会影响牛的生产性能及钙、磷在消化道的吸收。实践证明，理想的钙磷比是（2～3）∶1。

①钙　产奶母牛维持需要量为每100kg体重6g，产奶需要量为每千克标准乳4.5g。生长奶牛的钙维持需要量为每100kg体重6g，增重需要量为每千克增重20g。

②磷　产奶母牛维持需要量为每100kg体重4.5g，产奶需要量为每千克标准乳3g。生长奶牛的磷维持需要量为每100kg体重5g，增重需要量为每千克增重10g。

（2）食盐　产奶母牛食盐的维持需要量为每100kg体重3g，每产1kg 4%标准乳给1.2g。NRC建议的食盐的最大耐受量，对于泌乳母牛不超过总干物质进食量的4%，对于非泌乳牛不超过总干物质进食量的9%。一般情况下，食盐可占日粮干物质的0.5%～1.5%。牛饲喂青贮饲料时，需食盐量比饲喂干草时多；饲喂高粗料日粮时要比喂高精料日粮时多；喂青绿多汁的饲料时要比喂枯老饲料时多。

（3）钾、硫、镁　奶牛钾的需要量为日粮干物质的0.8%，泌乳牛日粮粗料多时不会缺钾，在热应激条件下，钾应增加到1.2%。硫占饲料干物质的0.1%或0.2%（喂尿素时）即可满足泌乳母牛需要，非泌乳牛及其他奶牛的需要量可按12∶1的氮硫比例根据它们对蛋白质的最低需要量来计算。

犊牛日粮中镁的推荐量为占日粮的0.07%。饲喂大量干草或精料的产奶牛的推荐量为占日粮的0.20%。在泌乳早期易发生低血镁抽搐症的高产母牛，镁的推荐量为占日粮的0.25%～0.30%。NRC将0.4%的日粮镁水平定为镁的最大耐受水平。

（4）微量元素　奶牛饲料中含铜10mg/kg可满足需要，饲料中含钼和硫酸盐多时，铜的需要量应提高。饲料干物质中分别含钴0.1mg/kg、碘0.6mg/kg可满足牛对钴和碘的需要。饲料干物质中含锌40mg/kg以上时可满足奶牛需要。日粮中锌含量低时，奶牛以增加对锌的吸收率和减少体外排出来满足需要。饲料干物质中含钙40mg/kg可满足奶牛对锰的需要，当饲料中钙和磷高时，锰需要量增加。奶牛饲料中含硒0.1～0.3mg/kg可满足需要。

5.维生素

是维持奶牛生长发育及维持体内正常代谢活动所必需的一类微量物质，可以调节机体代谢和碳水化合物、脂肪、蛋白质代谢，但需要

量极少，常以毫克、微克计算。奶牛所需要的维生素主要来源于饲料和体内微生物合成，主要有脂溶性维生素（维生素A、维生素D、维生素E、维生素K）和水溶性维生素（包括B族维生素和维生素C）两大类。奶牛瘤胃内微生物可以合成B族维生素和维生素K，但不能合成维生素A、维生素D和维生素E。因此，奶牛的维生素需要主要是维生素A、维生素D和维生素E三种。生产中的缺乏症多发生在瘤胃发育不全的幼龄牛和存在拮抗物或缺乏前体物使瘤胃合成受到限制的情况下，在集约化饲养的情况下，所需的各种维生素可以以添加剂形式补充，一般常用市售多种维生素制剂。主要维生素的作用、常见缺乏症及一般需要量，见表2-6。

表2-6　主要维生素的作用、常见缺乏症及一般需要量

名称	主要作用	缺乏症状	需要量
维生素A	维持正常视觉和上皮组织的完整，促进骨骼发育，增强机体免疫力和抗病力	食欲减退、生长受阻、干眼、夜盲、神经失调、繁殖力下降、流产、死胎、产盲犊	乳用生长牛每日每100kg体重胡萝卜素需要量为10.6mg（或4240IU维生素A），怀孕和泌乳牛为19mg胡萝卜素（或7600IU维生素A）。每产1kg含脂4%标准乳需要1930IU维生素A
维生素D	调节钙磷代谢和骨骼发育	骨软化症、骨质疏松症、佝偻病和产后瘫痪	乳用犊牛、生长牛和成年公牛每100kg体重需660IU维生素D。泌乳及怀孕母牛每100kg体重需要3000IU维生素D。每产1kg含脂4%标准乳需1930IU维生素D
维生素E	维持生物膜的正常结构和功能，促进合成前列腺素，调节DNA的合成等。能维持正常的生殖机能、肌肉和外周血管正常的生理状态	白肌病，降低免疫力，增加奶牛乳房炎、产后胎衣不下和子宫内膜炎等发生率，影响繁殖性能	正常饲料中不缺乏维生素E。犊牛日粮中需要量为每千克干物质含25IU，成年牛为15～16IU
维生素K	促进肝脏合成凝血酶原，参与凝血	机体衰弱、步态不稳、运动困难、体温低、发抖、瞳孔放大、凝血时间变慢、皮下血肿或鼻孔出血等	不需补充

续表

名称	主要作用	缺乏症状	需要量
维生素C	参与体内生物氧化反应，具有抗氧化、抗应激、提高免疫力和解毒等作用	坏血病，皮下、肌肉、胃肠黏膜出血	不需补充

6.水分

是奶牛必需的重要养分。体温调节、营养物质的消化代谢、有机物质的水解、废物的排泄、内环境的稳定、神经系统的缓冲、关节的润滑等都需要水的参与。牛所需要的水主要来源于饮水、饲料水和代谢水。若脱水5%则食欲减退，脱水10%则生理失常，脱水20%即可死亡。奶牛比肉牛等其他牛种需水量更多（牛奶的含水量为87%）。正常情况下，母牛身体含水量为55%～65%，比较肥的牛身体含水量较少（约50%），瘦牛则含水量较高（70%）。实践证明，牛体缺水，健康受损、生长滞缓、产奶量下降，进而造成经济损失。所以，在饲养中必须保证有充足的清洁饮水。

通常奶牛的需水量（kg/d）可按下列公式计算：干物质（DMI）×5.6或日产奶量×(4～5)。但当气温达27℃时，饮水量则应比气温4℃提高40%～50%。估测泌乳奶牛每天自由饮水量（FWI）的计算公式如下：

FWI（kg/d）=14.3+1.28×产奶量（kg/d）+0.32×日粮DMI

FWI（kg/d）=15.99+1.58×DMI（kg/d）+0.90×产奶量（kg/d）+0.55×钠采食量（g/d）+1.20×最低温度（℃）

八、奶牛的饲料分类及选择

奶牛的饲料分为粗饲料和精饲料，在此主要介绍精饲料。市场上销售的奶牛饲料主要有浓缩饲料、添加剂预混饲料和精料补充料三类。

（1）浓缩饲料（浓缩料） 由蛋白质饲料、矿物质饲料、微量元素、维生素、氨基酸和非营养性添加剂按一定比例配制而成的均匀混合物，反刍动物浓缩饲料中可使用非蛋白氮化合物（尿素）代替部分植物蛋白质饲料（幼畜除外）。矿物质尤其是微量元素和维生素高于饲

养标准规定的需要。市场上的浓缩料主要为50%系列，分为奶牛育成后期、产奶期、产奶高峰期等阶段。购买时要注意：一是要有产品标签，标签内容包括产品名称、饲用对象、产品登记号或批准文号、主要饲料原料类别、营养成分保证值、用法与用量、净重、生产年月日、厂名和厂址；二是要有产品说明书，内容包括推荐饲料配方和饲喂方法、预计饲养效果、保存方法及注意事项等；三是要有产品合格证，并须加盖检验人员印章和检验日期。

（2）添加剂预混饲料（预混料） 是由一种或多种饲料添加剂加上载体和稀释剂按配方制成的均匀混合物。预混料有多种类型，如由单一添加剂原料配制成的预混料，如维生素预混料、微量元素预混料等；如由多种添加剂配制成的复合性预混料。预混料不能直接用来饲喂奶牛，必须与能量饲料、蛋白质饲料、常量矿物质饲料按比例均匀混合后才能使用。用量很小，一般占精料补充料的0.2%～5%，但却具有补充奶牛微量营养成分和提高饲料利用率、促进生长、防治疾病、减少饲料贮藏期间营养物质损失等作用。市场上的奶牛预混料有2.5%、5%等系列。

（3）精料补充料 是针对反刍动物的专用精饲料，作用是弥补奶牛所食粗饲料、青饲料的营养不足或不完全、不平衡的缺陷，是一种平衡型混合精料。根据奶牛的营养需要设计饲料配方，选用能量饲料、蛋白质饲料、矿物质饲料、添加剂预混料等原料，并经加工调制，配合而成。这是一种混合均匀、并可直接饲喂奶牛的混合饲料。使用时应注意：奶牛不能仅喂精料补充料，因其浓度较高，如果过量饲喂或仅喂精料，会造成营养素中毒或营养代谢病。在喂给奶牛精料补充料后，还要搭配使用粗饲料、青贮饲料和青饲料。对奶牛来说，应根据不同的生产情况确定饲粮中精、粗料比例，一般按干物质计，比例为3∶7或4∶6较为适宜。各地奶牛所用粗饲料品种、质量、数量不尽相同，不同季节所使用的青饲料、粗饲料也不同，精料补充料应根据这些情况的变化来设计配方。在全饲粮配合料的基础上，合理地用好精料补充料。一般奶牛场可以根据奶牛的生产情况和原料情况自己配合加工精料补充料，但预混料要从专业加工厂购买。

九、奶牛常用的饲料原料和添加剂

奶牛的饲料按其营养特性和传统习惯分为粗饲料和精饲料两大类。而根据国际饲料命名及分类原则，分为粗饲料、青绿饲料、青贮饲料、能量饲料、蛋白质饲料、矿物质饲料、维生素饲料以及添加剂饲料等八大类。

1. 精饲料

（1）能量饲料　主要成分是碳水化合物，粗纤维含量低于18%，粗蛋白质含量低于20%，包括谷实类（玉米、大麦、小麦、高粱、稻谷、燕麦等）、糠麸类（麦麸、稻糠等）和块根块茎类等，是奶牛用量最多的一种饲料，主要是供给奶牛所需要的能量。一般占日粮的50% ～ 70%。

① 玉米　是奶牛最主要的能量饲料，可利用能量高，每千克干物质含代谢能13.89MJ，粗纤维少，消化率高，适口性好，脂肪含量高，可达3.5% ～ 4.5%，有“能量之王”之称。玉米中亚油酸含量较高，可达2%，占玉米脂肪含量的近60%，是谷实类饲料中最高的。但蛋白质含量较低，为7.2% ～ 9.3%，平均8.6%。缺乏赖氨酸、蛋氨酸和色氨酸，钙、磷及B族维生素含量也较低。玉米水分含量过高，易腐败霉变。玉米经粉碎后，易吸水、结块、霉变，不便保存，因此，一般玉米要整粒保存。

② 燕麦　可用作能量饲料、青干草和青刈饲料。一般饲用燕麦主要成分为淀粉，其籽实中含有较丰富的蛋白质（10%左右），粗脂肪含量超过4.5%。燕麦壳占谷粒总重的25% ～ 35%，粗纤维含量高，10%以上，能量少，营养价值低于玉米，可消化总养分比其他麦类低。蛋白质品质优于玉米，含钙量少，含磷量较多，其他无机物与一般麦类相近，维生素D和烟酸的含量比其他麦类少。

③ 大麦　蛋白质含量为11%左右，略高于玉米，代谢能仅为玉米的77%，氨基酸中除亮氨酸和蛋氨酸外，均高于玉米。钙、磷含量比玉米高，胡萝卜素和维生素D不足。利用率低于玉米。适口性较差，粗纤维含量高，含有丰富的B族维生素和赖氨酸（0.52%以上）。再生能力强，及时刈割，还可以再收一茬再生草。大麦秸秆质量也好，是

一种很好的青刈饲料。

④ 小麦　仅次于玉米的高能量饲料，适口性好，粗蛋白质含量较高，为13%，代谢能约为玉米的90%。B族维生素含量丰富，赖氨酸和苏氨酸含量低，粗脂肪和粗纤维含量也比较低，黏度大。含有丰富的木聚糖、β-葡聚糖等可溶性非淀粉多糖（SNSP），可以降低日粮的消化率，属于抗营养因子。小麦适合于饲喂各种畜禽，但是整粒饲喂影响消化率，过碎则影响适口性，故以粗碎为宜。用量以不超过日粮的50%为宜。

⑤ 高粱　含淀粉与玉米相仿，粗纤维少，可消化养分高。能量稍低于玉米，蛋白质略高于玉米，但品质较差，消化率低。脂肪含量低于玉米，赖氨酸、蛋氨酸和色氨酸含量低。高粱中含有单宁，有苦味，牛不爱采食；单宁主要存在于壳部，色深者含量高。适量可增加瘤胃非降解蛋白质，过量可引起便秘，应合理利用。

⑥ 荞麦　粗纤维含量高，高达12%左右。赖氨酸0.73%，蛋氨酸0.25%。消化能的含量对奶牛为14.6MJ/kg，荞麦籽实含有感光卡琳，尤以外壳中含量较多，当动物采食以后，白色皮肤部分受到日光照射即发生神经过敏，并出现红斑点，严重时能影响生长。

⑦ 细米糠　是糙米加工成白米时碾磨出来的副产品。粗脂肪含量高达14.0%～18.0%，代谢能11.2MJ/kg，粗蛋白12.0%～13.0%，粗纤维5.0%～7.5%。磷1.40%，其中植酸磷占总磷的80%，有效磷仅占20%。不饱和脂肪酸含量较高，易氧化变质，不宜长期贮存，特别是在夏季高温高湿季节，非常容易氧化酸败，久贮易变质。占奶牛日粮的30%，禁用酸败、霉变的米糠。

⑧ 块根、块茎及瓜果类　包括马铃薯、甘薯、木薯、胡萝卜、甜菜、南瓜等，含水量在70%以上。块根、块茎含淀粉多，蛋白质低，矿物质少。黄色的块根、块茎含胡萝卜素较多，其他B族维生素大致与谷物相同。钙、磷含量很低，无氮浸出物含量高，维生素含量不一，适口性和消化性好。在冬季青饲料缺乏、干草比重较大的动物日粮中加一些胡萝卜，可以改善日粮的口味，调节奶牛消化机能。在饲喂中要适量，防止冰冻。黑斑甘薯、发绿的马铃薯有毒，应禁喂。

（2）蛋白质饲料　粗蛋白含量大于20%，粗纤维小于18%的饲料为蛋白质饲料。主要是植物蛋白饲料、动物蛋白饲料和单细胞蛋白以及酿造工业副产物等。合成氨基酸和非蛋白氮类产品也划归本类。喂牛通常只能使用植物性蛋白质饲料、单细胞蛋白，禁止使用动物性饲料饲喂反刍动物（除奶蛋及其制品）。一般占日粮的10% ～ 20%。

① 大豆饼（粕） 目前应用最广、用量最大、品质最好的植物蛋白质饲料，与玉米搭配喂牛可以弥补玉米氨基酸的不平衡，提高饲料利用率。含40% ～ 48%的粗蛋白质，赖氨酸含量也高达2.4% ～ 2.8%，B族维生素含量丰富，但缺少维生素A和维生素D，含钙量和蛋氨酸也不足。一般占日粮的10% ～ 20%。生大豆饼（粕）中含有抗胰蛋白酶，影响营养物质的消化吸收。

② 花生饼（粕） 蛋白质含量40% ～ 48%，适口性好。硫胺素、烟酸、泛酸含量高，但含脂肪偏高，易发生霉变。氨基酸不平衡，赖氨酸和蛋氨酸含量低，而精氨酸含量很高，用它喂牛时，最好和其他蛋白质饲料搭配使用。花生饼（粕）易感染黄曲霉，产生强致癌物质——黄曲霉毒素，极少量就会降低奶牛对饲料的利用率。

③ 菜籽饼（粕） 油菜籽榨油后的产物，含粗蛋白35% ～ 38%，介于大豆饼（粕）与棉籽饼（粕）之间。富含蛋氨酸，但赖氨酸、精氨酸含量低，可以与棉籽饼搭配使用。另外，菜籽饼（粕）适口性差，且含有芥酸、硫代配糖体、芥子酶及单宁，会产生有毒物质。其味苦，适口性差，焖料后更甚，可限量或脱毒后饲喂。

④ 棉籽饼（粕） 棉籽除去棉毛、去壳榨油后的副产品，含粗蛋白33% ～ 44%。赖氨酸不足，蛋氨酸含量也低，精氨酸过高。含有棉酚、环丙烯脂肪酸、单宁和植酸，长期大量饲喂可引起中毒，并使母牛配种较困难。棉籽饼（粕）价格低，在限量饲喂、短期饲喂或大量饲喂补加维生素A的情况下，均可获得好的效果，是一种常用的饼粕类饲料。应用前需做去毒处理。

⑤ 葵花籽饼（粕） 粗蛋白质含量40%左右，粗脂肪含量不超过5%，粗纤维在10%以下。我国的葵花籽饼（粕）一般脱壳不净，含粗纤维常在20%左右；优质的带壳很少，粗纤维含量在12%左右。粗蛋白含量一般在28% ～ 32%，赖氨酸含量不足，蛋氨酸含量高于大豆饼。葵花籽饼（粕）与其他饼粕类饲料配伍，可以取得较好的饲养效果。

但是用带壳葵花籽饼喂奶牛，如饲喂过多，可使黄油和体脂变软，从而影响肉的质量。

⑥ 胡麻饼（粕）　粗蛋白质含量为36%～40%，B族维生素、胡萝卜素含量较高，胡麻饼（粕）中未成熟的胡麻籽榨油后，含有较多的生氰糖苷，它在瘤胃中易生成氢氰酸，应加以注意。

⑦ 单细胞蛋白饲料　主要有酵母和藻类。蛋白质含量很高，品质介于植物蛋白饲料和动物蛋白饲料之间。含有丰富的B族维生素。赖氨酸含量较高，蛋氨酸含量较低。消化率高，但利用率低，添加蛋氨酸可显著提高其利用率。酵母适口性较差，在牛日粮中添加不宜过多。饲料的安全性主要取决于所用的菌种、底物和生长条件。

⑧ 非蛋白氮饲料　主要包括尿素及其衍生物类；氨态氮类，如液氨、氨水；铵类，如硫酸铵、氯化铵等；肽类及其衍生物，如氨基酸肽、酰胺等。使用非蛋白氮类饲料应注意控制用量，并与其他营养素如碳水化合物、硫的比例适当。

（3）矿物质饲料　为了满足牛的需要，应在其日粮中补加钙、磷、食盐及各种微量元素。在矿物质中，奶牛对钙、磷的需要量最多。食盐可提高饲料的适口性，对奶牛的生理活动起着重要作用，主要有贝壳粉、石粉、骨粉、磷酸氢钙、食盐等。

① 石粉　主要是指石灰石粉，为天然的碳酸钙。含纯钙35%以上，是补充钙最廉价、最方便的矿物质饲料。品质良好的石灰石粉，必须含有约38%的钙而且镁含量不可超过0.5%，只要铅、砷、氟的含量不超过安全系数，都可用于奶牛饲料。

② 食盐　奶牛配合饲料常用的钠、氯补充剂。植物中钠、氯含量较低，全植物性奶牛配合饲料必须补充食盐，用量为0.7%～0.8%。用普通饲料喂奶牛，钠比氯更容易缺乏，奶牛比鸡和猪更需要补喂大量食盐。此外，补给食盐时还应考虑奶牛的体重、年龄、生产力、季节和水中食盐的含量等因素。应注意饲用食盐的品质，如是否含杂质或其他污染物。饲用食盐的粒度应通过30目筛，含水量不超过0.5%，纯度应在95%以上。

③ 贝壳粉　一般含碳酸钙96.4%，折合含钙量38.6%。微量元素预混料常使用石粉或贝壳粉作为稀释剂或载体，而且所占配比很大，

配料时应把它的含钙量计算在内。

④ 磷酸氢钙　白色或灰白色粉末，含钙22%～24%，含磷16.5%～18.0%，是养牛生产中主要的饲料磷、钙来源。

⑤ 碳酸氢钠　在日粮中添加1.5%碳酸氢钠，可避免热应激引起的产奶量和乳脂率下降。产奶牛日粮中补喂干物质总量0.8%的碳酸氢钠，一个泌乳期产奶量可增加约500kg，乳脂率提高0.3%。

（4）维生素饲料　指为牛提供各种维生素类的饲料。包括工业合成或提纯的单一和复合维生素。奶牛有发达的瘤胃，其中的微生物可以合成维生素K和B族维生素，肝、肾中可合成维生素C，一般除犊牛外，不需额外添加，只考虑维生素A、维生素D、维生素E。目前应用较多的是兽用多种维生素添加剂。

2.粗饲料

一般指天然水分含量在60%以下、体积大、可消化利用养分少、干物质中粗纤维含量大于或等于18%的饲料。常见的有青贮类饲料、干草类饲料、青绿饲料、作物秸秆及糟渣类等。

（1）干草　又称青干草，是由野生或人工种植的青绿植物在结籽以前刈割地上部分，经自然或人工去除大部分水分制成。制作优良的干草呈绿色，基本保留了青绿植物的营养价值，并带有一种独特的清香味，含水量低于15%，能长期保存，是饲养奶牛的主要优质饲料之一。

（2）青绿饲料　指天然水分含量在60%以上，主要有各种牧草、野草、青饲作物、树叶、水生植物等。适口性好，消化利用率高。适宜饲喂奶牛的人工种植牧草主要有苜蓿、黑麦草、苏丹草、串叶松香草、草木樨、三叶草、沙打旺、紫云英等；青饲作物有青饲玉米、青饲大麦、青饲豆苗、甜高粱、小黑麦、籽粒苋、甜菜、饲用甘蓝等；水生饲料有水葫芦、水花生、水浮莲、萍类等。在奶牛饲料的应用中，需要和其他饲料配合使用。

（3）青贮饲料　用收获的新鲜青绿多汁的植物性饲料，经铡短、压实、密封，在厌氧条件下，使乳酸菌大量繁殖，产生乳酸，从而抑制其他腐败菌的生长，可较好地保存青饲料的营养特性，是一种气味酸甜、柔软多汁、营养丰富的饲料，是枯草季节奶牛的良好饲料，其营养价值取决于青贮原料的质量和制作水平的高低。养分的损失比晒

成干草的要少，一般损失不超过15%，并能保持饲料的多汁性，加上发酵后的酸香味，故适口性也很好。这类饲料包括加有适量糠麸或其他添加物的青贮饲料及水分含量在45%以上的半干青贮饲料。青贮饲料是饲养奶牛的重要饲料资源。

（4）作物秸秆　由茎秆和经过脱粒后剩下的叶子所组成的作物。作物秸秆在农区产量巨大，是农区养牛的主要粗饲料来源，粗纤维、木质素含量高，无氮浸出物、粗蛋白含量低，矿物质含量不均衡，适口性差，直接饲喂消化、利用率很差。如玉米秸秆、稻草、谷草、花生藤、甘薯藤蔓、马铃薯秧、豆秸、豆荚等。

（5）秕壳类　农作物籽实脱壳的副产品，包括谷壳、高粱壳、花生壳、豆荚、棉籽壳、秕谷以及其他脱壳副产品，一般来说，秕壳的营养成分高于秸秆（稻壳、花生壳例外）。用于喂牛的秕壳类主要有豆荚、麦糠、棉籽壳和谷壳等。豆荚中最具有代表性的就是大豆荚，是一种比较好的粗饲料，饲用价值较好。

（6）糟渣类　主要有淀粉渣、豆腐渣、粉渣、酱油渣、酒糟、醋糟、甜菜渣、糖渣等。

① 淀粉渣　加工淀粉的副产品，由于所用原料不同，蛋白质含量也不同。籽实类淀粉渣含蛋白质较高，如玉米淀粉渣含蛋白质25%以上，而薯类淀粉渣含蛋白质则很低。淀粉渣含蛋氨酸多、赖氨酸少，蛋白质利用率较高。粉渣放置过久则易腐败变质，奶牛采食后会引起酸中毒，所以应喂新鲜的粉渣，每日每头奶牛可喂2～5kg，不能超过7kg。

② 豆腐渣　大豆加工的副产品。鲜豆腐渣含粗蛋白质4.7%，干豆腐渣含粗蛋白质25%，可代替大部分精料。豆腐渣易酸败，宜鲜喂。每次不宜喂过多，以免引起腹泻。

③ 酒糟　有白酒糟、啤酒糟之分。白酒糟含蛋白质较高。因制酒原料不同，其营养价值出入较大。因淀粉经发酵蒸馏变酒，除残留一部分淀粉外，含粗蛋白质相对较高。粮谷酒糟干物质含粗蛋白质20%～25%，B族维生素较丰富，几乎不含胡萝卜素和维生素D，钙质贫乏，所以喂奶牛时应与优质饲料一起喂。干燥啤酒糟含蛋白质约25%，粗脂肪、粗纤维也相当多，可溶性无氮物40%以上，适于喂奶牛，可代替部分精料（1/3）和优质干草，有明显的增奶效果。每日每

头奶牛可喂10 ～ 15kg。

④ 甜菜渣　甜菜制糖的副产品，体积大，适口性好，有轻泻性，主要成分是可溶性无氮物，蛋白质和脂肪含量少。多用于奶牛饲料，每日每头可喂3.0 ～ 4.5kg，鲜甜菜渣可喂15 ～ 25kg。不宜单喂，最好与苜蓿干草一块饲喂。

⑤ 酱油渣和醋糟　这类糟渣中均含有较多食盐，酱油渣中更多，适口性差，营养价值不高。醋糟中残留有一定量的醋，会影响牛瘤胃中的碱性环境，且其中所含的营养物质量也不高，不宜用来喂奶牛。如果要用它来喂牛，要注意控制用量，最好使用一定量的小苏打，调节瘤胃内的环境。

3. 饲料添加剂

饲料添加剂能提高饲料利用率，完善饲料营养价值，促进奶牛生长和防治疾病，减少饲料在贮存期营养物质损失，提高适口性，增进食欲，改进产品品质等。饲料添加剂分营养性（氨基酸、维生素、微量元素及非蛋白氮饲料添加剂等）和非营养性（微生态制剂、抗氧化剂、防霉制剂、中药添加剂等）两类。

（1）微量元素添加剂　奶牛需要补充的微量元素主要有铜、铁、锌、锰、硒等。这类添加剂主要补充饲料中微量元素的不足。有单一的，也有复合的。一般饲料中的含量不计，另外用无机盐以添加剂的形式按奶牛的需要量补充到饲料中。要特别注意混合均匀，否则日粮中某一部分含量过多或过少均会给牛生长发育造成不良影响。使用的微量元素添加剂必须干燥。

（2）氨基酸添加剂　主要有蛋氨酸、赖氨酸、谷氨酸、甘氨酸、色氨酸及苏氨酸。饲料中添加氨基酸，可以补充某些氨基酸的不足，平衡氨基酸比例。我国较常用的是蛋氨酸和赖氨酸，添加量可参考营养需要量。

（3）维生素添加剂　主要用来补充饲料中维生素的不足，有单一制剂，也有复合制剂。一般而言，维生素添加剂可根据饲养标准和产品说明添加。具体应用时，还要根据日粮组成、饲养方式、奶牛的日龄、健康状况、应激与否等适当添加。

（4）非蛋白氮饲料添加剂　主要有尿素、氨、缩二脲、磷酸铵、

碳酸铵、氯化铵和硝酸铵等。奶牛瘤胃内的微生物可以合成蛋白质，可以用部分非蛋白氮代替蛋白质饲喂奶牛，但是无机盐和碳水化合物的供应要平衡。这类化合物不含能量，可作为微生物的氮源而间接起到补充动物蛋白质营养的作用。

（5）天然矿物质

① 膨润土　含有对畜禽有益的矿物元素，调节机体代谢、增强免疫、吸收体内毒物、吸附抑制有害菌，从而提高奶牛生产力。

② 麦饭石　含有多种有益元素，而且溶出性好，易被奶牛利用，可以调节代谢、促进生长，还能吸附有毒物质，提高机体免疫力等。

③ 稀土　作为优良的添加剂，可以促进营养物质消化吸收、生长发育和繁殖及预防疾病等。稀土硝酸盐最常用，用于奶牛，其添加量一般为每头每天6～10g，混于精饲料饲喂，增产效果良好。

（6）微生态制剂　属于活菌制剂，专门用于动物营养保健，又称为微生物饲料添加剂，主要包括益生菌、益生元、合生元三类制剂。它能调节胃肠道微生物区系平衡，竞争性抑制有害微生物的生长，促进有益菌生长，减少胃肠道发病率；可刺激胃肠道非特异性免疫，提高免疫力；还能合成维生素等营养物质供动物体利用，间接起到促进生长和提高饲料转化率的作用。幼龄牛常用乳酸菌制剂，而成年牛则应使用米曲霉、黑曲霉和啤酒酵母制剂。为加速消化道内纤维素的分解，应尽量选用曲霉菌制剂。

（7）酶制剂　包括淀粉酶、蛋白酶、脂肪酶等内源性酶，还包括纤维素酶、植酸酶、果胶酶等外源性酶，以及酵母、麦芽、多种曲类复合酶制剂。因其无毒、无残留、无副作用，成为新型促生长类饲料添加剂。酶作为生物化学反应的催化剂，促进蛋白质、脂肪、淀粉和纤维素的水解，从而促进饲料营养的消化吸收，最终提高饲料利用率和促进动物生长。

（8）中草药添加剂　指应用我国传统中兽医理论和中草药的药性、药味及配伍关系，在饲料中加入的一些具有消食开胃、益气健脾、补气养血、滋阴生津、镇静安神等扶正祛邪和调节阴阳平衡的中草药。可以提高奶牛生产性能，缓解热应激，增强免疫机能，防治疾病及改善乳产量和乳成分等。

十、粗饲料的加工与调制

（一）青干草的加工与调制

1.制备原理

青干草是将牧草、细茎饲料作物在质量兼优时期刈割，经自然或人工干燥调制而成的能够长期贮存的青绿饲草。青草刈割时一般含水量很高，刈割后其细胞在水分含量适宜时仍继续呼吸、消耗养分，等到水分降到一定程度后，细胞才会停止呼吸。青干草的制备就是针对这种特点，通过自然或人工的方法使青草在最短的时间内含水量降到适宜水平，从而达到保存养分的目的。

2.质量鉴定

优质青干草颜色青绿、叶片含量多（优质豆科牧草的干草中叶量应占干草总重量的50%以上）、气味佳、含水量适宜（15%～17%）、适口性好并含有较多的蛋白质、维生素和矿物质。干草安全贮存的含水量，散放干草为25%，打捆干草为20%～22%，铡碎干草为18%～20%，干草块为16%～17%。判断干草的含水量的简易方法如下。

（1）含水量为15%～17%（最适宜） 用手成束紧握时，发出沙沙响声和破裂声，草束反复折曲时易断，搓揉的草束能迅速、完全地散开，叶片干而卷曲。

（2）含水量为17%～19% 用手成束紧握时无干裂声，只有沙沙声，草束反复折曲不易断，搓揉的草束散开缓慢，叶子有时卷曲。

（3）含水量为19%～20% 堆垛保藏时，会发热，甚至起火；用手成束紧握时无清脆的响声，容易拧成紧实而柔韧的草辫，搓拧时不折断。

（4）含水量大于23% 不能堆垛保藏；揉搓时无沙沙响声，多次折曲草束时，折曲处有水珠，手插入草中有凉感。

3.制备方法

（1）自然干燥法 适于晴天，利用太阳的照射以及空气温度的蒸腾作用，将青草刈割后在原地或干燥地段摊开，在阳光下暴晒，使其含水量迅速降至40%～50%，然后堆成松散的小堆，使其含水量继续

下降至15% ～ 17%，最后堆成大垛在草棚中保存。包括田间晒制法和草架干燥法。

① 田间晒制法　牧草刈割后，在原地或附近干燥地段摊开曝晒，每隔数小时加以翻晒，待水分降至40% ～ 50%时，用搂草机或手工搂成松散的草垄可集成0.5 ～ 1m高的草堆，保持草堆的松散通风，天气晴好可倒堆翻晒，天气恶劣时草堆外面最好盖上塑料布，以防雨水冲淋。

② 草架干燥法　利用树干或木棍搭草架，架的大小可根据草的产量和场地而定，牧草刈割后在田间干燥半天或一天，使其水分降到40% ～ 50%时，把牧草自下而上逐渐堆放或打成15cm左右的小捆，草的顶端朝里，并避免与地面接触吸潮，草层厚度不宜超过70 ～ 80cm。上架后的牧草应堆成圆锥形或屋顶形。

（2）人工干燥法　主要包括常温鼓风干燥法和高温快速干燥法。

① 常温鼓风干燥法　把经自然晾晒后含水量降到50%的青草，放在有通风道的草棚中，用鼓风机吹风进行干燥，这种方法只有当气温高于15℃、相对湿度小于75%时使用效果好。一般把草垛成1.5 ～ 2m高的小堆，干燥3d左右，再堆成4 ～ 5m的大堆干燥。

② 高温快速干燥法　用专用的牧草烘干机，可在几小时甚至数秒内使青草的含水量由80%迅速降至15%，这种方法几乎可以完全保存青饲料的营养价值。因成本高，国内较少使用。

此外，还有地面干燥法、棚内阴干法等。

4.贮藏方法

合理贮藏干草，是调制干草过程中的一个重要环节，贮藏管理不当，不仅干草的营养物质会遭到重大损失，甚至发生草垛漏水霉烂、发热、引起火灾等严重事故。

（1）露天堆垛贮藏　垛址应选择地势平坦干燥、排水良好的地方，同时要求离牛舍不宜太远。垛底应用石块、木头、秸秆等垫起铺平，高出地面40 ～ 50cm，四周有排水沟。垛的形式一般采用圆形和长方形两种，无论哪种形式，其外形均应由下向上逐渐扩大，顶部又逐渐收缩成圆形，形成中大、上圆的形状。垛的大小可根据需要而堆。长方形草垛一般垛底宽3.5 ～ 4.5m，垛肩宽4.0 ～ 5.0m，顶高6 ～ 6.5m，长度视贮草量而定，但不宜少于8.0m。堆垛时应从两边开始往里一

层一层地堆积，分层踩实，一定要使中间部分稍稍隆起，堆至肩高时，使全堆取平，然后往里收缩，最后堆积成45°倾斜的屋脊形草顶，使雨水顺利下流，不致渗入草垛内。封顶时可用麦秸或杂草覆盖顶部，最后用草绳或泥土封压，以防大风吹刮。圆形垛一般底部直径3.0～4.5m，肩部直径3.5～5.5m，顶高5.0～6.5m，堆垛时从四周开始，把边缘先堆齐，然后往中间填充，一定要使中间高出四周，并注意逐层压实踩紧，垛成后，再把四周乱草耙平梳齐便于雨水下流。

（2）草棚堆垛　气候潮湿或有条件的地方可建造简易干草棚，以防雨雪、潮湿和阳光直射。这种棚舍只需建一个防雨雪的顶棚以及防潮的底垫即可。存放干草时，应使棚顶与干草保持一定距离，以便通风散热。

5. 注意事项

一是刈割时间，二是干燥的速度，三是防潮。刈割时间不同，制成的干草营养成分差别很大，一般禾本科在抽穗初期、豆科在孕蕾期和开花初期刈割较好，从而保证收割之后获得较高质量和产量的青草。干燥的速度越快，养分损失越少。干草受潮一则会使青草霉变，二则会使其营养价值迅速下降到与作物秸秆类似，从而失去制作的意义。

6. 青草粉的颗粒化和干草压块处理

颗粒化处理就是将粉碎的草粉，再制成颗粒的方法。在制作颗粒的过程中可以按营养要求配制成全价饲料，可以克服草粉粉尘大、不易操作、易于损失等缺点。压制成草块更适合于养牛。干草块的加工即将水分10%左右的干草切成3～4cm，然后加水使其含水量达到14%～15%后压制而成。

（二）青贮料的加工与调制

青贮饲料就是把新鲜的青饲料切短填入密闭的青贮窖里，经过微生物的发酵作用而调制成的一种柔软多汁、具有酸甜芳香气味、营养丰富、适口性好、耐贮藏的饲料。

1. 青贮原理

在缺氧状态下，厌氧的乳酸细菌利用植株内的碳水化合物、可溶性糖和其他养分大量繁殖进行发酵，产生乳酸，抑制其他腐败细菌和

霉菌的生长，最后乳酸菌本身也停止生长，从而达到长期保存养分的目的。

2. 青贮原料

许多饲料原料都能制作青贮，以含糖量较高的青饲料效果最好。禾本科牧草（抽穗期刈割）、青玉米（用全株带穗玉米做青贮，以蜡熟期收割较好；玉米秸秆青贮在收穗后尽快收割，以玉米茎叶仅有下部1～2片叶枯黄为宜）、苏丹草、块根、甘薯藤蔓等均可。豆科牧草如苜蓿、草木樨等，蛋白质含量高、含糖量少，所以，单用豆科牧草（在孕蕾期和开花期刈割）做青贮容易腐烂，必须用其他含糖较高的禾本科青饲料与豆科牧草进行混合青贮。

3. 青贮方法

主要有青贮窖（池、塔）法、堆垛法和塑料袋法等。青贮塔投资较大，目前在国内很少采用。中等规模以上的牛场青贮时宜采用永久性青贮窖（池）法，虽然一次性投资大，但使用年限长、青贮效果好、容量大、饲料保存时间长。小型牛场和农户可采用堆垛法或塑料袋法，具有投资少，方法简单、灵活，存贮量易于调节等优点。

（1）青贮窖（池）法　青贮窖（池）应建在地势高燥、平坦，离牛舍较近的地方。有地下式（深1.5～2m）、半地下式（深0.5m）和地上式（地上部分1.5m）三种形式。前者适用地下水位低、土质坚硬地区，后两者适用地下水位高或土质较差的地区。青贮窖（池）一般深2.5～3m，宽2.5～6m，长度（一般20～30m）根据牛场规模确定。根据青贮原料的种类不同，一般每立方米可贮存青贮料400～750kg，窖（池）的内壁要光滑。青贮的原料收割后应在最短的时间内铡短、装窖（池），逐层（每铺30cm）压紧，高出窖（池）上口40～60cm，然后用塑料布密封，上面用土压实，保证不透气、不透水。窖长及容积计算方法：

① 窖长（m）=青贮需要量（kg）÷ $\left[\dfrac{\text{上口宽（m）+下底宽（m）}}{2}\times\right.$ 深度（m）×每立方米原料的重量（kg）$\left.\right]$。

② 圆形青贮窖容积（m^3）=3.14×［青贮窖直径（m）］^{2}/4×青贮窖高度（m）。

③ 长方形青贮窖容积（m^3）$=\frac{上口宽（m）+下底宽（m）}{2}$×窖深（m）×窖长（m）。

④ 青贮窖容积=（奶牛饲养数量×日饲喂量×365）÷青贮窖容重。

计算窖的大小：全株玉米青贮的容重为600kg/m^3，常年以青贮饲料为主要粗饲料的奶牛，每头每年需要8～10t，即每头奶牛大约需要15m^3，以此计算青贮窖的大小。各种青贮料每立方米（m^3）重量为：青贮（带穗）玉米550～650kg；青贮玉米秸秆500～550kg；牧草600kg；山芋藤650～700kg。

（2）堆垛法　在地势高、平坦的硬地面上铺一层厚塑料薄膜，塑料布应选0.2mm厚的聚乙烯薄膜，其大小应足够包裹堆起的原料堆。将原料铡短堆在上面，每堆30cm厚，需压实、压平，然后用塑料布将原料包裹严实，不留缝隙，上压重物。

（3）塑料袋法　将切碎的原料装入塑料袋，边装边压实。塑料袋应选用厚0.8～1mm、双幅宽1m的聚乙烯无毒塑料薄膜，无破损，厚度均匀。热压法做成长2m左右的袋子，每袋一般可装填原料100kg为宜。原料装完压实后，排出袋内空气，用塑料绳把袋口扎紧或密封机封口。

（4）特殊青贮法　主要有低水分青贮法、混合青贮法和添加剂青贮法等。

① 低水分青贮法　又称半干青贮法，是将青贮原料收割后，在30h内使原料含水量迅速降低至45%～50%，然后进行青贮。具有可选用原料广、适口性好、营养成分损失少、干物质含量高、易于制作等优点，是目前较先进的青贮制作方法。其青贮方法、步骤与一般青贮相同。

② 混合青贮法　将几种具有不同优缺点的原料混合制作青贮的方法，如含蛋白高的豆科牧草与含糖量高的禾本科牧草混合，或含实量高的与含水量低的混合。

③ 添加剂青贮法　在青贮原料中添加一些特殊成分制作青贮的方法，添加成分主要有尿素、糖蜜、甲醛、乳酸菌、酶制剂等，最常用的为尿素和乳酸菌。添加尿素可以提高青贮饲料的蛋白质含量，据大

量资料报道，添加0.4%尿素可以增加1%的可消化蛋白。添加的乳酸菌类发酵能产生大量的乳酸，可保持青贮过程中必需的酸状态，抑制有害菌的繁殖。

④ 牧草青贮法　采用牧草收割、打捆、装袋、密封一体化操作，除具有一般青贮饲料的优点外，还具有便于机械化操作、节省人工、使用方便等优点，是目前国际上最先进的方法。

4. 青贮要求

青贮制作的好坏关键取决于是否压实，是否密封，原料含水量、含糖量、青贮的温度是否适宜。最好选择在晴天收割，收割后的青贮原料可在田间适当摊晒2 ～ 6h，使水分含量降低到65% ～ 70%。含水量过高、过低都应先调节至水分适宜。原料铡短的长度，细茎牧草以7 ～ 8cm为宜；禾本科牧草和豆科牧草及叶菜类等原料一般切成2 ～ 3cm；玉米秸秆和甘蔗梢等粗茎植物切成1 ～ 2cm。青贮窖适宜温度为20℃，最高不超过37℃。含糖量一般不应低于1% ～ 1.5%。

5. 制作方法

（1）切碎　一般把禾本科牧草、豆科牧草、叶菜类等原料铡成2 ～ 3cm长的小段；玉米秸秆、麦秆等粗茎植物，需切成0.5 ～ 2cm长为宜；一些柔软幼嫩的植物，也可不切碎青贮。原料的含水量越低，切的长度也应越短。

（2）装填　速度要快，最好1 ～ 2d贮完，最迟不超过3 ～ 4d。

（3）压实　层层装入窖中，机械镇压，每装30 ～ 50cm厚镇压一次；人工踏踩，每装15 ～ 20cm厚踏踩一次，一定要压实，特别是四周、边角不可忽视。要求踩得越实越好。若不能一次装满全窖，可以装填一部分后立即在原料上面盖上一层塑料薄膜，窖面盖上木板，次日继续装填。

（4）封窖　当原料装填压紧与窖口齐平时，中间可高出窖的边缘30cm，在原料的上面盖上一层10 ～ 20cm厚的秸秆或牧草，覆上塑料薄膜后，再覆上30 ～ 50cm厚的土，并踩踏成馒头形。拍平表面，并在周围挖排水沟，最初几天应注意检查，如有裂缝应及时修好，严防漏气。

6. 感官鉴定

主要根据色、香、味和质地判断青贮料的品质。优良的青贮料颜色为黄绿色或青绿色，有光泽。气味芳香，呈酒酸味。表面湿润，结构完好，疏松，容易分离。不良的青贮料颜色为黑或褐色，气味刺鼻，腐烂，黏滑结块，不能饲喂。

7.青贮取用

一般青贮在制作45d后即可开始取用。长方形窖应从一端开始取料，从上到下，直到窖底。应坚持每天取料，每次取料层应在15cm以上。切勿全面打开，防止暴晒、雨淋、结冰，严禁掏洞取料。每天取后及时覆盖草帘或席片，防止二次发酵。如果青贮制作符合要求，只要不启封窖，青贮料可保存多年不变质。

8.青贮喂量

应视奶牛的种类、年龄、用途和青贮饲料的质量而定。除高产奶牛外，一般情况可作为唯一的粗饲料使用。开始饲喂青贮料时，要由少到多，逐渐增加，给奶牛一个适应过程。习惯后，再逐渐增加喂量。通常日喂量为成年母牛20 ～ 30kg、育成牛10 ～ 20kg、种公牛5 ～ 10kg。青贮饲料具有轻泻性，妊娠母牛应适当减少喂量，饲喂青贮饲料后，要将饲槽打扫干净，以免残留物产生异味。

（三）秸秆饲料的加工与调制

作物秸秆具有粗蛋白质、维生素含量低，粗纤维含量高，消化率低，品质低劣等特点。传统的饲喂方法是将它们铡短直接饲喂，奶牛虽然能将它们消化利用，但利用率很低，而且会使奶牛产奶量降低，造成饲料浪费，经济效益低下。作物秸秆经氨化和碱化等处理后，可大幅度提高粗蛋白质含量和消化率，改善适口性，但不能够改变其营养成分。常用处理方法如下。

1.物理处理法

主要包括切短、粉碎、揉搓、压块、制粒等。秸秆切短至3～5cm为宜。

（1）机械处理　指利用机械将粗饲料铡碎、粉碎或揉碎，是最简便而又常用的方法。秸秆饲料比较粗硬，加工后便于咀嚼，可减少奶牛的能耗，提高其采食量，并减少饲喂过程中的饲料浪费。粉碎机筛底孔径以8 ～ 10mm为宜。利用铡草机将粗饲料切短成1 ～ 2cm，稻

草较柔软，可稍长些；而玉米秸秆较粗硬且有结节，以1cm左右为宜。揉碎机械将秸秆饲料揉搓成丝条状，尤其适于玉米秸秆的揉碎，是当前秸秆饲料利用比较理想的加工方法。

（2）膨化处理　将切碎的粗饲料放在容器内加水蒸煮，以提高秸秆饲料的适口性和消化率。一般在压力2.07×10^5帕下处理稻草1.5min，（7.8～8.8）$\times10^5$帕处理30～60min。但因膨化设备投资较大，目前在生产上尚难以广泛应用。

（3）盐化处理　将铡碎或粉碎的秸秆饲料，与等重量的1%食盐水充分搅拌后，放入容器内或在水泥地面上堆放，用塑料薄膜覆盖，放置12～24h，使其自然软化，可明显提高适口性和奶牛采食量。在东北地区广泛利用，效果良好。

（4）颗粒化　将秸秆经过粉碎揉搓之后，根据用途设计配方，与其他农副产品及饲料添加剂搭配，用颗粒机械制成颗粒饲料。可以将维生素、微量元素、添加剂等成分加入到颗粒饲料中，提高其营养价值，并改善其适口性。饲喂牛的效果明显，一次性投资不高，是一项值得推广的实用技术。

2.化学处理法

（1）碱化处理　将100kg切碎的秸秆加3kg生石灰或4kg熟石灰、食盐0.5～1kg、水200～250kg，处理后晾24～36h即可饲喂。

（2）氨化处理　与青贮类似，可以直接利用青贮池、青贮窖，这样既可节约投资，又可提高青贮池、青贮窖的利用率，也可采取装袋法和堆垛法。常用的氨化原料有液氨、氨水、尿素等，尤以尿素应用范围最广。氨水和液氨的用量随温度的不同而不同，一般含氮量为秸秆的1.5%～3%。尿素的用量为每100kg秸秆添3%～4%的尿素液50kg。氨化所需时间也随温度变化，一般夏天为7d，冬天30d以上，春秋14d左右。氨化好的秸秆应为黄棕色，发亮，有一种糊香味，质地柔软。发霉的秸秆有一股刺鼻的霉败味，不能用于牛。氨化好的秸秆在饲喂之前必须经过1～3d的放氨处理，否则极易引起奶牛氨中毒。

（四）微贮饲料加工调制

微贮是利用微生物作用使质地粗硬的干黄秸秆和牧草变成柔软多

汁、气味酸香、适口性好、利用率高的粗饲料。麦秸、稻草、藤蔓、干玉米秸秆、高粱秸秆等不适合青贮的低水分物料均可进行微贮。其特点是需要添加微贮专用菌。为了保证微贮效果可添加玉米面等可溶性糖含量高的物质。

（1）收割　收割的秸秆应尽量减少暴晒和避免堆积发热，保证新鲜，避免在雨天收割。

（2）切碎　将原料切短，有条件的可用揉切机进行揉搓切碎。

（3）装填　每填30cm厚时喷洒一层菌液，用量参照使用说明书，并均匀撒一些麸皮或玉米面，每1000kg贮料中撒5～10kg。

（4）补加水分　使原料总水分含量达到60%～75%。加水原则为先少后多、边装填、边压实、边加水。

（5）压实　每堆30cm厚时压实一次，越实越好。当原料装填距窖口40～50cm时，紧贴窖四壁围上一圈塑料薄膜，待密封时使用。

（6）密封　当原料堆的上端高出窖四周50cm时用塑料薄膜将原料裹紧密封，上面覆盖重物，如泥土、水袋、废弃轮胎等。

（7）质量鉴定　封窖后30d即可完成发酵过程。可根据微贮饲料的外部特征，用看、嗅和手触摸的方法鉴定贮料的好坏。优质微贮饲料，青玉米秸秆色泽呈橄榄绿，麦秸呈金黄褐色，带醇香和果香气味，触摸手里感到很松散，质地柔软湿润。劣质微贮饲料，颜色深黑，具有强酸味、腐臭味、发霉味，发粘。

（8）开窖　应从窖的一端开启，从上至下垂直逐段取用。每次取完后，要用塑料薄膜将窖口密封，避免空气接触，以防第二次发酵，发生变质。

十一、奶牛的饲养标准

饲养标准是根据奶牛的不同品种、年龄、体重、生理状态、生产目的与生产水平等，科学地规定每头奶牛每天应供给的能量和各种营养物质的数量。目前，较权威和适用的饲养标准主要有美国NRC（2001）奶牛饲养标准、中国奶牛饲养标准（2004）和英国ARC奶牛的饲养标准等。在此，主要介绍中国《奶牛饲养标准》（NY/T 34—2004），见表2-7～表2-10。

表2-7 成年母牛维持的营养需要

体重/kg	日粮干物质/kg	奶牛能量单位/NND	产奶净能/MJ	可消化粗蛋白质/g	小肠可消化粗蛋白质/g	钙/g	磷/g	胡萝卜素/mg	维生素A/IU
350	5.02	9.17	28.79	243	202	21	16	63	25000
400	5.55	10.13	31.80	268	224	24	18	75	30000
450	6.06	11.07	34.73	293	244	27	20	85	34000
500	6.56	11.97	37.57	317	264	30	22	95	38000
550	7.04	12.88	40.38	341	284	33	25	105	42000
600	7.52	13.73	43.10	364	303	36	27	115	46000
650	7.98	14.59	45.77	386	322	39	30	123	49000
700	8.44	15.43	48.41	408	340	42	32	133	53000
750	8.89	16.24	50.96	430	358	45	34	143	57000

注：1.对第一个泌乳期的维持需要按上表基础增加20%，第二个泌乳期增加10%。2.如第一个泌乳期的年龄和体重过小，应按生长牛的需要计算实际增重的营养需要。3.放牧运动时，须在上表基础上增加能量需要量，按前所述说明计算。4.在环境温度低的情况下，维持能量消耗增加，须在上表基础上增加需要量，按前所述说明计算。5.泌乳期间，每增重1kg体重需增加8NND和325g粗蛋白质；每减重1kg需扣除6.25NND和250g粗蛋白质。

表2-8 每产1kg奶的营养需要

乳脂率/%	日粮干物质/kg	奶牛能量单位/NND	产奶净能/MJ	可消化粗蛋白质/g	小肠可消化粗蛋白质/g	钙/g	磷/g	胡萝卜素/mg	维生素A/IU
2.5	0.31～0.35	0.80	2.51	49	42	3.6	2.4	1.05	420
3.0	0.34～0.38	0.87	2.72	51	44	3.9	2.6	1.13	452
3.5	0.37～0.41	0.93	2.93	53	46	4.2	2.8	1.22	486
4.0	0.40～0.45	1.00	3.14	55	47	4.5	3.0	1.26	502
4.5	0.43～0.49	1.06	3.35	57	49	4.8	3.2	1.39	556
5.0	0.46～0.52	1.13	3.52	59	51	5.1	3.4	1.46	584
5.5	0.49～0.55	1.19	3.72	61	53	5.4	3.6	1.55	619

表2-9　母牛妊娠最后4个月的营养需要

体重/kg	怀孕月份	日粮干物质/kg	奶牛能量单位/NND	产奶净能/MJ	可消化粗蛋白质/g	小肠可消化粗蛋白质/g	钙/g	磷/g	胡萝卜素/mg	维生素A/IU
350	6	5.78	10.51	32.97	293	245	27	18	67	27
	7	6.28	11.44	35.90	327	275	31	20		
	8	7.23	13.17	41.34	375	317	37	22		
	9	8.70	15.84	49.54	437	370	45	25		
400	6	6.30	11.47	35.99	318	267	30	20	76	30
	7	6.81	12.40	38.92	352	297	34	22		
	8	7.76	14.13	44.36	400	339	40	24		
	9	9.22	16.80	52.72	462	392	48	27		
450	6	6.81	12.40	38.92	343	287	33	22	86	34
	7	7.32	13.33	41.84	377	317	37	24		
	8	8.27	15.07	47.28	425	359	43	26		
	9	9.73	17.73	55.65	487	412	51	29		
500	6	7.31	13.32	41.80	367	307	36	25	95	38
	7	7.82	14.25	44.73	401	337	40	27		
	8	8.78	15.99	50.17	449	379	46	29		
	9	10.24	18.65	58.54	511	432	54	32		
550	6	7.80	14.20	44.56	391	327	39	27	105	42
	7	8.31	15.13	47.49	425	357	43	29		
	8	9.26	16.87	52.93	473	399	49	31		
	9	10.72	19.53	61.30	535	452	57	34		
600	6	8.27	15.07	47.28	414	346	42	29	114	46
	7	8.78	16.09	50.21	448	376	46	31		
	8	9.73	17.73	55.65	496	418	52	33		
	9	11.20	20.40	64.02	558	471	60	36		
650	6	8.74	15.92	49.56	436	365	45	31	124	50
	7	9.25	16.85	52.89	470	395	49	33		
	8	10.21	18.59	58.33	518	437	55	35		
	9	11.67	21.25	66.70	580	490	63	38		
700	6	9.22	16.76	52.60	458	383	48	34	133	53
	7	9.71	17.69	55.53	492	413	52	36		
	8	10.67	19.43	60.97	540	455	58	38		
	9	12.13	22.09	69.33	602	508	66	41		
750	6	9.65	17.57	55.15	480	401	51	36	143	57
	7	10.16	18.51	58.08	514	431	55	38		
	8	11.11	20.24	63.52	562	473	61	40		
	9	12.58	22.91	71.89	624	526	69	43		

表2-10　生长母牛的营养需要

体重/kg	日增重/g	日粮干物质/kg	奶牛能量单位/NND	产奶净能/MJ	可消化粗蛋白质/g	小肠可消化粗蛋白质/g	钙/g	磷/g	胡萝卜素/mg	维生素A/IU
40	0		2.20	6.90	41	—	2	2	4.0	1.6
	200		2.67	8.37	92	—	6	4	4.1	1.6
	300		2.93	9.21	117	—	8	5	4.2	1.7
	400		3.23	10.13	141	—	11	6	4.3	1.7
	500		3.52	11.05	164	—	12	7	4.4	1.8
	600		3.84	12.05	188	—	14	8	4.5	1.8
	700		4.19	13.14	210	—	16	10	4.6	1.8
	800		4.56	14.31	231	—	18	11	4.7	1.9
50	0		2.56	8.04	49	—	3	3	5.0	2.0
	300		3.32	10.42	124	—	9	5	5.3	2.1
	400		3.60	11.30	148	—	11	6	5.4	2.2
	500		3.92	12.31	172	—	13	8	5.5	2.2
	600		4.24	13.31	194	—	15	9	5.6	2.2
	700		4.60	14.44	216	—	17	10	5.7	2.3
	800		4.99	15.65	238	—	19	11	5.8	2.3
60	0		2.89	9.08	56	—	4	3	6.0	2.4
	300		3.67	11.51	131	—	10	5	6.3	2.5
	400		3.96	12.43	154	—	12	6	6.4	2.6
	500		4.28	13.44	178	—	14	8	6.5	2.6
	600		4.63	14.52	199	—	16	9	6.6	2.6
	700		4.99	15.65	221	—	18	10	6.7	2.7
	800		5.37	16.87	243	—	20	11	6.8	2.7
70	0	1.22	3.21	10.09	63	—	4	4	7.0	2.8
	300	1.67	4.01	12.60	142	—	10	6	7.9	3.2
	400	1.85	4.32	13.56	168	—	12	7	8.1	3.2
	500	2.03	4.64	14.56	193	—	14	8	8.3	3.3
	600	2.21	4.99	15.65	215	—	16	10	8.4	3.4
	700	2.39	5.36	16.82	239	—	18	11	8.5	3.4
	800	2.61	5.76	18.08	262	—	20	12	8.6	3.4
80	0	1.35	3.51	11.01	70	—	5	4	8.0	3.2
	300	1.80	1.80	13.56	149	—	11	6	9.0	3.6
	400	1.98	4.64	14.57	174	—	13	7	9.1	3.6
	500	2.16	4.96	15.57	198	—	15	8	9.2	3.7
	600	2.34	5.32	16.70	222	—	17	10	9.3	3.7
	700	2.57	5.71	17.91	245	—	19	11	9.4	3.8
	800	2.79	6.12	19.21	268	—	21	12	9.5	3.8

续表

体重/kg	日增重/g	日粮干物质/kg	奶牛能量单位/NND	产奶净能/MJ	可消化粗蛋白质/g	小肠可消化粗蛋白质/g	钙/g	磷/g	胡萝卜素/mg	维生素A/IU
90	0	1.45	3.80	11.93	76	—	6	5	9.0	3.6
	300	1.84	4.64	14.57	154	—	12	7	9.5	3.8
	400	2.12	4.96	15.57	179	—	14	8	9.7	3.9
	500	2.30	5.29	16.62	203	—	16	9	9.9	4.0
	600	2.48	5.65	17.75	226	—	18	11	10.1	4.0
	700	2.70	6.05	19.00	249	—	20	12	10.3	4.1
	800	2.93	6.48	20.34	272	—	22	13	10.5	4.2
100	0	1.62	4.08	12.81	82	—	6	5	10.0	4.0
	300	2.07	4.93	15.49	173	—	13	7	10.5	4.2
	400	2.25	5.27	16.53	202	—	14	8	10.7	4.3
	500	2.43	5.61	17.62	231	—	16	9	11.0	4.4
	600	2.66	5.99	18.79	258	—	18	11	11.2	4.4
	700	2.84	6.39	20.05	285	—	20	12	11.4	4.5
	800	3.11	6.81	21.39	311	—	22	13	11.6	4.6
125	0	1.89	4.73	14.86	97	82	8	6	12.5	5.0
	300	2.39	5.64	17.70	186	164	14	7	13.0	5.2
	400	2.57	5.96	18.71	215	190	16	8	13.2	5.3
	500	2.79	6.35	19.92	243	215	18	10	13.4	5.4
	600	3.02	6.75	21.18	268	239	20	11	13.6	5.4
	700	3.24	7.17	22.51	295	264	22	12	13.8	5.5
	800	3.51	7.63	23.94	322	288	24	13	14.0	5.6
	900	2.74	8.12	29.13	347	311	26	14	14.2	5.7
	1000	4.05	8.67	27.20	423	332	28	16	14.4	5.8
150	0	2.21	5.35	16.78	111	94	9	8	15.0	6.0
	300	2.70	6.31	19.80	202	175	15	9	15.7	6.3
	400	2.88	6.67	20.92	226	200	17	10	16.0	6.4
	500	3.11	7.05	22.14	254	225	19	11	16.3	6.5
	600	3.33	7.47	23.44	279	248	21	12	16.6	6.6
	700	3.60	7.92	24.86	305	272	23	13	17.0	6.8
	800	3.83	8.40	26.36	331	296	25	14	17.3	6.9
	900	4.10	8.92	28.00	356	319	27	16	17.6	7.0
	1000	4.41	9.49	29.80	378	339	29	17	18.0	7.2

续表

体重/kg	日增重/g	日粮干物质/kg	奶牛能量单位/NND	产奶净能/MJ	可消化粗蛋白质/g	小肠可消化粗蛋白质/g	钙/g	磷/g	胡萝卜素/mg	维生素A/IU
175	0	2.48	5.93	18.62	125	106	11	9	17.5	7.0
	300	3.02	7.05	22.14	210	184	17	10	18.2	7.3
	400	3.20	7.48	23.48	238	210	19	11	18.5	7.4
	500	3.42	7.95	24.94	266	235	22	12	18.8	7.5
	600	3.65	8.43	26.45	290	257	23	13	19.1	7.6
	700	3.92	8.96	28.12	316	281	25	14	19.4	7.8
	800	4.19	9.53	29.92	341	304	27	15	19.7	7.9
	900	4.50	10.15	31.85	365	326	29	16	20.0	8.0
	1000	4.82	10.81	33.94	387	346	31	17	20.3	8.1
200	0	2.70	6.48	20.34	160	133	12	10	20.0	8.0
	300	3.29	7.65	24.02	244	210	18	11	21.0	8.4
	400	3.51	8.11	25.44	271	235	20	12	21.5	8.6
	500	3.74	8.59	26.95	297	259	22	13	22.0	8.8
	600	3.96	9.11	28.58	322	282	24	14	22.5	9.0
	700	4.23	9.67	30.34	347	305	26	15	23.0	9.2
	800	4.55	10.25	32.18	372	327	28	16	23.5	9.4
	900	4.86	10.91	34.23	396	349	30	17	24.0	9.6
	1000	5.18	11.60	36.41	417	368	32	18	24.5	9.8
250	0	3.20	7.53	23.64	189	157	15	13	25.0	10.0
	300	3.83	8.83	27.70	270	231	21	14	26.5	10.6
	400	4.05	9.31	29.21	296	255	23	15	27.0	10.8
	500	4.32	9.83	30.84	323	279	25	16	27.5	11.0
	600	4.59	10.40	32.64	345	296	27	17	28.0	11.2
	700	4.86	11.01	34.56	370	323	29	18	28.5	11.4
	800	5.18	11.65	36.57	394	345	31	19	29.0	11.6
	900	5.54	12.37	38.83	417	365	33	20	29.5	11.8
	1000	5.90	13.13	41.13	437	385	35	21	30.0	12.0
300	0	3.69	8.51	26.70	216	180	18	15	30.0	12.0
	300	4.37	10.08	31.64	295	253	24	16	31.5	12.6
	400	4.59	10.68	33.52	321	276	26	17	32.0	12.8
	500	4.91	11.31	35.49	346	299	28	18	32.5	13.0
	600	5.18	11.99	37.62	368	320	30	19	33.0	13.2
	700	5.49	12.72	27.37	392	342	32	20	33.5	13.4
	800	5.85	13.51	42.39	415	362	34	21	34.0	13.6
	900	6.21	14.36	45.07	438	383	36	22	34.5	13.8
	1000	6.62	15.29	48.00	458	402	38	23	35.0	14.0

续表

体重/kg	日增重/g	日粮干物质/kg	奶牛能量单位/NND	产奶净能/MJ	可消化粗蛋白质/g	小肠可消化粗蛋白质/g	钙/g	磷/g	胡萝卜素/mg	维生素A/IU
350	0	4.14	9.43	29.59	243	202	21	18	35.0	14.0
	300	4.86	11.11	34.86	321	273	27	19	36.8	14.7
	400	5.13	11.76	36.91	345	296	29	20	37.4	15.0
	500	5.45	12.44	39.04	369	318	31	21	38.0	15.2
	600	5.76	13.17	41.34	392	338	33	22	38.6	15.4
	700	6.08	13.96	43.81	415	360	35	23	39.2	15.7
	800	6.39	14.83	46.53	442	381	37	24	39.8	15.9
	900	6.84	15.75	49.42	460	401	39	25	40.4	16.1
	1000	7.29	16.75	52.56	480	419	41	26	41.0	16.4
400	0	4.55	10.32	32.39	268	224	24	20	40.0	16.0
	300	5.36	12.28	38.54	344	294	30	21	42.0	16.8
	400	5.63	13.03	40.88	368	316	32	22	43.0	17.2
	500	5.94	13.81	43.35	393	338	34	23	44.0	17.6
	600	6.30	14.65	45.99	415	359	36	24	45.0	18.0
	700	6.66	15.57	48.87	438	380	38	25	46.0	18.4
	800	7.07	16.56	51.97	460	400	40	26	47.0	18.8
	900	7.47	17.64	55.40	482	420	42	27	48.0	19.2
	1000	7.97	18.80	59.00	501	437	44	28	49.0	19.6
450	0	5.00	11.16	35.03	293	244	27	23	45.0	18.0
	300	5.80	13.25	41.59	368	313	33	24	48.0	19.2
	400	6.10	14.04	44.06	393	335	35	25	49.0	19.6
	500	6.50	14.88	46.70	414	355	37	26	50.0	20.0
	600	6.80	15.80	49.59	439	377	39	27	51.0	20.4
	700	7.20	16.79	52.64	461	398	41	28	52.0	20.8
	800	7.70	17.84	55.99	484	419	43	29	53.0	21.2
	900	8.10	18.99	59.59	505	439	45	30	54.0	21.6
	1000	8.60	20.23	63.48	524	456	47	31	55.0	22.0
500	0	5.40	11.97	37.58	317	264	30	25	50.0	20.0
	300	6.30	14.37	45.11	392	333	36	26	53.0	21.2
	400	6.60	15.27	47.91	414	355	38	27	54.0	21.6
	500	7.00	16.24	50.97	441	377	40	28	55.0	22.0
	600	7.30	17.27	54.19	463	398	42	29	56.0	22.4
	700	7.80	18.39	57.70	485	418	44	30	57.0	22.8
	800	8.20	19.61	61.55	507	438	46	31	58.0	23.2
	900	8.70	20.91	65.61	529	458	48	32	59.0	23.6
	1000	9.30	22.33	70.09	548	476	50	33	60.0	24.0

续表

体重/kg	日增重/g	日粮干物质/kg	奶牛能量单位/NND	产奶净能/MJ	可消化粗蛋白质/g	小肠可消化粗蛋白质/g	钙/g	磷/g	胡萝卜素/mg	维生素A/IU
550	0	5.80	12.77	40.09	341	284	33	28	55.0	22.0
	300	6.80	15.31	48.04	417	354	39	29	58.0	23.2
	400	7.10	16.27	51.05	441	376	41	30	59.0	23.6
	500	7.50	17.29	54.27	465	397	43	31	60.0	24.0
	600	7.90	18.40	57.74	487	418	45	32	61.0	24.4
	700	8.30	19.57	61.43	510	439	47	33	62.0	24.8
	800	8.80	20.85	65.44	533	460	49	34	63.0	25.2
	900	9.30	22.25	69.84	554	480	51	35	64.0	25.6
	1000	9.90	23.76	74.56	573	496	53	36	65.0	26.0
600	0	6.20	13.53	42.47	364	303	36	30	60.0	26.4
	300	7.20	16.39	51.43	441	374	42	31	66.0	24.0
	400	7.60	17.48	54.86	465	396	44	32	67.0	26.8
	500	8.00	18.64	58.50	489	418	46	33	68.0	27.2
	600	8.40	19.88	62.39	512	439	48	34	69.0	27.6
	700	8.90	21.23	66.61	535	459	50	35	70.0	28.0
	800	9.40	22.67	71.13	557	480	52	36	71.0	28.4
	900	9.90	24.24	76.07	580	501	54	37	72.0	28.8
	1000	10.50	25.93	81.38	599	518	56	38	73.0	29.2

十二、奶牛日粮的配制及注意事项

1. 日粮配制

奶牛的日粮配制一般有下列步骤：一是选择有代表性的奶牛，以该奶牛的营养需要来代表整个群体；二是从饲养标准中查找每天营养成分的需要量；三是按饲料成分及营养价值表查出现有饲料的各营养成分；四是根据现有饲料的营养成分对各种饲料用量进行计算，并以此进行日粮配制。日粮配制方法有方形法（对角线法）、试差法和电脑配方软件配制方法等。生产当中应用比较普遍的是试差法（饲料原料种类少时可用对角线法），既可以利用计算器手工计算，也可以利用ExceL表格计算，方便快捷。此外，也可以利用电脑配方软件进行配制，但软件成本较高，适合于饲料企业使用，对于规模化养牛场可以利用前两者。在此，重点介绍试差法。

举例：用野干草、青贮玉米、玉米、麸皮、棉籽饼、磷酸氢钙、石粉等原料为体重600kg、日产奶量20kg、乳脂率为4%的成年母牛配制精料补充料配方。

（1）查奶牛饲养标准（表2-7、表2-8），得到体重600kg、日产奶量20kg、乳脂率为4%的成年母牛的营养需要量（表2-11）。

表2-11　体重600kg、日产奶量20kg、乳脂率为4%的成年母牛的营养需要量

项目	干物质/kg	奶牛能量单位/NND	可消化粗蛋白质/g	钙/g	磷/g
维持需要（600kg）	7.52	13.73	364	36	27
每产1kg奶（乳脂率4%）的营养需要	0.45	1.00	55	4.5	3.0
日产20kg奶的营养需要	9	20	1100	90	60
维持+生产需要	16.52	33.73	1464	126	87
每千克干物质含①	1	2.04	88.62	7.63	5.27

① 每千克干物质含计算方法：将干物质、奶牛能量单位、可消化粗蛋白质、钙、磷等指标，均除以16.52（维持+生产需要）后所得表中数值。

（2）在奶牛常用饲料成分与营养价值表中查出所选原料的营养成分含量（表2-12）。

表2-12　饲料营养成分含量（原样中）

饲料	干物质/%	奶牛能量单位（NND）/kg	可消化粗蛋白质/（g/kg）	钙/%	磷/%
野干草	93.1	1.38	44	0.61	0.39
青贮玉米	25.0	0.39	9		
玉米	88.4	2.28	56	0.08	0.21
麸皮	88.6	1.91	86	0.18	0.78
豆饼	90.6	2.64	280	0.32	0.50
棉籽饼	89.6	2.34	211	0.27	0.81
石粉	97.1			39.49	
磷酸氢钙	99.8			21.85	8.64

（3）拟定精、粗料用量的比例 日粮中精粗比先按50 ：50计算（以干物质计算，精料补充料和粗饲料各占50%。本例中精料补充料和粗饲料各为8.26kg），则野干草和青贮玉米的需要量为：

野干草：8.26×50%÷93.1%（干物质含量）=4.44kg

青贮玉米：8.26×50%÷25.0%（干物质含量）=16.52kg

这样即可算出由野干草、青贮玉米所提供的养分量和尚差的养分量（表2-13）。

表2-13 粗饲料提供的营养需要量

饲料	干物质/kg	奶牛能量单位/kg	可消化粗蛋白质/g	钙/g	磷/g
4.44kg野干草干物质提供	4.13	6.13	195.36	27.08	17.32
16.52kg青贮玉米干物质提供	4.13	6.44	148.68		
合计	8.26	12.57	344.04	27.08	17.32
需要量	16.52	33.73	1464	126	87
尚差	8.26	21.16	1119.96	98.92	69.68

（4）计算结果，日粮中尚缺干物质8.26kg、奶牛能量单位21.26kg、可消化粗蛋白质1119.96g、钙98.92g、磷69.68g。不足营养用精料补充。每1kg精料按含2.4NND计算，补充精料量应为：8.26÷2.4=3.44kg。按照3.5kg精料初步拟定配方。

（5）初定各种饲料用量和养分含量（表2-14）。

表2-14 初拟日粮中营养成分含量

饲料	用量/kg	干物质/kg	奶牛能量单位/kg	可消化粗蛋白质/g	钙/g	磷/g
玉米	5.5	4.862	12.54	308	4.4	11.55
麸皮	1.3	1.1518	2.483	111.8	2.34	10.14
棉籽饼	1.2	1.0752	2.808	253.2	3.24	9.72
豆饼	1.6	1.4496	4.224	448	5.12	8
合计	9.6	8.5386	22.055	1121	15.1	39.41
标准		8.26	21.16	1119.96	98.92	69.68
尚差		0.2786	0.895	1.04	−83.82	−30.27

（6）判断与调整　从表2-14可以看出，干物质、奶牛能量单位、可消化粗蛋白质都能基本达到要求（也可继续调整，使之与标准数值更符合、更接近）；钙、磷水平，含量均不能满足要求。因此，选用既能补钙又能补磷的矿物质饲料——磷酸氢钙来弥补。

补充83.82g钙需要磷酸氢钙：83.82÷0.2185（钙含量）=0.38kg；0.38kg磷酸氢钙可以提供磷：0.38×0.0864（磷含量）=32.83g，可以满足日粮对所缺磷（−30.27）的要求，即磷酸氢钙用量为0.38kg可满足日粮要求。这样即可得到本例的饲料配方：青贮玉米16.52kg、野干草4.44kg、玉米5.5kg、麸皮1.3kg、棉籽饼1.2kg、豆饼1.6kg、磷酸氢钙0.38kg，共计30.56kg。精料补充料的百分比组成［每一种精料用量/各精料用量总和（9.98）×100%］：玉米55.11%，麸皮13.03%，棉籽饼12.02%，豆饼16.03%，磷酸氢钙3.81%。然后微调精料比例，另补充0.5%～1%食盐和1%的添加剂预混料。

2.注意事项

（1）参照奶牛的饲养标准进行配制　养殖户配制奶牛日粮，应以奶牛饲养标准为依据，这是保证日粮科学性的前提，同时，要考虑到奶牛对主要营养物质的需求，结合当地饲草饲料资源和市场情况、牛群构成及生产水平、季节与外界环境灵活掌握，酌情调整。一般地，能量的实际供给量应不超过标准的±5%，蛋白质实际供给量不超过±（5%～10%）。钙和磷的比例保持在（1.5～2.0）∶1。

（2）符合奶牛的消化生理特点　奶牛属草食动物，应以粗饲料为主，搭配少量精饲料，粗纤维含量可在15%以上。日粮中应确保有稳定的青贮玉米供应，产奶牛以日均20kg以上为宜；奶牛必须每天采食3kg以上的干草，应优先选用苜蓿、羊草和其他优质干草，提倡多种搭配。

（3）充分利用当地饲料资源　饲料占生产成本的比例较大，可达70%左右。在配制日粮时要因地制宜，充分开发和利用当地的饲料资源，充分掌握当地的饲料来源情况和原料价格特点，选用营养价值较高且价格较低的饲料原料，配出质优价廉的全价日粮，适度降低配制饲料的成本。

（4）饲料要多样化　各类饲料含有的营养物质不同，配制饲料时如果饲料品种单一，很难保证营养的全面，因此，要选用营养特点

不同的多种饲料进行配合，以发挥营养互补作用，提高日粮消化率和营养物质的利用率。一般饲料选用3～5种原料。日粮配制比例一般为粗饲料占45%～60%，精饲料占35%～50%，矿物质类饲料占3%～4%，维生素及微量元素添加剂占1%。

（5）要注意适口性　日粮中高粱、菜籽饼等含量过高时会影响饲料的适口性。禁止使用霉变和被污染的饲料。对含有毒害物质饲料如棉籽饼、菜籽饼要脱毒和限量饲喂。

（6）应保持相对稳定　如需要改变饲料种类或日粮配方，应逐步进行或在饲喂时有几天过渡的时间，以免因日粮种类或配方的突然变化而影响奶牛的消化机能及正常的生产。

（7）要保持饲料混合均匀　配制奶牛安全饲料时，各种成分的混合一定要科学搭配搅拌，保证混合均匀、细致，特别是维生素、微量元素、药物、氨基酸等添加剂。这些添加剂使用量原本就很小，若搅拌不均匀，便不能发挥应有的作用，有时还会造成危害，甚至导致食品安全问题。在饲料中加入药物添加剂时应注意休药期。

（8）要保证饲料安全性　饲料要清洁、卫生、无异物，更不能有病原微生物污染，否则，不但影响饲料的利用率，还会导致产品安全问题。所以，配制奶牛日粮选用的各种饲料原料，包括饲料添加剂在内，其品质、等级必须经过严格细致的检测，过关后方可使用。奶牛养殖中禁止使用动物源性饲料，外购混合精料应有检测报告（包括营养成分和是否含有动物源性及其药物成分）。

十三、奶牛饲料质量鉴别

一看饲料有无产品质量合格证。

二看有无饲料标签。饲料标签在包装袋的封口处，是强制性国家标准，是饲料生产企业给使用者的质量信息，内容包括产品的成分、质量、所执行的标准等。具体鉴别要注意以下信息：

（1）所有饲料产品必须符合国家饲料卫生标准，是否标有“本产品符合饲料卫生标准”字样。

（2）饲料产品名称应采用通用名称　饲料添加剂应标注“饲料添加剂”字样，饲料原料应标注“饲料原料”字样。混合型饲料添加剂的通用名称表述为“混合型饲料添加剂+《饲料添加剂品种目录》中规定的产品名称或类别”。饲料（单一饲料除外）的通用名称应以配合饲料、浓缩饲料、精料补充料、复合预混合饲料、微量元素预混合饲料或维生素预混合饲料中的一种表示，并标明饲喂对象。

（3）是否标注生产日期。如未标注生产日期，则有可能是过期饲料。

（4）是否标明产品成分分析保证值项目　配合饲料、浓缩饲料、精料补充料应有粗蛋白质、粗纤维、粗灰分、钙、总磷、氯化钠、水分、氨基酸含量的分析保证值；复合预混合饲料应有微量元素、维生素和（或）氨基酸及其他有效成分、水分含量的分析保证值；微量元素预混料应有微量元素、水分含量的分析保证值；维生素预混料应有维生素有效成分含量、水分含量的分析保证值。

（5）是否标明生产该产品所执行的标准编号　生产企业应有产品的企业标准或行业标准，无标准编号的产品是绝对不能生产的。

（6）是否标明原料组成　配合饲料、浓缩饲料、精料补充料应标明主要饲料原料名称和类别，饲料添加剂名称和类别；添加剂预混合饲料、混合型饲料添加剂应标明饲料添加剂名称、载体和稀释剂名称；饲料添加剂若使用了载体和稀释剂的，应标明载体和稀释剂的名称。

（7）配合饲料、精料补充料应标明饲喂阶段；浓缩饲料、复合预混合饲料应标明添加比例或推荐配方及注意事项；饲料添加剂、微量元素预混合饲料和维生素预混合饲料应标明推荐用量及注意事项。

（8）净含量包装类产品应标明产品包装单位的净含量；罐装车运输的产品应标明运输单位的净含量；固态产品应使用质量标示；液态产品、半固态或黏性产品可用体积或质量标示。

（9）保质期的标注是否正确。“保质期为天（日）或月或年”或“保质期至：年月日”表示。

（10）行政许可证明文件编号应标明贮存条件及贮存方法；应标明行政许可证明文件编号。

（11）生产者、经营者的名称和地址　实行行政许可管理的饲料和饲料添加剂产品，应标明与行政许可文件一致的生产者名称、注册地址、生产地址及其邮政编码、联系方式；不实行行政许可管理的，应标明与营业执照一致的生产者名称、注册地址、生产地址及其邮政编码、联系方式。

（12）动物源性饲料应标明源动物名称，乳和乳制品之外的动物源性饲料应标明“本产品不得饲喂反刍动物”字样。

（13）加入药物添加剂的饲料产品应在产品名称下方以醒目字体标明“本产品加入药物饲料添加剂”字样，并标明产品中所添加药物饲料添加剂的通用名称、有效成分含量、休药期及注意事项。

三看原料色泽。

根据原料的色泽可大致判断饲料是否稳定，但色泽不是决定饲料好坏的唯一标准，主要看色泽是否一致均匀，颗粒度是否均匀，是否有结块、发霉现象。

十四、奶牛全混合日粮及其加工技术

全混合日粮（TMR）是指根据不同生长发育阶段及泌乳阶段奶牛的营养需求和饲养战略，按照营养专家计算提供的配方，用特制的TMR饲料搅拌机对日粮各组分（如苜蓿、羊草等粗饲料，玉米、豆粕等精饲料以及维生素、矿物质等各种添加剂等）进行科学的混合，供奶牛自由采食的日粮。相比将青贮、精料、青绿饲料、干草等几种料分开单独饲喂的传统个别饲养法，TMR饲喂技术具有避免奶牛挑食，增加采食量，改善瘤胃发酵，促进饲料养分的消化吸收，提高奶牛生产性能等作用。

1. TMR加工设备选择

（1）选择适宜的TMR搅拌机　TMR搅拌机类型多样，功能各异。从搅拌方向分，分立式和卧式两种；从移动方式分，分为自走式、牵引式和固定式三种。固定式主要适用于奶牛养殖小区、小规模散养户集中区域、原建奶牛场、牛舍和道路不适合TMR设备移动上料的牛场。移动式多用于新建场或适合TMR设备移动的已建牛场。立式搅拌车与卧式相比，具有草捆和长草无需另外加工，相同容积的情况下，所需动力相对较小，混合仓内无剩料等特点。

（2）选择适宜的容积　选择合适尺寸的TMR混合机时，主要考虑奶牛干物质采食量、分群方式、群体大小、日粮组成和容重等，以满足最大分群日粮需求，兼顾较小分群日粮供应。同时考虑将来的发展规模，以及设备的耗用，包括节能性能、维修费用和使用寿命等因素。日粮容重跟日粮原料种类、含水量有关。常年均衡使用青贮饲料的日粮，TMR日粮中水分相对稳定到40%～50%比较理想，日粮的容重为275～320kg/m^3。

2.合理设计TMR

（1）TMR类型　根据不同阶段牛群的营养需要，考虑TMR制作的方便可行性，一般要求调制5种不同营养水平的TMR，分别用于高产牛、中产牛、低产牛、后备牛和干奶牛。

（2）TMR营养　TMR跟精粗分饲营养需求一样，由配方师依据各阶段奶牛的营养需要，搭配合适的原料。通常产奶牛的TMR营养应满足：日粮中产奶净能应在6.7～7.3MJ/kg，粗蛋白质含量应在15%～18%，可降解蛋白应占总粗蛋白质的60%～65%。

为了保证各阶段牛只的营养，在使用TMR时要注意定期对副料、青贮玉米等水分变化较大的饲料进行检测，下雨过后必须进行检测。TMR饲料每周进行2～3次水分测定，水分要求在45%～50%之间，偏湿偏干的日粮要及时调整加工程序。每月至少1～2次对TMR料送检，测定其营养成分，监控TMR饲料质量，保证日粮的稳定性。

理想的日粮标准为中性洗涤纤维（NDF）含量在25%～33%之间，粗料NDF占整个NDF的50%～75%；粗蛋白质（CP）的含量在16.5%～17.5%，瘤胃非降解蛋白质（RUP）的含量在33%～38%，且长期相对稳定。具体可以参照成年母牛和后备牛各阶段日粮营养需要实施表（表2-15、表2-16）。

（3）TMR的原料　充分利用地方饲料资源，积极储备外购原料。

（4）TMR推荐比例　青贮饲料40%～50%、精饲料20%、干草10%～20%、其他粗饲料10%。

（5）正确运转TMR搅拌设备

① 基本原则　先干料后湿料，先精料后粗料，先小密度饲料后大密度饲料的投放原则。

② 填料顺序　应借鉴设备操作说明，参考基本原则，兼顾搅拌预期效果来建立合理的填料顺序。基本原则：先干后湿，先精后粗，先轻后重。适用情况：各精饲料原料分别加入，提前未进行混合；干草

表2-15　成年母牛各阶段日粮营养需要实施表

营养需要	干奶前期	干奶后期	初产期	泌乳早期	泌乳中期	泌乳末期
		产前15d	0～21d	22～100d	101～200d	＞200d
干物质（DMI）/kg	13	10～11	17～19	22～24	21～23	19
总能（NEL）/MJ	0.33	0.36	0.41	0.43	0.41	0.36
脂肪（Fat）/%	2	3	5	6	5	3
粗蛋白质（CP）/%	13	15	18	18	16	14
非降解蛋白质（RUP）占CP/%	25	32	40	38	36	32
降解蛋白质（RDP）占CP/%	70	60	60	62	64	68
酸性洗涤纤维（ADF）/%	30	24	21	19	21	24
中性洗涤纤维（NDF）/%	40	35	30	28	30	32
粗饲料提供的NDF/%	30	24	22	—	—	—
可消化总养分（TDN）/%	60	67	75	77	75	67
Ca/%	0.6	0.7	1.1	1	0.8	0.6
P/%	0.26	0.3	0.33	0.46	0.42	0.36
Mg/%	0.16	0.2	0.33	0.3	0.25	0.2
K/%	0.65	0.65	0.25	1	1	0.9
Cl/%	0.2	0.15	0.27	0.25	0.25	0.25
S/%	0.16	0.2	0.25	0.25	0.25	0.25
维生素A/（IU/kg）	100000	100000	100000	100000	50000	50000
维生素D/（IU/kg）	30000	30000	35000	30000	20000	20000
维生素E/（IU/kg）	1000	1500	800	600	400	200

表2-16　后备牛日粮营养需要实施表

阶段划分	月龄	达到体重/kg	能量（NND）/MJ	干物质/kg	粗蛋白质/g	钙/g	磷/g	实施方案
犊牛哺乳期	0～2		0.84～1.08	0.8～1.5	250～350	10～15	6～8	牛奶，开食料
犊牛期	3	97	1.31～1.55	2.8～3.1	450～600	21～31	10～13	犊牛料，干草
	6	178～200	2.27～2.5	4.7～5.2	650～830	27～40	13～18	犊牛料，干草
发育期	12	302～318	2.99～3.99	6.5～7.1	780～960	30～41	15～19	13%～14%CP（参照表2-16）
	15	360～380	3.70～3.99	8.5～9.0	850～1030	30～41	16～20	后备牛TMR（参照表2-16）
	18	416～450	4.73～5.02	10.0～10.5	1400～1550	50～61	25～29	13%CP后备牛TMR（参照表2-16）
育成期	初产	530～550	5.45～5.98	11.5～12.2	1480～1660	51～61	27～30	12.5%～13%CPTMR（参照表2-16）

等粗饲料原料提前已粉碎、切短。参考顺序：谷物→蛋白质饲料→矿物质饲料→干草（秸秆等）→青贮→其他。

③ 适当调整　当按照基本原则填料效果欠佳时，当精饲料已提前混合一次性加入时，当混合精料提前填入易沉积在底部难以搅拌时，当干草未经过粉碎或切短直接填加时，填料顺序可适当调整：干草→精饲料→青贮→其他。

④ 搅拌时间　生产实践中，为节省时间提高效率，一般采用边填料边搅拌的方法，待全部原料填完，再搅拌3～5min。确保搅拌后日粮中大于3.5cm的长纤维粗饲料（干草）占全日粮的15%～20%。

3.操作注意事项

（1）TMR搅拌设备计量和运转时，应处于水平位置。此外，青贮、糟渣等含水量多且水分不稳定的原料，应及时进行水分的测定，出现水分波动过大的时候，要调整整个日粮的水分。

（2）掌握合理的搅拌量　一般装载量占总容积的80%左右，避免过多装载，影响TMR料的搅拌效果。严格按照日粮配方要求，精确称取各组分的饲料用量，并定期校正称重设备。

（3）一次上料完毕应及时清除搅拌箱内的剩料。

（4）加强日常维护和保养　初次运转50～100h进行例行保养，清扫传输过滤器，更换检查润滑油，更换减速机润滑油，注入新的齿轮润滑油；班前班后的保养，应定期清除润滑油系统部位积尘油污；在注入减速机润滑油时，要用擦布擦净润滑油的注入口；清除给油部位的脏物，油标显示给油量，油标尺显示全部到位；机械每工作200h应检查轮胎气压；每工作400h应检查轮胎螺母的紧固状态，检查减速机油标尺中的油高位置；每工作1500～2000h应更换减速机的润滑油。

（5）避免机械损伤　添加原料过程中，应除去原料中的铁器、石块、包装绳等，避免造成车辆损伤；在TMR车出口处安装磁铁，有效去除隐藏在TMR饲料内的铁器，避免造成牛只创伤、死亡等问题。

（6）正确评价TMR搅拌质量

① 感官评价　TMR应精粗饲料混合均匀，松散不分离，色泽均匀，新鲜不发热，无异味，不结块。

② 水分检测　TMR的水分应保持在40%～50%为宜。每周应对

含水量较大的青绿饲料、青贮饲料和TMR混合料进行1次干物质、水分测试。

③ 宾州筛评价　专用筛由2个叠加式的筛子和底盘组成。上筛孔径1.9cm，下筛孔径0.7cm，最下面是底盘。具体使用步骤：奶牛未采食前从日粮中随机取样，放在上部的筛子上，然后水平摇动2min，直到只有长的颗粒留在上面的筛子上，再也没有颗粒通过筛子为止。最后，分别计算长、中、细三部分在日粮中所占的比例。表2-17为美国宾州大学针对TMR日粮在各层比例的推荐值。

表2-17　美国宾州大学针对TMR日粮的粒度推荐值

饲料种类	一层比例/%	二层比例/%	三层比例/%	四层比例/%
泌乳牛TMR	15～18	20～25	40～45	15～20
后备牛TMR	40～50	18～20	25～28	4～9
干奶牛TMR	50～55	15～30	20～25	4～7

④ 人工全混合日粮　当生产缺乏全混合日粮搅拌设备时，推荐进行人工全混合日粮配制。操作：选择平坦、宽阔、清洁的水泥地，将每天或每顿的青贮饲料均匀摊开，然后将所需精饲料均匀撒在青贮上面，再将已切短的干草摊放在精饲料上面，最后再将剩余的青贮撒在干草上面；适当加水喷湿；组织人力，上下翻折，直至混合均匀。

4.奶牛的分群方案

在实施TMR饲养工艺前必须将牛群进行分群管理，合理的分群对提高奶牛的健康度和产奶量以及合理控制饲喂成本等有非常重要的作用。在规模奶牛场中，后备牛需要根据不同生长发育阶段进行分群，成年母牛需要按照泌乳阶段的营养需要来进行分群，分群的同时要结合TMR工艺的操作可行性，避免出现牧场实际操作无法完成的问题。实际操作过程中，牛场一般按照表2-18的分群标准进行分群。

5.TMR的饲喂管理

（1）奶牛要严格按照分群标准进行分群，不同阶段配制不同营养水平的日粮。在分群时应注意确保每头奶牛均有宽敞的采食位，对牛只进行去角，避免相互争斗、牛只采食极度过多或极度过少的情况发生。

表2-18　奶牛的分群标准

群别	奶牛分群标准
高产群	泌乳早期或日产30kg以上的牛只（包括围产后期牛只）
中产群	泌乳中期或日产25kg以上的牛只
低产群	泌乳后期的牛只
干奶前期	经产牛为停奶至产前21d；头胎牛为产前60d至产前21d
干奶后期	经产牛产前21d至产犊；头胎牛为产前21d至产犊
头胎牛群	第一次怀孕的牛只

（2）每天固定投喂时间，投喂顺序，一般每天饲喂2～3次，在炎热季节最好每天投喂3次。

（3）TMR发料过程中要投料均匀，避免出现两头多中间少以及漏发的现象。

（4）上下班前进行查槽，观察剩料与日粮的一致性，并填写搅拌均匀度评价表；记录牛只采食量、反刍率及剩料量等数据。如果这些数据不在正常的范围内，天气也没有突变，应检查混合日粮、原料等是否有问题，若上述方面都没有问题，则应考虑重新计算日粮配方。

（5）每天早上清槽，剩料3%～5%为合适。合理利用剩料。夏季定期清理料槽。

（6）安排专人进行饲槽管理，做到勤匀槽、保证不空槽，出现空槽现象要及时补充相应的TMR饲料。

（7）为节约后备牛饲养成本，可将成年母牛剩料直接投放给后备牛；但要注意放置时间，避免存放时间过长造成饲料发热变质，导致后备牛采食量下降。

十五、奶牛常用优质牧草种植技术

1. 紫花苜蓿

（1）栽培技术　选择产草量高、抗逆性强的苜蓿品种，如WL525HQ、WL903HQ、游客、盛世、肇东苜蓿等品种。选地以地势高燥、土壤通透性好的黑钙土、壤土和轻沙壤土为好。低洼积水地块、重度盐碱土、重度沙化土壤等不适宜种植。在种植前，应将种植地深耕25～30cm，

耕后进行晾晒，然后开墒，墒面宽度根据灌溉及排水条件而定，一般选择2m开墒，墒间沟深20cm。田地四周开挖排水沟，沟深40cm，利于灌溉和排涝。紫花苜蓿一次播种多年收获，因此，在种植之前应该施足底肥。首先要施足有机肥，必须是腐熟的有机肥，一般每公顷（15亩）施有机肥30t；或化肥10～15kg/亩（667m^2），其中尿素占1/3、二铵占2/3。

播种时期可依据各地的气候、土壤和水利等条件因地制宜地确定，可春播、夏播或秋播（9～10月份），水肥条件好的情况下，以春播（3～4月份）为好。播种量为15～22kg/hm^{2}或1kg/亩。播种方法分为条播、撒播和点播。在进行大面积种植时多采用条播，行距为25～30cm，播深为1～2cm。

杂草主要出现在春播苜蓿地，秋播苜蓿杂草较少。对播种前杂草密度很大的地块，最好在下种1周前，用除草剂（乐胺、氟乐灵等）处理后再进行耕翻。苗期和苗后防除狗尾草、稗草等禾本科杂草，可选用高效盖草能等针对禾本科杂草的除草剂；防除蒺藜、老鹳草等阔叶杂草和一年生禾本科杂草，可选用普施特等广谱性除草剂。

（2）收获利用　为确保幼苗根系的良好发育，第一次刈割应在植株20cm以上，结合清除杂草提前刈割时间。此后刈割可在现蕾末期（或蕾期至初花期）或植株60cm以上为佳。一般每次刈割留茬高度以3～5cm为宜。紫花苜蓿再生能力较强，每年可收割2～5次，多数地区以每年收割3次为宜。一般每亩产干草600～800kg，高者可达1000kg。通常4～5kg鲜草晒制1kg干草。

2.红三叶

（1）栽培技术　播种前要进行硬实处理。初次种植地，播种前需用根瘤菌接种，以提高固氮能力。用种过红三叶的土壤进行拌种，也有一定的接种效果。以春播为主，时间为4、5月份。播种方式以条播为主，也可撒播。条播时行距30cm，播量为0.7～1kg/亩。撒播时播量适当增加。播种深度1～2cm。天气干旱、土质疏松时，播后需要进行镇压。

红三叶苗期生长缓慢，且固氮作用不强，需及时清除杂草，可追施少量氮肥促进生长，如可施尿素 3～4kg/亩。在夏季高温干旱季节

需进行灌溉，可促进再生草的生长和提高越夏率。灌溉时间应掌握在土温和气温较低的时候进行，上午10点前或下午18点后较好，忌在中午灌水。一般每年追施钙镁磷肥20～30kg/亩。

（2）收获利用　可青饲、晒制干草和放牧利用。青饲时，在草层高度达40～50cm，或现蕾至初花期即可刈割，此时茎叶比接近1：1，营养成分含量及可消化率均较高。刈割留茬高度6～8cm。晒制干草，应在开花早期进行刈割。

3.沙打旺

又称直立黄芪，是多年生草本植物，高1.2m，叶长圆形。一般生长4～5年即衰老。

（1）栽培技术　种子小，种植时要翻耕土地并要平整、镇压。播种期可在春季，也可在雨季末。播种时一般采用条播，行距为60～70cm。每亩播种量0.5kg左右。种子小，播种要浅，覆土1cm左右，随后镇压。地面用拖拉机耕地、除杂草，播后再耙压一次，防止种子在地面不易出苗。

（2）收获利用　生长旺盛时期，每亩产鲜草4000～5000kg。刈割时留茬4～6cm。

4.白三叶

我国的西南及新疆均有野生分布。湖南、江苏、云南、贵州省及东北一些地区均有栽培。

（1）栽培技术　种子细小，播前需精细整地，翻耕后施入有机肥或磷肥，可春播也可秋播。单播每公顷播量为3.75～7.5kg；与禾本科的黑麦草、鸭茅、羊茅等混播时，禾本科与白三叶比例为2：1。单播多用条播，也可用撒播，覆土要浅，1cm左右即可。在未种过白三叶的土地上首次播种时，需用白三叶根瘤菌拌种。苗期生长慢，要注意防除杂草危害。初花期即可利用。白三叶的花期长，种子成熟不一致，利用部分种子自然落地的特性，可自行繁衍，保持草地长年不衰。每年要施磷肥，混播草地增施适量氮肥，以保持草地的高产量。

（2）收获利用　由于草丛低矮，最适宜放牧利用。采食过量会发生膨胀病，因此，白三叶最适宜与禾本科的黑麦草、鸭茅、羊茅混播，以利安全利用。

5.羊草

多年生草本植物，株高80～90cm，是我国北方草原地区分布很广的一种优良牧草，具有较高的营养价值。

（1）栽培技术　适应性强，除岗坡地、低洼地外都可种植。播种前要精细整地，耕翻的地块，要及时耙压，使土壤外松内实，翻地深度以18～22cm为宜。荒地种植要在晚春和早夏，避开草荒。

羊草对氮肥的需求较为迫切。播种前，结合整地每亩最好施腐熟的堆肥、厩肥1500～2000kg作为基肥。播种时可再掺入8～10kg的硫酸铵或硝酸铵作为种肥，或在分蘖始期作追肥施用。

北方地区夏播不迟于8月上旬，过迟对幼苗越冬不利。羊草的种子发芽率较低，且幼苗易受草害，因此，播种量以3～4kg/亩为宜。

羊草除单播外还可与苜蓿混播。羊草在苗期应注意灭除杂草，旱期有条件的地方要及时灌溉。地势低洼的羊草地，雨季要注意排涝。

（2）收获利用　主要供刈割或放牧利用。据黑龙江畜牧研究所调查，8月中旬到9月上旬割草，对于草的产量和品质及产生越冬芽最为适宜。产量因条件不同差别很大。肥水充足的情况下每亩干草产量为300kg左右，高的可达500kg。适口性好，营养丰富，鲜草干物质中蛋白质含量达12%。北方地区羊草主要供调制干草用，也可用来调制青贮料。刈割后的羊草地至翌年牧草返青前可供放牧，也可不刈割直接作放牧利用。

6.多年生黑麦草

又称黑麦草。在我国南方各省、自治区都有种植，长江流域以南的中南山区及云贵高原等地有大面积栽培。

（1）栽培技术　可春播或秋播，最宜在9～10月份播种。播前需精细整地，保墒施肥，一般每公顷施农家肥22.5t、磷肥300kg用做底肥。条播行距为15～30cm，播深为1～2cm，播种量每公顷为15～22.5kg。人工草地可撒播，最适宜与白三叶、红三叶混播。建植优质高产的人工草地，其播种量为每公顷多年生黑麦草10.5～15kg、白三叶3.0～5.25kg，或红三叶5.25～7.5kg。对草地要加强水肥管理，除施足基肥外，要注意适当追肥，每次刈割后应及时追施速效氮肥；生长期间注意浇灌水，可显著增加生长速度、分蘖多、茎叶繁茂，

可抑制杂草生长。若用做干草，最适宜刈割的时期为抽穗成熟期。延迟刈割，养分及适口性变差。采种时种子极易脱落，当穗子变成黄色，种子进入蜡熟期时，即可收获。采种田每公顷产种子为750～1125kg。

（2）收获利用　适于青饲、晒制干草、青贮及放牧利用。青饲在抽穗前或抽穗期刈割，每年可刈割3次，留茬为5～10cm，使草场保持鲜绿；一般每公顷产鲜草45～60t。放牧利用可在草层高25～30cm时进行。一般利用年限3～4年，第二年生长最旺盛，生长条件适宜的地区可延长利用。

7.多花黑麦草

又称一年生黑麦草、意大利黑麦草。在长江流域以南地区，江西、湖南、江苏、浙江等省均有人工栽培。在北方较温暖多雨地区如东北以及内蒙古自治区等也可引种春播。一年生或二年生草本植物，高100～120cm。

（1）栽培技术　较适于单播。其栽培技术与多年生黑麦草基本相同。春秋播种都可以，冬季温和的地区适于秋播。播前耕翻整地，施底肥。条播行距为15～20cm，播深为1～2cm，每公顷播量15～22.5kg。也可撒播，每公顷播22.5kg。多花黑麦草可与水稻、玉米、高粱等轮作，也可同紫云英、多年生黑麦草、红三叶、白三叶混播，以提高产量和质量，为冬春提供优质饲草。喜氮肥，每次刈割后宜追施速效氮肥。灌肥能促进氮肥的吸收。种子易脱落，当大部分种子成熟后应及时收获。每公顷产种子750～1500kg。

（2）收获利用　适宜青饲、制干草、青贮和放牧。每公顷产鲜草45～75t。多花黑麦草再生迅速，春季刈割后6周即可再刈割；耐牧，在重牧之后仍能恢复生长。在孕穗期或抽穗期刈割后适宜青贮，盛花期刈割多用于调制干草或青贮，放牧宜在株高25～30cm时进行。

十六、奶牛产奶性能的测定

（1）产奶量的测定和计算　最精确的方法是将每头母牛每天每次的产奶量进行称量和登记。但是，由于奶牛场的规模日益扩大，其工作量大，操作繁琐，不利实施。现多用每月测定3d的日产奶量来估计全月产奶量的方法，这种方法估算容易，记载方便。具体做法：在一个月内记录产奶量3d，每次间隔为8～11d。计算公式为：$M_1 \times D_1 + M_2 \times D_2 + M_3 \times D_3$=全月产奶量（kg）。式中，$M_1$、$M_2$、$M_3$为每月3d的测定日全天产奶量，$D_1$、$D_2$、$D_3$为当次测定日与上次测定日间隔天数。

（2）个体产奶量计算　个体牛全泌乳期的产奶量，以305d产奶量、305d矫正乳量和全泌乳期实际产奶量为标准。计算方法如下：

① 305d产奶总量　指自产犊后第1d开始到305d为止的总产奶量。不足305d的，按实际奶量，并注明泌乳天数；超过305d者，超出部分不计算在内。

② 305d矫正乳量　标准虽然要求泌乳期为305d，但有的乳牛泌乳期达不到305d，或超过305d而又无日产记录可以查核，为便于比较，应将这些记录校正为305d的近似产量（表2-19、表2-20），以利种公牛后裔鉴定时作比较用。

表2-19　产乳天数少于或等于305d的产乳量矫正系数表

胎次	240d	250d	260d	270d	280d	290d	300d	305d
1	1.182	1.148	1.116	1.036	1.055	1.031	1.011	1.000
2～5	1.165	1.133	1.103	1.077	1.052	1.031	1.011	1.000
＞6	1.155	1.123	1.094	1.070	1.047	1.025	1.009	1.000

表2-20　产乳天数超过305d的产乳量矫正系数表

胎次	305d	310d	320d	340d	350d	360d	370d
1	0.987	0.965	0.947	0.924	0.911	0.895	0.881
2～5	0.988	0.970	0.952	0.936	0.925	0.911	0.904
＞6	0.988	0.970	0.956	0.939	0.928	0.916	0.903

③ 全泌乳期实际产奶量　指产犊第1d至干奶为止的累计总产奶量。

（3）乳脂率和乳脂量的测定和计算　乳脂率是衡量原乳质量的重要指标之一。奶牛每逢1、3、5胎进行乳脂率测定，每胎测定第二、第五、第八个泌乳月。测定乳脂率的方法有盖氏法、巴氏法和乳脂测定仪或乳成分测定仪3种。其中巴氏法测定结果偏低，乳脂测定仪的工作效率最高。

根据泌乳期第二、第五、第八个泌乳月的3次测定所得的平均乳脂率的计算公式如下：

平均乳脂率（%）=

$$\frac{F1\times \text{第二泌乳月产乳量}+F2\times \text{第五泌乳月产乳量}+F3\times \text{第八泌乳月产乳量}}{\text{泌乳期（第二+第五+第八月）总产乳量}}$$

式中，$F1$、$F2$、$F3$分别为第二、第五、第八泌乳月所测乳脂率。

乳脂量的计算公式为：乳脂量=乳脂率×产乳量。

由于不同个体所产奶的乳脂率不同，为了评定不同个体间产乳性能的优劣，一般用4%标准乳（FCM）来作为衡量标准，计算公式如下：（4%）FCM=0.4×泌乳量+15×乳脂量=泌乳量×（0.4+15×乳脂率）。

（4）乳蛋白率的测定　常用的凯氏定氮法，即先测定牛奶中的含氮量，然后根据蛋白质的含氮量计算出该牛奶的蛋白质含量的百分数。该方法定量准确，但效率较低。近年来，采用比色法和乳成分测定仪进行乳蛋白率的测定，工作效率大大提高。

（5）排乳速度　是评定奶牛生产性能的重要指标之一。排乳速度与年龄、胎次、品种、个体、乳头管径、乳头形态和括约肌强弱有关。被测定的乳牛，一次挤乳量不应低于5kg。测定时间通常在产后4～6周开始至150d之内的任何一天均可。计算公式如下：矫正后的排乳速度=0.1×（10–X）+V，式中，X为实际挤乳量（kg），V为实际排乳速度（kg/min）。

（6）前乳房指数　度量各乳区泌乳均衡性的主要指标，指一次挤奶中前乳区的挤奶量占总挤奶量的百分比。计算2个前乳区（即前乳房）所产的奶占全部奶量的百分率，即为前乳房指数。计算公式是：前乳房指数=2个前乳区产奶量/总奶量×100%。

（7）饲料转化率　又称为饲料报酬，指消耗单位风干饲料重量与所得到的动物产品重量的比值，是鉴定奶牛品质的重要指标之一。计算方法有两种：

① 每千克饲料干物质生产的牛乳量，公式如下：饲料转化率（%）=全泌乳期总产奶量（kg）/全泌乳期饲喂各种饲料干物质总量（kg）。

② 每生产1kg牛奶需要的饲料干物质量，公式如下：饲料转化率（%）=全泌乳期饲喂各种饲料干物质总量（kg）/全泌乳期总产奶量（kg）。

十七、奶牛常用的生理参数

奶牛常用的生理参数，见表2-21 ～表2-23。

表2-21　奶牛常用的繁殖参数

项目	时间	项目	时间
初情期	6 ～ 12月龄	产后第一次发情间隔时间	30 ～ 72h
发情周期	成年母牛21d（18 ～ 25d），育成母牛20d（18 ～ 24d）	妊娠期	平均280d（276 ～ 285d）
发情持续期	10 ～ 36h	性成熟	8 ～ 10月龄
排卵时间	发情结束后10 ～ 15h	体成熟	18 ～ 20月龄
卵子保持受精时间	6 ～ 8h	初配适龄	1.5 ～ 2岁或16 ～ 18月龄
最佳输精时间	发情开始后18 ～ 24h或排卵前1 ～ 6h	使用年限	8 ～ 10年
产后发情时间	21 ～ 50d	种公牛开始采精时间	12 ～ 14月龄

表2-22　奶牛正常生理参数

体温/℃	呼吸/（次/min）	脉搏数/（次/min）	嗳气/（次/h）
平均38.5（37.5 ～ 39.0）	12 ～ 16，犊牛30 ～ 56	60 ～ 70	20 ～ 40
每天平均反刍时间/h	每天反刍周期数/个	每次反刍持续时间/min	瘤胃蠕动次数/（次/min）
6 ～ 10	4 ～ 8	40 ～ 50	反刍时2.3；采食时2.8；休息时1.8

表2-23　奶牛舍适宜的温度、湿度及空气指标

指标 牛舍	最适温度/℃	最低温度/℃	最高温度/℃	相对湿度/%	风速/（m/s）	有害气体含量/（g/m³）
成年母牛舍	9 ～ 17	2 ～ 6	25 ～ 27	55 ～ 85	冬季：0.3 ～ 0.4 夏季：0.8 ～ 1.0	氨：＜50 一氧化碳：＜0.8 硫化氢：＜10

续表

牛舍＼指标	最适温度/℃	最低温度/℃	最高温度/℃	相对湿度/%	风速/（m/s）	有害气体含量/（g/m^3）
犊牛舍	6～8	4	25～27	55～85	冬季：0.3～0.4 夏季：0.8～1.0	氨：＜50 一氧化碳：＜0.8 硫化氢：＜10
产房	15	10～12	25～27			
哺乳犊牛舍	12～15	3～6	25～27			

注：自然采光状况通常用奶牛舍的采光系数（即窗/地）来表示，成年母牛舍的采光系数要达到1/12～1/10。人工光照时，根据牛舍光照标准，$1m^2$地面设1W光源提供的光照度；噪声水平白天不超过60分贝（dB），夜间不超过50dB。

十八、奶牛的年龄鉴定

奶牛的年龄与生产性能有一定的关系，一般在3～8岁时产奶量最高，以后随着年龄增长而逐渐降低。年龄是评价奶牛经济和育种价值的重要指标，也是进行饲养管理、繁殖配种的重要参数。因此，必须熟练掌握奶牛年龄的鉴定技术和方法。一般根据牙齿、角轮和外貌进行年龄鉴定。

（1）牙齿鉴别　牛牙齿的生长有一定的规律性。按牙齿鉴定年龄通常以门齿生长、更换和磨损情况为依据。奶牛共有32枚牙齿，其中，门齿4对（上臼无门齿），共8枚；臼齿分前臼齿和后臼齿，每侧各有3对，共24枚。

在5岁前可用牙齿脱换的对数加1来计算，即换1对牙是2岁，换2对牙是3岁，换3对牙是4岁等。5岁以后，主要看齿面磨损情况、牛齿的结构。开始磨损时齿边先磨平，然后齿面的形状发生变化，最初呈方形或横卵圆形，以后随磨损程度而加深。如钳齿在6岁时呈方形；7岁呈三角形；8岁呈四边形；10岁呈圆形，出现齿星；12岁后圆形变小；13岁时呈纵卵圆形。其他门齿变化规律与钳齿一样。随着年龄的增长，全部门齿开始缩短。

根据牛的牙齿鉴定其年龄比较可靠，但仍是估计的结果。由于牙齿的脱换、生长和磨损变化受许多因素的影响，故有时鉴定的结果与实际年龄有出入。如早熟品种和放牧饲养的奶牛，其正常变化约比上述年龄早半年；少数牛只牙质不坚硬或为畸形牙齿，则难以准确鉴定其年龄。此外，饲草的质量也影响鉴定结果，常年舍饲的牛，牙齿磨损慢；终年放牧的牛，饲草质量差，牙齿磨损快。

（2）角轮鉴别　角轮一般是饲草饲料匮乏季节，或在怀孕期间由于营养不足形成的。正常情况下，母牛每年分娩1次，出现一个泌乳高峰，角上通常就会形成一凹轮。所以，角轮数加初次配种年龄，即为该母牛年龄。奶牛初配年龄一般在18月龄，第一个泌乳高峰在3岁左右，因此，在3岁出现第一个角轮。

由于形成角轮的原因比较复杂，可导致角轮分辨不清，确定实际数目比较困难，所以，通过这种方法判定年龄的准确性不高。如母牛出现空怀、流产、患病等情况时，角轮的深浅、粗细和宽窄就会有差别。例如，营养好的，角轮浅、界限不清，不易判定；母牛空怀，角轮间距离则不规则；奶牛患病或营养不平衡时，有可能在一年中不止形成一个角轮。所以，一般情况下只计算大而明显的角轮，否则容易导致判定错误。另外，根据角轮的形状和数目，可以看出奶牛的泌乳能力，如角轮清晰，说明产奶量高；角轮模糊或数目少，说明该牛可能有空怀现象或产奶量低。

（3）外貌鉴别　按外貌鉴别奶牛年龄，通常只能鉴别老幼，不能判断奶牛的准确年龄。青年牛一般被毛有光泽，粗硬适度，皮肤柔润而富弹性，眼盂（眼窝）饱满，目光明亮，举动活泼有力。老龄牛一般四肢站立姿势不正，营养欠佳，被毛乱而无光泽；颜面混生杂毛，眼睑下陷，有较多的皱纹，塌腰，凹背，肢前踏，举动迟缓。

十九、常见不合格牛奶产生的原因与应对措施

1.初乳

奶牛产后7d内所产的乳汁。临产前10d乳房出现水肿，正常情况下，产后10d内乳房水肿现象逐渐消失。

（1）不合格原因　含有各种激素，酸度、菌数可能超标。

（2）应对措施　有效缩短奶牛初乳时间，在产前、产后乳房水肿期间，适当减少日粮精料、饮水和青绿多汁饲料的投喂量。治疗乳房水肿可用乳房消肿散、五皮散加补中益气散口服或拌料。或党参20g、黄芪25g、茯苓20g、泽泻20g、大腹皮30g、木通20g、路路通30g、

丝瓜络20g、当归30g、川芎15g、桃仁20g、红花20g、益母草50g、甘草20g，1剂/d，连用3～5剂。

2.药乳

在用药期和休药期间所产的乳汁称为“药乳”。

（1）不合格原因　含有抗生素等其他残留药物。

（2）应对措施　严格执行休药期规定；建议使用休药期短、药物残留量低的西药或中药。

3.病乳

奶牛在患有乳房炎或其他疾病期间，所产的乳汁称为“病乳”。

（1）不合格原因　酸度、菌数超标，可能含有其他致病菌。

（2）应对措施　治疗相关疾病，执行休药期规定。

4.血乳

挤出的奶染色或为血样的乳汁，称为“血乳”。

（1）不合格原因　主要发生于产后，乳房血管充血，红细胞或血红蛋白渗入腺泡腔或腺管腔中，使乳汁变为红色。此外，酮病、外伤、剧烈运动、受撞击等，也可导致乳房内毛细血管破裂出血，产生带血色的“血乳”。

（2）应对措施　对机械性乳房出血，严禁按摩、热敷和涂刺激性药物，停止挤奶，饲喂时减少精料、多汁饲料，限制饮水，令其自然恢复，必要时可用止血敏、维生素K_3、安络血、云南白药等。

5.情期乳

在发情期间所产的乳汁称“情期乳”。

（1）不合格原因　乳中雌激素水平高，干物质含量少。

（2）应对措施　注射黄体酮。

6.酒精阳性乳

国家规定的检验方法和判定标准：在试管内将68%～70%的酒精与等量的牛奶混合（一般用1～2mL），振摇后不出现絮片的牛奶符合酸度标准，出现絮片的为酒精阳性乳，表示酸度过高。酒精阳性乳分为高酸度酒精阳性乳和低酸度酒精阳性乳。正常情况下，新鲜生乳的酸度为16～18°T（T，牛奶酸度单位）。高酸度酒精阳性乳的酸度为18～21°T。乳房和乳汁无任何肉眼可见异常，乳成分与正常乳无差异，只是在收购乳时，经酒精试验后才能被发现。乳加热并不凝固。

（1）不合格原因

① 应激因素　冷热应激、惊吓、突然更换饲料、噪音、长途运输等。

② 环境卫生因素　刚挤出的牛奶冷却不及时，细菌会迅速增殖；挤奶桶、鲜奶过滤布、乳房擦洗布等挤奶器具消毒不严；牛体、牛舍环境卫生以及挤奶员卫生条件差；鲜奶在贮存和运输过程中消毒不严，都会造成细菌大量繁殖，使乳糖分解产生乳酸，导致鲜奶酸度过高。

③ 营养因素　日粮不平衡或单一，精饲料喂量过大，粗饲料品质差或喂量不足，饲料发霉变质，日粮蛋白质品质不良，维生素或矿物质缺乏、钙磷比例不当。

④ 疾病因素　如乳房炎、子宫炎、软骨症、酮病、创伤性网胃炎等疾病都可引起瘤胃消化代谢异常，导致酮体等酸性物质过多，从而产生酒精阳性乳。

⑤ 内分泌因素　奶牛在发情期、妊娠后期、注射雌激素时或卵泡囊肿都会使内分泌失调，雌激素的作用导致乳腺毛细血管通透性改变，乳中钙含量增加，从而导致酒精阳性乳。

（2）应对措施　预防可采取减缓应激、注重营养平衡、切断传播途径及加强消毒等措施。治疗可试用以下方案。

① 隐性乳房炎引起的酒精阳性乳，口服盐酸左旋咪唑，用法用量：第1次6mg/kg体重，第2次以后3mg/kg体重，每天早晚各1次，连用5d。

② 改善乳腺功能，碘化钾10～15g加水灌服，1次/d，连用5d。

③ 改善乳房内环境，0.1%柠檬酸钠50mL，挤乳后注入乳房中，1～2次/d。

④ 恢复乳腺机能，甲硫基脲嘧啶20mL配合维生素B_1肌注。

⑤ 酮病引起的酒精阳性乳，静注50%葡萄糖注射液500～1000mL，1次/d，连用3d；肌注10mg地塞米松，1次/d，连用2d。

⑥ 络合多余的钙离子，磷酸二氢钠40～70mL，一次内服，1次/d，连服7～10d。

⑦ 调节内分泌，奶牛在发情期、妊娠后期、卵巢囊肿以及注射雌激素后引起内分泌失调而产生酒精阳性乳者，肌注绒毛膜促性腺激素1000IU。

⑧ 中药疗法，党参100g、茯苓100g、炒白术100g、甘草50g、熟地黄100g、白芍100g、当归100g、川芎100g、忍冬藤100g、蒲公英100g（1头牛1d的剂量），水煎，灌服。或将药物制成粉剂，每头牛每天2次，每次350g。

7. 隐性乳房炎

（1）不合格原因　乳房和乳汁均无肉眼可见变化，但体细胞数、pH值等理化性质已发生变化，产奶量下降。根据新国标规定：每毫升乳汁中体细胞数在100万以下为正常。

（2）应对措施　治疗可用中药（黄芪45g、当归15g、蒲公英30g、益母草15g，混匀，粉碎，拌料，每头牛用量）和西药（如庆大霉素、环丙沙星、四环素、头孢哌酮、头孢曲松、万古霉素、新霉素、丁胺卡那霉素、氨苄青霉素等）口服或注射。

8. 异味乳

牛奶中含有乳香味以外的味道。

（1）不合格原因　如饲喂有刺激性的饲料、兽药，盛奶容器、挤奶机械含有洗涤剂残留等。

（2）应对措施　保持饲料、盛奶容器及挤奶设备清洁卫生。

9. 脂肪蛋白密度不达标牛乳

密度在1.028以下的称为密度不达标牛乳。

（1）不合格原因　日粮中蛋白质不足，使牛乳中干物质含量低。此外，也与遗传性有关。

（2）应对措施　对特别高产、遗传性乳汁密度低的奶牛适当延长每次挤奶时间，增加日粮中蛋白精料的饲喂量，调整牛群结构。建议蛋白含量低的可饲喂市售的“免疫球蛋白”，脂肪含量低的可饲喂过瘤胃保护脂肪。

10. 末乳

在干奶前2～3周所产的乳汁称为末乳。

（1）不合格原因　奶牛经长时间产奶，同时腹内胎儿生长发育需要大量营养，导致奶牛所产奶的脂肪、蛋白质不达标。

（2）应对措施　采取干奶措施，使奶牛得到充分的休息，恢复体质，为下一生产周期做好准备。

第三章 饲养管理

一、奶牛群的结构及后备母牛的选择

1.奶牛群的结构

一个奶牛群的牛群结构指的是牛群中犊牛、育成牛、青年牛及成年牛（包括产奶牛和干奶牛）的组成比例。现代奶牛群，由于采用冷冻精液人工授精，多数奶牛场不养种公牛。小公牛淘汰转为肉用。

（1）成母牛群 成母牛指初产以后的牛，占整个牛群的60%，包括产奶牛群、干奶牛群、待产牛群。其中产奶牛群要根据不同产奶量分高、中、低产牛群，是牛场的核心，直接关系到牛场的经济效益。因此，必须严格分群，根据不同的阶段、不同的产奶量提供合理的日粮标准。在成母牛群中，一般1～2胎母牛占牛群总数的40%，3～5胎母牛占牛群总数的40%，6胎以上占20%。

（2）青年牛群 指18～28月龄的牛，即初配到初产的牛，占整个牛群的13%。

（3）大育成牛群 指9～18月龄的牛，即9月龄到初配的牛，占整个牛群的9%。

（4）小育成牛群 指3～9月龄的牛，占整个牛群的9%。

（5）犊牛群 指出生到3月龄的牛。母犊牛要根据其父母代生产性能和本身的情况进行选留，作为后备母牛进行培育。其他犊牛尽快进行销售或单独进行育肥。留作后备母牛的犊牛群占整个牛群的9%。

（6）核心群　是带动全群发展的核心，是指导后备牛选留标准的重要依据。如果条件允许，最好选育出核心牛群，从1000头成母牛中根据其遗传性能和生产性能选育出30%的牛作为核心群，选育出其优良的后代作为后备母牛。核心牛群中不同胎次牛的比例为：1～2胎占60%，3～5胎占25%，6胎以上占15%。

2.其他重要的生产技术参数

（1）淘汰率　淘汰保健指标应控制在以下范围：全年总淘汰率在25%～28%。

① 成母牛病淘汰率＜5%（头胎2%～3%，三胎以上5%）。

② 青年牛病淘汰率＜1%（17月龄内产犊）。

③ 育成牛病淘汰率＜1%（6～17月龄）。

④ 大犊牛病淘汰率＜2%（2.5～6月龄）。

⑤ 小犊牛病淘汰率＜5%（出生3d～2.5月龄）。

⑥ 乳房炎报废乳区数＜1%。

全年淘汰的牛群中包括以下两部分：一是体弱多病，丧失治疗价值的牛只，占全年总群的14%左右；二是生产水平低下，全年产奶总量低于其创造的经济价值的牛只，占全年总群的11%左右。

（2）死亡率　全年死亡率＜3%；8周龄以内犊牛死亡率＜3%；育成牛死亡率、淘汰率＜3%。

（3）流产率　全年怀孕母牛流产率＜8%。

（4）年总受胎率　达到90%±5%（头胎牛95%，产乳量较高的成年母牛80%～85%）。年总受胎率（%）=年受胎母牛头数/年受配母牛数×100%。

年受配母牛数为期初18个月龄以上母牛，加上期初未满18个月龄但参加配种的牛，再加上不正常产后（指早产、流产等）又配上的牛，减去配后2个月内出群未孕牛。

（5）年情期受胎率　达到50%以上。年情期受胎率（%）=年总受胎母牛头数/年发情配种的总情期数×100%。

（6）产后第一次配种时间　35～55d。

（7）青年牛初配年龄　16～18月龄。

（8）年繁殖率　90%以上。年繁殖率（%）=实际繁殖母牛头数/

适繁母牛头数×100%。

适繁母牛头数指年内参加配种应在年内分娩的母牛头数+在上年配种应在当年分娩的母牛头数。年繁殖率要求头胎母牛在95%以上，经产母牛在80%以上。

（9）年繁殖成活率　85%以上。繁殖成活率=犊牛断乳时成活数/实繁母牛数×100%（包括妊娠7个月以上中断妊娠的母牛）。

3.后备母牛的选择

（1）按系谱选择　奶牛系谱包括奶牛编号、出生日期、生长发育记录、繁殖记录、生产性能记录等。系谱选择是根据所记载的祖先情况，估测来自祖先各方面的遗传性。按系谱选择后备母牛，应考虑来源于父亲、母亲及外祖父的育种值。特别是产奶量性状的选择，应当依据父亲和外祖父的育种值，不能只以母亲的产奶量高低作为唯一选择标准，应同时考虑父母的乳脂率、乳蛋白率等性状指标。

（2）按生长发育选择　主要以体尺、体重为依据，包括初生、6月龄、12月龄、第一次配种（15月龄）的体尺（体高、体斜长、胸围等）、体重为依据。

（3）按体型外貌选择　根据后备牛培育标准对不同月龄的后备牛进行外貌鉴定，及时淘汰不符合标准的个体。鉴定时应注重后备牛的乳用特征、乳房发育、肢蹄强弱、后躯宽窄等外貌特征。

二、母牛发情鉴定技术

1.发情

指母牛卵巢上出现卵泡的发育，能够排出正常的成熟卵子，同时在母牛外生殖器官和行为特征上呈现一系列变化的生理和行为学过程。主要受卵巢活动规律所制约，即在生殖激素的调节下，卵巢上有卵泡发育和排卵等，生殖道有充血、肿胀和排出黏液等，外部行为表现为兴奋不安、食欲减退和出现求偶活动等变化。

（1）初情期　指母牛初次出现发情或排卵的年龄。一般为6～12月龄。初次发情时间与品种和体重有关。当育成牛体重达到成年体重的40%～50%时即进入初情期。营养均衡、生长发育快的育成牛初情期早，6～8月龄即可初次发情；营养不良的育成牛，初情期可延迟至18月龄。

（2）性成熟　指初情期之后，母牛的生殖器官和第二性征发育达到完善的程度，能产生成熟的卵子和雌激素，具备了正常繁殖后代的能力。母牛性成熟后，由于此时身体的正常发育尚未完成（即未体成熟），故一般不宜配种，否则将影响到母牛今后的生产性能。

（3）体成熟与初配年龄　性成熟后，再经过一段时间的发育，当机体各器官、组织发育基本完成，并且具有本品种固有的外貌特征，一般体重达到成年体重的70%左右，此时即可以参加繁殖配种，这一时期称为初配年龄。但具体时间还应根据个体生长发育情况实行综合判定。标准化饲养条件下的奶牛理想初配年龄一般在1.5～2岁或16～18月龄。

2.发情周期

指发情持续的时间，通常以一次发情的开始至下一次发情的开始所间隔的天数为准，一般为18～24d，平均21d。一般青年母牛比经产母牛要短。根据母牛的精神状态和生殖器官生理变化及对公牛的性欲反应，可分为4个阶段。

（1）发情前期　母牛发情的准备阶段。母牛鸣叫、离群，沿运动场内行走，试图接近其他牛；爬跨其他牛；阴户轻度肿胀，黏膜湿润、潮红；嗅闻其他牛后躯；不愿接受其他牛爬跨；产奶量减少。持续约1～3d。

（2）发情期　又称发情持续期，指从发情开始到发情结束的时期，因年龄、营养状况和季节变化等不同而有长短变化，一般为18h，其范围为6～36h。生殖道充血、黏膜增厚、腺体分泌增多、子宫颈开放，从阴门流出清亮的黏液，阴门肿胀，情绪不安，有时哞叫，食欲下降，奶量减少，开始仅爬跨其他母牛，当进入发情盛期后接受其他母牛爬跨时站立不动。母牛有外部表现的发情持续时间为18～24h，有些牛仅几个小时。

（3）发情后期　母牛无发情表现。排卵后卵巢内形成黄体，并且开始分泌孕酮。多数青年母牛和部分成年母牛从阴道流出少量血液，即所谓的“流红”现象，属于正常生理状态。母牛在发情期，卵泡迅速发育成熟，雌激素的分泌量增加，使得子宫内膜毛细血管血液的流量增加。发情后期，因血管收缩而破裂，血液流入子宫腔，再通过子

宫颈，从阴道流出体外。发情后出血量在20～30mL，血色正常者，对妊娠无不良影响。但若流出的血液色泽暗红或褐紫，则是子宫疾病的征兆，应给予治疗。该期持续时间约为3～4d。

（4）休情期　又称间情期，母牛精神状态恢复正常，黄体由成熟到略微萎缩，孕酮的分泌由增长到逐渐下降。此期为12～15d。

3.排卵时间

奶牛是自发性排卵动物，卵巢上的卵泡成熟后便自发排卵。奶牛一般每次只排1个卵子，只有少数一次排2个卵子的。奶牛的排卵时间一般在发情结束后的10～15h，如果从发情前期来计算，为28～32h；如果从发情“静立”时计算，则为16～21h。

4.发情鉴定

通过发情鉴定，可以发现母牛的发情活动是否正常，判断处于发情周期的哪个阶段及排卵时间，进而准确地确定奶牛配种时间，适时输精，提高受胎率。

（1）外部观察法　即从外部观察母牛的发情表现，是母牛发情鉴定的重要方法，可以从母牛的性欲、性兴奋、外阴部变化等方面来观察。

① 发情初期　此期母牛表现兴奋不安，经常哞叫，食欲减退，产奶量下降。在运动场上或放牧时，常引起同群母牛尾随，当有它牛爬跨时，拒不接受，扬头而走；外阴部肿胀，阴道壁黏膜潮红，黏液量分泌不多，稀薄，牵缕性差，子宫颈口开张。

② 发情盛期　当其他牛爬跨时，母牛表现接受爬跨而且站立不动，两后肢开张，举尾拱背，频频排尿。拴系母牛表现两耳竖立，不时转动倾听，眼光敏锐，人手触摸尾根时无反抗表现。从阴门流出具有牵缕性的黏液，俗称“吊线”，往往粘于尾根或臀端周围被毛处。阴道检查可发现黏液量增多，稀薄透明，子宫颈口红润开张。此时卵泡突出于卵巢表面，直径约1cm，触之波动性差。

③ 发情末期　母牛性欲逐渐减退，不接受其他牛爬跨。阴道黏液量减少，黏液呈半透明状，混杂一些乳白色，黏性稍差。直肠检查卵泡增大到1cm以上，触之波动感明显。

（2）阴道检查法　即通过插入开膣器观察阴道及子宫颈口的变化来判断发情情况。外阴部清洗消毒后，用消毒过的开膣器，插入母牛

阴道内，打开照明装置，观察阴道黏膜颜色、充血程度，子宫颈口的开张、松弛状态，阴道内部黏液的颜色、黏稠度、量的多少等情况，以此来判断母牛的发情程度。发情母牛表现为阴道黏膜充血滑润，子宫颈口充血、松弛、开张，有黏液流出。发情前期黏液较稀薄，随发情时间的推移而变稠，黏液量由少到多，发情后期黏液量逐渐减少。不发情的母牛，其阴道黏膜苍白、干燥，子宫颈口紧闭。

（3）直肠检查法　操作人员戴上手套，把手指并拢慢慢插入直肠内，腕部伸进牛体后，手心向下，可以摸到较坚实似棒状的子宫颈，沿着子宫颈背侧继续向前摸到子宫角间沟及左右子宫角，再往左右两侧子宫角端部可以摸到左、右两个卵巢，可检查质地、形状、大小，判断卵泡所处的时期。发情期母牛卵巢上卵泡发育一般分为5个时期。

① 卵泡出现期　卵巢稍增大，卵泡在卵巢表面突出不明显，触摸时只感觉为一软化点，其直径为0.5 ～ 0.75cm。一般母牛在此期内即开始有发情表现，但也有些母牛在发情表现前即有卵泡出现。这段时期持续约10h。

② 卵泡发育期　卵泡增大到1 ～ 1.5cm，多呈圆形，较明显突出于卵巢表面。卵泡触之有弹性，内有波动感。母牛发情表现明显，接受爬跨。此期持续约10 ～ 12h。

③ 卵泡成熟期　卵泡不再增大，但泡壁变薄，紧张性增强，有一触即破之感。母牛发情表现减弱，转入安静，拒绝爬跨。这是人工授精的最佳时期。此期持续约6 ～ 8h。

④ 排卵期　卵泡破裂，在卵巢上留下一个明显的凹陷区或扁平区。子宫颈如人的喉头状。排卵多发生在性欲消失后10 ～ 15h。夜间排卵较白天多，右边卵巢排卵较左边多。

⑤ 黄体形成期　排卵6h后，原来卵泡破裂处开始形成黄体，刚形成的黄体直径0.6 ～ 0.8cm，触之如柔软的肉样组织。完全成熟的黄体直径2 ～ 2.5cm（妊娠黄体还略大些），稍硬并有弹性，突出于卵巢表面。

直肠检查时要注意卵泡与黄体的区别。卵泡有光滑、较硬的感觉。卵泡与卵巢连接处光滑，无界限，呈半球状突出于卵巢表面；没有退化的黄体在卵巢上一般呈扁圆形条状突起。

（4）试情法　将结扎输精管或切除阴茎的公牛放到母牛群中，根据公母牛的表现来鉴别发情母牛。一般被公牛尾随的母牛或接受公牛爬跨的母牛都是发情母牛。但结扎输精管的公牛仍能将阴茎插入母牛阴道，容易传染生殖道疾病。为减少结扎公牛输精管或阴茎外科手术的麻烦，可选择特别爱爬跨的母牛代替公牛，效果较好。另外，还可将试情公牛胸前涂以颜色或安装带有颜料的标记装置，放在母牛群中，凡经爬跨过的发情母牛都可在尻部留下标记。

5.产后发情时间

产后发情指母牛分娩后经过一段时间所出现的第一次发情。因个体不同一般要有10～40d，而出现完整发情距产犊的时间平均为34（20～70）d。对产后60d未发情的牛、间情期超过40d的牛、妊检时未妊娠的牛，要及时做好产科检查，必要时使用激素诱导发情（注：对超过14月龄未见初情的后备母牛，必须进行母牛产科检查和营养学分析）。

6.发情季节

奶牛是全年发情动物，除妊娠情况下发情周期终止以外，正常的可以常年配种。

7.奶牛发情时间分布

奶牛发情（爬跨）的时间：夜12:00至早上6:00，占43%；早上6:00至中午12:00，占22%：中午12:00至下午6:00，占10%：下午6:00至夜12:00，占25%。

8.异常发情

即母牛发情表现超越正常时，称为异常发情。常见的异常发情有：

（1）安静发情　指母牛发情表现不明显，即缺乏性欲表现。主要原因是由于某些因素干扰垂体的正常功能，引起促卵泡激素或雌激素分泌不足所致。如夏季高温、冬季寒冷、长期舍饲、缺乏运动、营养不良等。这期间如果能及时配种，母牛也能怀孕。

（2）孕后发情　指母牛在怀孕后仍有发情的表现。其原因复杂，但主要认为是由于激素分泌失调所致。治疗方法：黄体酮，肌注，前3d、100IU/次，第4d、50IU/次，第5d、25IU/次，连用5d。

（3）短促发情　母牛的发情期短，如果不仔细观察，经常错过配种时期。主要原因可能是由于发育卵泡很快成熟破裂而排卵，缩短了母牛的发情期，也有可能由于卵泡停止发育或发育受阻所致。

④ 剪口　从保温杯中取出冻精，用纸巾或无菌干药棉擦干残留水分，用细管专用剪刀剪掉非棉塞封口端。

⑤ 精子活力检查　每批次冻精抽查1～3支，冷冻精液解冻后精子活力不低于0.35。这种抽查可间隔一定时间进行一次，防止精液质量下降。活力检查时，应保持显微镜载物台维持37℃，可把显微镜至于37℃保温箱中或给显微镜加恒温载物台。

⑥ 装枪　把输精枪的推杆退到与细管长度相等的位置，把剪好的细管有棉塞一端先装入输精枪内，然后把输精枪装进一次性无菌输精枪外套管内，并按螺纹方向拧紧外套管。

（3）输精技术　常用的是直肠把握子宫颈输精法，该方法操作简单、安全可靠，精液输入部位深，不易倒流，受胎率高，并且对母牛刺激小，能防止给孕牛误配而造成人工流产。具体操作方法：输精员应穿好工作服，指甲剪短磨光，手臂清洗消毒或戴上输精专用长臂手套，伸入母牛直肠内，握住并固定好子宫颈外口，并将宫颈往里推，使阴道伸展，然后压开阴裂，另一只手持输精枪，先斜上伸入阴道内5～10cm，避开尿道口，再向下、向前，左右手相互配合把输精枪管插入子宫颈。当遇有阻力时，不要硬插，以防损伤子宫颈。应缓缓推进并轻转输精枪管，即可顺利插到子宫体内或子宫角基部，然后把精液注入子宫。输精完毕，稍按压母牛腰部，防止精液外流；将所用器械清洗消毒备用。输精时应避免盲目用力插入，防止生殖道黏膜损伤或穿孔。

（4）输精部位　一般要求达到子宫颈深部，即进入子宫颈口8～10cm。若过深，容易引起子宫创伤。

（5）输精量　细管冻精每支为0.25mL，内含直线前进运动精子数在1000万个以上。在显微镜下检查精子活力不应低于0.35。每次输精用1支。

（6）输精次数　在一个情期内大多采用一次输精，只要掌握好发情适期，就可以节省精液、液氮和药品消耗，输精时要掌握适深、慢插、轻注、缓出，防止精液倒流。一般对于发情观察不太详细，发情准确时间不太掌握的情况，建议采用2次输精方法较好，即在第一次输精后间隔12～16h，再输精一次，这样可以获得较高的受胎率。

（7）适宜输精时间　母牛发情持续时间一般为18～36h，排卵时间在发情结束后10～12h，一般输精在发情开始18～24h内较为合适。夏季一般尽量安排在早上9时以前、下午7时以后输精；冬春季在早上10点后、下午在5点前输精。最简便的是早晨—下午法则，也就是上午发情，下午配种；下午发情，次晨配种。

四、母牛妊娠与分娩

（一）妊娠

1. 妊娠期

通常是从最后一次配种或授精算起，到分娩为止。妊娠期平均为280d（276～285d）。母牛妊娠期的长短，因品种、年龄、胎次、营养、健康状况、生殖道状态、双胎与单胎和胎儿性别等因素有差异。青年母牛的妊娠期比经产母牛短3d，怀母犊母牛比怀公犊母牛妊娠期短2d，怀双胎母牛比怀单胎母牛短4d。

2. 妊娠诊断

母牛输精后进行两次妊娠诊断，分别为配种后2～3个月和停奶前。常用的方法有：

（1）外部观察法　母牛输精后，到下一个发情期不再发情，食欲和饮水量增加，上膘快，被毛逐渐光亮、润泽，性情变得安静、温顺，行动迟缓，常躲避追逐和角斗，放牧或驱赶运动时，常落在牛群后面。怀孕5～6个月时，腹围增大，腹壁一侧突出；8个月时，右侧腹壁可触到或看到胎动。外部观察法在妊娠中后期观察比较准确，但在早期不能作出确切诊断。

（2）直肠检查法　未妊娠母牛的子宫颈、子宫体、子宫角及卵巢均位于骨盆腔内；经产牛有时子宫角可垂入骨盆腔入口前缘的腹腔内。未孕母牛两侧子宫角大小相当，形状相似，向内弯曲如绵羊角；经产牛会出现两角不对称的现象。触摸子宫角时有弹性，有收缩反应，角间沟明显，有时卵巢上有较大的卵泡存在，说明母牛已开始发情。

① 妊娠20～25d　排卵侧卵巢有突出于表面的妊娠黄体，卵巢的体积大于对侧。两侧子宫角无明显变化，触摸时感到子宫壁厚而有弹性，角间沟明显。

② 妊娠30d　两侧子宫角不对称，孕角变粗、松软、有波动感，

弯曲度变小，而空角仍维持原有状态。用手轻握孕角，从一端滑向另一端，有胎泡从指间滑过的感觉。若用拇指和食指轻轻捏起子宫角，然后放松，可感到子宫壁内似有一层薄膜滑开。技术熟练者还可以在角间韧带前方摸到直径为2～3cm的豆形羊膜囊。角间沟仍较明显。

③ 妊娠60d　孕角明显增粗，相当于空角的2倍，孕角波动明显，角间沟变平，子宫角开始垂入腹腔，但仍可摸到整个子宫。

④ 妊娠90d　角间沟完全消失，子宫颈被牵拉至耻骨前缘，孕角大如婴儿头，有的大如排球，波动感明显；空角也明显增粗。孕侧子宫动脉基部开始出现微弱的特异搏动。

⑤ 妊娠120d　子宫及胎儿全部沉入腹腔，子宫颈已越过耻骨前缘，一般只能触摸到子宫的局部及该处的子叶，如蚕豆大小。子宫动脉的特异搏动明显。此后直至分娩，子宫进一步增大，沉入腹腔，甚至可达胸骨区，子叶逐渐增大如鸡蛋；子宫动脉两侧都变粗，并出现更明显的特异搏动，用手触及胎儿，有时会出现反射性的胎动。寻找子宫动脉的方法是，将手伸入直肠，手心向上，贴着骨盆顶部向前滑动。在岬部的前方可以摸到腹主动脉的最后一个分支，即髂内动脉，在左右髂内动脉的根部各分出一支动脉，即为子宫动脉。通过触摸此动脉的粗细及妊娠特异搏动的有无和强弱，就可以判断母牛妊娠的大体时间阶段。

（3）阴道检查法　根据阴道黏膜色泽、黏液、子宫颈的变化来确定母牛是否妊娠。母牛输精1个月后，检查人员用开膣器插入阴道，有阻力感，母牛阴道黏膜干涩、苍白、无光泽；怀孕2个月，子宫颈口附近有黏稠液体，量很少；怀孕3～4个月，子宫颈口附近黏液量增多且变为浓稠，呈灰白或灰黄色，形如糨糊，子宫颈紧缩关闭，有浆糊状的黏液块堵塞于子宫颈口（即子宫颈栓）。阴道检查法对于检查母牛妊娠有一定的参考价值，但准确率不高。

（4）子宫颈处黏液诊断法　取子宫颈处少量黏液：①放入温水中，水温以30～38℃为宜，1～2min后仍凝而不散则表明已怀孕，散开则表示没有怀孕；②加1%氢氧化钠液2～3滴，混合煮沸，分泌物完全分解，颜色由淡褐色变为橙色或褐色者为妊娠；③放入比重为1.002～1.010的硫酸铜溶液中，成块状沉淀者为妊娠，上浮者为未妊娠。

（5）乳汁诊断法　①将3%的硫酸铜溶液1mL加到0.5～1.0mL乳

汁中，乳汁凝结为怀孕，不凝结为未怀孕。②取1mL乳汁放入试管中，加1mL饱和氯化钠，振荡后再加0.1%氧化镁溶液15mL振荡20～25s，然后置于开水中1min，取出静置3～5min后观察，如形成絮状物沉在下半部表明已怀孕，不形成絮状物或集于上部是未怀孕。此法比较准确。

（6）尿液诊断法　取母牛清晨排出的尿液20mL放入试管中，先加入1mL醋，再滴入2%～3%的碘酒1mL，然后用火缓慢加热煮沸。此时，试管中溶液从上到下呈现红色表明怀孕，如呈浅黄色、褐绿色且在冷却后颜色很快消退则表明未怀孕。

（7）阴蒂观察法　配种2d后的妊娠母牛，其阴蒂1/2的体积突出于阴蒂凹上方，呈红黄色，体积稍大，长约2.6cm、宽约0.3cm、厚约0.2cm，似绿豆大小，稍硬，发光，有少量分泌物，稍有充血。妊娠中阴蒂逐渐增大呈樱桃大小，发硬，紫黄色，湿润光滑，有黄色分泌物，血管呈树枝状。配种20～40d的妊娠牛用此法来检查准确率在90%以上。

（8）超声波诊断法　将超声波的物理性和动物体组织结构的声学特点密切结合的一种物理学检查法。随着科技的进步，超声波检查（B型超声诊断、超声多普勒测定法）已逐渐被广泛用于母牛的早期妊娠诊断。此法一般需要到配种后30d左右，才能探测出比较准确的结果。

（9）巩膜血管诊断法　母牛配种后20d，在眼球瞳孔正上方巩膜表面，有明显纵向血管1～2条（也有3条的），细而清晰，呈直线状态，少数牛有分支或弯曲，颜色鲜红，无任何发情表现，便可判断为妊娠。其准确率达90%以上。

（10）激素反应法

① 肌肉注射法　母牛配种后20d，用雌二醇2mg，一次肌肉注射。已妊娠的母牛，5d内无发情表现；未妊娠的母牛，可促进发情，第2d便表现出明显的发情。该方法准确率达90%以上。

② 孕酮测定法　配种后23～24d采集血浆、全乳，测定孕酮含量，乳中孕酮比血液中高5～6倍，若水平含量高，表示怀孕。

（二）分娩

1.预产期的推算

奶牛妊娠期以280d计算，配种时的月份数减3，日期数加6，即可得到预计分娩日期。

例如：某奶牛11月20日配种，则预产期为11−3=8（月）；20+6=26（日）。即：该牛的预产期是第二年的8月26日。

当月份小于3时，计算方法，配种月份加12再减3，当配种日期加6大于当月天数时，则将该月份的天数减去，余数就是下个月份的预产日期。

例如：某牛2月28日配种，则预产期为（2+12）−3=11（月）；（28+6）−31=3（日）（后延1个月）。即：该牛的预产日期是第二年的12月3日。

2. 分娩征兆

（1）乳房　在临产前半个月左右，乳房开始发育膨胀，临产前3～4d即可从前面两个乳头挤出黏稠状的淡黄色乳汁，临产前1～2d四个乳头都可挤出乳白色的乳汁，称为“初乳”。乳房充盈变大，乳头饱满，乳头皮肤平滑光亮。

（2）外阴　在怀孕的后半期两阴唇开始肿胀、变得柔软，阴唇皱褶逐渐展平，阴道检查可见子宫颈外口的黏液塞被溶化。在临产前的1～2d往往从阴道内流出透明絮状的黏液并垂于阴门之外。

（3）骨盆　怀孕后期，骨盆腔内的血液流量逐渐增加，毛细血管壁扩张，有部分血浆渗出血管壁，浸润了周围的组织，骨盆韧带松弛变软，奶牛臀部尾根两侧出现凹陷，特别在临产前1～2d，奶牛骨盆韧带会进一步松弛，尾根两侧凹陷更为明显。触诊荐髂韧带变得柔软松弛，称为塌胯。

（4）精神变化　临产时，子宫出现阵痛现象，奶牛表现精神不安，时起时卧，频频排尿，并经常回望腹部或后肢踢腹，间隔时间会越来越短，阵痛时间将会越来越长，表明奶牛即将分娩，接产人员需做好接产准备。

3. 分娩过程

分为3个时期：开口期、胎儿产出期和胎衣排出期。

（1）开口期　子宫收缩频率增加，胎儿在收缩作用下逐渐朝着产道移行，子宫颈慢慢松弛。在第一阶段后期，子宫颈直径扩张至7～15cm。母牛烦躁不安，来回走动，产道分泌大量黏液，排粪尿的次数增多，骨盆韧带松弛。该阶段持续约2～12h。此期仅有宫缩，无努责。

（2）胎儿产出期　胎儿进入子宫颈，在母牛腹部收缩连同子宫阵缩作用下胎儿被挤压进入产道，当胎儿进入子宫颈后约30min，即可见胎儿的肢蹄。之后子宫颈进一步扩张，直至允许胎儿的头部和肩部可以通过。在肢蹄出现后的5～45min内，子宫收缩频率和强度再次增加，之后胎儿会在15～30min娩出。根据品种和胎次的不同持续时间在15min～3h。

（3）胎衣排出期　从胎犊产出到胎衣完全排出为止。通常需要4～6h。母牛产公犊后胎衣滞留时间稍长。胎衣在产后12h内未被排出则为胎衣不下。难产时胎衣不下的几率提高2～3倍。

4.分娩常用术语

（1）胎向　指胎儿的纵轴同母体纵轴的关系。有3种胎向：纵向—两者平行；竖向—两者竖立垂直；横向—两者横向垂直。三者中只有纵向是正常胎向。

（2）胎位　指胎儿的背部同母体背部的关系。有3种胎位：①上位：胎儿的背部朝向母体的背部，俯卧在子宫内；②下位：胎儿的背部朝向母体的下腹部，仰卧在子宫内；③侧位：胎儿的背部朝向母体的侧腹壁，又分左侧位和右侧位两种。三者中只有上位是正常胎位。

（3）前置　指胎儿最先进入产道的部位。头和前肢最先进入产道，称为头前置。后肢和臀部最先进入产道，称为臀前置。对于家畜，头前置（正生）和臀前置（倒生）都是正常的，其他前置都是异常的。

（4）胎势　正常分娩时，应为纵向、上位、头前置或臀前置。头前置（正生）时，头部和两前肢伸展，头部的口鼻端和两前蹄一起最先进入产道。臀前置（倒生）时，后肢伸展，两蹄最先进入产道。其他任何姿势都是异常的。

5.助产

（1）分娩过程中的检查　当胎儿口鼻露出时（正生），将消毒后的手臂伸进阴道进行检查，确定胎势是否正常，如果正常，尽量等待其自然产出，必要时可以人工辅助拉出。如果只见前蹄，不见口鼻，应当先检查胎儿的前置部位，胎势正常，可以等待；胎势异常，应立即调整胎势；若是倒生，应尽快拉出胎儿。有时羊膜囊局部露出但未破水，应当根据胎儿前置部位进入骨盆腔的程度决定是否立即撕破羊膜，如果口鼻部和两前肢已经露出阴门，可撕破，否则应当等待。

（2）人工辅助牵引　在胎儿较大或分娩无力的情况下，需用人力帮助牵引，用力时应与母牛的阵缩同步，牵引方向应当与骨盆轴的方向一致。倒生牵引时，要帮助牵拉脐带，防止脐带在脐孔处拉断。人工牵引过程中，要用双手保护好阴门，防止撕裂。

（3）脐带处理　犊牛出生后立即擦掉口腔和鼻孔中的黏液，擦干被毛。脐带多自行拉断，一般不必结扎，但需用5%～10%碘酊充分消毒。如为双胎，第一头降生后应对脐带做2道结扎，从中剪断。

（4）检查胎衣　胎衣应在胎儿产出后2～8h排出，超过12h不排出时应按胎衣不下处置。即使胎衣已经排出，也要检查胎衣是否完整，如子宫里有残留部分，应及时处置。如果难产，应当尽早请兽医师处置，其他人员不要盲目处理。

五、犊牛的饲养管理

犊牛指初生至6月龄的牛。犊牛在母体内时不会受到外界环境的影响，犊牛出生后由母体内部转入外界环境，生存条件骤然发生改变，但此时犊牛自身免疫机制尚未健全，对外界疾病抵抗能力较差，而且瘤胃和网胃发育不健全、结构不完整，其瘤胃微生物区系也尚未健全，因此，犊牛的饲养管理至关重要。

1.新生犊牛的护理

（1）清除黏液　犊牛出生后立即用消过毒的毛巾擦去犊牛鼻孔和口腔中的黏液，确保呼吸通畅。若发现犊牛不呼吸，可用一根稻草插入鼻孔5cm左右反复刺激促其呼吸。若不奏效，立即倒提犊牛，轻轻拍打胸部和喉部，使黏液从鼻孔中排出并擦干，以免黏液吸入气管。

（2）脐带处理　在清除犊牛口腔及鼻孔黏液以后，如其脐带尚未自然扯断，应进行人工断脐。方法是在距离犊牛腹部6～8cm处断脐，挤出脐内污物，并用5%碘酒消毒。正常情况下，脐带在出生后1周左右干燥脱落。

（3）擦干被毛　断脐后，应尽快擦干犊牛身上的被毛，以免犊牛着凉，尤其在环境温度较低时。也可让母牛自己舔干犊牛身上的被毛，

优点是可以刺激犊牛呼吸，加强血液循环，促进母牛子宫收缩，及早排出胎衣。缺点是会造成母牛恋仔，导致挤奶困难。

（4）犊牛登记　新生的犊牛应打上永久性标记。可在颈部套上刻有数字的环、在耳部打上金属或塑料耳标等。

（5）母仔分开　犊牛出生后应立即将其从产房移走并放在干燥、清洁的环境中。要确保犊牛及时吃到初乳，最好放在单独圈养犊牛的畜栏内。新生犊牛最适宜的环境温度是15～18℃。因此，应给予保温、通风、光照及良好的舍饲条件，逐步培养犊牛对外界产生应答的能力。

（6）早喂初乳　初乳是母牛分娩后5～7d内所产生的乳汁。初乳富含免疫球蛋白和溶菌酶，干物质和矿物质含量均比常乳高1倍，蛋白质比常乳高3～4倍。因此，初乳的收集及初乳质量、饲喂量、饲喂时间是新生犊牛护理的重点。

① 初乳收集　基本要求是优质、干净卫生、无污染，在初乳收集的过程中要确保挤奶机、喂奶瓶罐等设备洁净，初乳的收集过程必须严格执行挤奶操作规程，严格控制初乳内的菌落总数。对于乳房炎、血乳等异常初乳应弃之不用，也不能将几头牛的初乳混合在一起。

② 初乳保存　对于多余的优质初乳可以选择保存，保存有两种方式，一种是冷藏（4℃），一种是冷冻（−25℃）。冷藏初乳一般保存时间有限，为3～7d；而冷冻初乳时间较长，冷冻效果较好的初乳可保存半年。在选择初乳保存方式时，需按照场内实际情况而定，如近期产犊较多可使用冷藏保存，如产犊并不密集可选择冷冻保存。

近年来，国内外广泛推广发酵初乳替代全乳饲喂犊牛，其制作方法可分为自然发酵和定向发酵两种。

a. 自然发酵　把剩余的新鲜初乳过滤后倒入消毒后的塑料桶内，盖上桶盖，放在室内阴凉处任其自然发酵。注意初乳不要超过桶容积的2/3。为了防止乳脂与乳清分离，每天应搅拌1次。

b. 定向发酵　新鲜初乳过滤后水浴加热至70～80℃，持续5～10min后停止加热，待其冷却至40℃左右时，倒入消毒后的塑料桶内，按5%～10%的比例加入发酵剂，搅拌均匀后及时盖上盖，以后每天搅拌1次。

发酵最适宜的温度为10～12℃。发酵初乳在饲喂前应先搅拌均

匀，然后取出需要量加入80℃左右的热水，将奶温调至38℃再进行饲喂，注意乳水比例一般为（2～3）：1。发酵初乳的保存时间一般为2～3周；气温高时，保存时间更短，宜在1～2周内喂完。有异味或变质的发酵初乳应禁止饲喂犊牛。

③ 初乳饲喂　犊牛出生后，应在30min内喂给初乳，最迟不宜超过1h，并根据初生犊牛的体重和健康状况确定初乳喂量。初乳的饲喂采取即挤即喂的方式。产犊较多时，可以用提前预先储存的优质初乳进行饲喂，饲喂方式可使用奶壶饲喂，也可使用导管灌服。原则上首次喂量要大，应饲喂2～3L，也可以6h后再饲喂2～3L，12h后再饲喂2～3L，以便让犊牛在出生后12h内获得足够的母源抗体。出生后24h内要饲喂3～4次初乳，以后每天饲喂2次，连续饲喂4d，第5d以后犊牛可以逐渐转喂常乳。

饲喂初乳提倡用橡胶奶嘴，以利于建立充分的吮奶反射。之后，逐步用吮吸手指的办法，调教犊牛用奶桶吮奶。初乳的温度应经水浴加热至38～39℃，过凉或过热都会造成危害。

2.哺乳犊牛（0～60d）的饲养管理

（1）饲养

① 哺乳量　一般全期哺乳量300kg，哺乳期2个月左右。犊牛哺乳方案：犊牛出生后2h内，喂给第一次挤出的初乳。1～7d的日喂奶量为8kg，分3次喂。8～35d的日喂奶量为6kg，分2次喂。36～50d的日喂奶量为5kg，分2次喂。51～56d的日喂奶量为4kg，分2次喂。57～60d的日喂奶量为3kg，在夜间1次喂下。上述方法犊牛的喂奶总量为300～320kg。

② 补饲　犊牛出生后1周即可训练其采食精饲料，可用大麦、豆饼等磨成细粉，并加入少量食盐拌匀。每天每头15～25g，用开水冲成糊粥，混入牛奶中饲喂，以后逐渐加量。或用市售的犊牛开食料，粗蛋白质含量一般高于21%，粗纤维为15%以下，粗脂肪8%左右。犊牛的开食料最好制成颗粒料。开食料的喂量可随需增加。当犊牛一天能吃到1kg左右的开食料时即可断奶。10d左右后可训练其采食青干草。2月龄以内的犊牛应避免饲喂青贮饲料。

③ 饮水　奶中的水不能满足犊牛的生理代谢需要，尤其是早期断

奶的犊牛，需要采食干物质量的6～7倍的水。犊牛每次喂乳1～2h后，喂饮适量温水。开始时应人为控制饮水，以防胀肚，7～10d后逐步过渡到自由饮水。控制饮水时，每天饮水次数与喂奶次数相同。夏天控制饮水时，每次饮水量应从0.5L逐步增加到1.5L，水温从30℃逐步降低到15℃；冬天控制饮水时，每次饮水量从不给水逐步增加到1.0L，温度从35℃逐步降低到15℃，以适应自由饮水，防止发生下痢。每头每天饮水量平均为5～8kg。

（2）管理

① 哺乳卫生　犊牛饲喂必须做到“五定”，即定时、定质、定量、定温、定人。要切实注意哺乳用具的卫生，每次用后，要及时洗净消毒，妥善放置。饲槽用后也要刷洗干净，定期消毒。每次喂奶完毕，要使用干净毛巾将犊牛口、鼻周围残留的乳汁擦干，防止犊牛互舔而养成“舔癖”。

② 饮食要求　犊牛断奶之前，胃肠道生物菌群不健全，对粗饲料的消化能力很差，不准饲喂青贮、酒糟等发酵饲料，不喂饮冰水，否则容易引起消化不良和腹泻。

③ 环境卫生　应做到“四勤”，即勤打扫、勤换垫草、勤观察、勤消毒。犊牛的生活环境要求清洁、干燥、宽敞、阳光充足、冬暖夏凉。哺乳期犊牛应做到一牛一栏单独饲养，犊牛转出后应及时更换犊牛栏褥草、彻底消毒。犊牛舍每周消毒一次，运动场每15d消毒一次。

④ 去角　犊牛出生后20～30d去角。过早则应激反应过大，容易造成犊牛疾病和死亡；过晚则角基生长点角质化，容易造成去角不彻底而再次长出。常用的去角方法有电烙铁法和火碱棒法。

a. 电烙铁法　枪式去角器，顶端呈杯状，大小与犊牛角的底部一致。去角时将犊牛简单保定，防止挣扎。将去角器通电10min加温至480～540℃后，放在犊牛角突起的基部处10s，或者使基部组织变为古铜色为止。用电烙铁去角比较简单，一般不出血，在全年任何季节都可进行，适用于15～35日龄的犊牛。但要注意防止去角不彻底或造成颅内损伤。

b. 火碱棒法　首先将犊牛角突起的基部周围3cm处剪毛，用5%碘酊消毒，注射麻醉剂，周围涂凡士林，以防火碱液外流伤及犊牛眼睛。

术者手持火碱棒在角突起的基部涂擦到基部组织皮下出血为止。在操作过程中，术者应带防腐手套，防止火碱烧伤手臂皮肤。去角后24h内要防止雨水或者奶汁等液体淋湿犊牛头部。

⑤ 去除副乳头　奶牛乳房有四个正常的乳头，但有的牛在正常乳头的附近有小的副乳头，应将其除掉。去副乳头在犊牛6月龄之内进行，最佳时机在2～4周龄，最好避开夏季。先对副乳头周围清洗消毒，再轻拉副乳头，用消毒剪刀将副乳头从基部剪除，然后用5%碘酒消毒即可。

⑥ 做好断奶准备　严格执行饲养方案，60日龄结束哺乳期，当犊牛连续3d采食颗粒料达到1～1.2kg时可进行断奶。断奶时测量体重后转入断奶犊牛群，也可在原处饲喂1周，做好断奶阶段的过渡饲养。犊牛早期断奶关键技术如下。

a.人工乳配制　人工乳是以乳业副产品为主要原料生产的商品饲料。一般配制方法是将一定比例的动物脂肪、植物油、磷脂类、糖类、维生素和矿物质等加入脱脂奶粉中配成与全乳营养成分相似，能被犊牛消化利用的人工乳。主要营养指标：粗蛋白质＞20%，脂肪＞10%，粗纤维＜5%，并含有丰富的维生素和矿物质。具体方法是将大豆粉经过0.05%氢氧化钠溶液处理后，在37℃下放置7h，然后用盐酸中和至中性，再同其他原料混合，经巴氏灭菌后冷却至35℃，按犊牛体重的10%喂给。

b.代乳料配制　代乳料是根据犊牛营养需要以精饲料为原料配制而成，也称犊牛开食料。具有适口性强、易消化和营养丰富的特点。代乳料通常为粉状，也可制成粒状，但粒不宜过大，一般以直径0.32cm为宜。主要成分有豆饼、亚麻饼、玉米、高粱、燕麦、鱼粉、糖蜜、苜蓿干粉、维生素A、矿物质等。

c.断奶方案　参考哺乳犊牛哺乳量中所述。

⑦ 运动　犊牛出生1周后，根据天气状况可放入运动场中自由活动，以后随日龄增加运动时间，一般每天不少于4h。保证犊牛充足的运动时间，对促进其生长发育非常有利。

⑧ 预防疾病

a.脐炎　初生犊牛的脐带残留部分，一般约在出生后3～6d即干

燥脱落，在此期间脐带受到污染及尿液浸渍，或接产时对脐带消毒不严，均可使脐带遭细菌感染而发炎。

处理措施：先用5%碘酊涂擦脐部，初期用青霉素80万～160万IU、0.25%～0.5%普鲁卡因10～20mL，在脐孔周围封闭，脐孔形成瘘管时，用消毒药液洗净其脓汁，涂抹碘酊，有脓肿时，须切开排脓，脐带发生坏疽时，必须切除脐带残留部分，除去坏死组织，用消毒药液清洗后，再涂以碘酊。需应用抗生素，防止全身性感染。

b.新生犊牛衰弱　主要由于怀孕期蛋白质、维生素、矿物质和微量元素等营养物质缺乏而造成。同时，孕畜患妊娠毒血症、产前截瘫、慢性胃肠病等疾病，以及早产、近亲繁殖或双胎等均可造成新生犊牛衰弱。治疗时首先应把犊牛放在温暖的圈舍里，控制好温度，必要时用覆盖物盖好。

处理措施：静脉注射10%葡萄糖500mL，加入双氧水30～40mL。也可用5%葡萄糖500mL、10%葡萄糖酸钙40～100mL、维生素C 10mL、10%安钠咖5～10mL，一次静注。根据病情还可应用维生素A、维生素D等制剂和能量药物如三磷酸腺苷、辅酶A、细胞色素C等。如果犊牛不能站立，应勤翻动，防止发生褥疮。

c.新生犊牛假死　又称为窒息，是指刚出生的犊牛出现呼吸障碍或无呼吸动作。

处理措施：犊牛产出后立即用干净的纱布、毛巾把口腔、鼻腔内的黏液与羊水抠出，擦干净；举起犊牛后肢，头部向下，轻轻甩动，助手用手掌拍其胸腹部把呼吸道内黏液排出；用酒精、干草刺激鼻腔，诱发呼吸反射；还可采用人工呼吸法来抢救假死犊牛。也可配合药物治疗，如25%尼可刹米2mL一次肌肉注射，也可注射肾上腺素、安钠咖、樟脑磺酸钠等。

d.新生犊便秘　新生犊牛一般在生后几个小时就排出胎便，如果出生后1d仍不排便则为便秘，犊牛表现不安，弓背、努责，前肢刨地，后肢踢腹，常回顾腹部，不吃奶，胎粪干硬不能自行排出，经常卧下，时而出汗。

处理措施：先用手掏出直肠中的粪便，再用温肥皂水500 mL或石蜡油、植物油300mL灌肠；石蜡油200mL、硫酸钠50g、加水500mL

灌服，也可用豆油300～400mL灌服。

e.脐带出血 新生犊牛脐带断端或脐孔出血，脐静脉呈点滴出血，脐动脉出血，从脐带或脐部涌出。

处理措施：用浸过5%碘酊的细绳紧贴脐带孔结扎。脐带残端过短无法结扎的，可严格消毒后，缝合脐孔。并肌注止血药、止血敏等。

f.先天性弱犊及早产犊 先天性弱犊是指足月犊牛表现衰弱；早产犊牛是指按预产记录不足月的弱犊。营养不良、疾病及机械性因素均可导致其发生。

处理措施：及早判定弱犊是否有救治价值。若是母体营养不足造成的发育不良、足月、体小、体轻、体弱的犊牛，基本发育成熟，还有救治希望。如属于中枢神经系统调节不良或因母牛疾病所生弱犊，一般多无治疗价值。护理与治疗：犊牛生后立即放在温暖的环境中；及早吃到母牛初乳，第1次给1.5～2kg；适时给弱犊补血，可静脉注射母亲血100mL；适当补充能量合剂。

g.犊牛下痢 ①给犊牛喂奶要做到定时、定量、定温，奶温最好在30～35℃；②天冷时要铺厚垫料。垫料必须干燥、洁净、保暖，不可使用霉变或被污染过的垫料；③对有下痢症状的犊牛要隔离，及时治疗；④保证饲喂的精粗饲料干净，并对环境经常进行消毒。

3.断奶犊牛（断奶~6月龄）的饲养管理

（1）饲料过渡 犊牛断奶后，继续喂开食料到4月龄，日食精料应在1.8～2.5kg，以减少断奶应激。4月龄后方可换成育成牛或青年牛精料，以确保其正常生长发育。4月龄前禁止饲喂青贮等发酵饲料。干物质采食量逐步达到每头每天4.5kg。

（2）减少应激 断奶前15d左右应进行小群饲养，使环境应激与断奶应激在时间上错开。断奶后日粮的品种、质量应与断奶前相一致，精料自由采食。同时，要酌情供应优质牧草，一直持续至4月龄为止。满4月龄犊牛以平均日增重850g以上为目标。

（3）刷拭 可保持牛体清洁，促进血液循环，又可调教犊牛。因此，每天应刷拭犊牛1～2次。刷拭时要用软刷，手法要轻，使牛有舒适感。

（4）保健护理 平时应注意观察犊牛的精神状态、食欲、粪便、体温和行为有无异常。犊牛发生轻微腹泻时，应减少喂奶量，并在奶中加1～2倍的水，用碳酸氢钠、氯化钠、氯化钾、硫酸镁按1：2：6：2的比例进行治疗。腹泻严重时应暂停喂奶1～2次，同时饮用温开水，并口服磺胺脒4～6克、乳酶片2g、酵母片5g，每天3次，连用3～5d。

（5）分群管理　断奶后犊牛按月龄、体重分群散放饲养，自由采食。每月测体重1次。大规模饲养时，作为后备奶牛的母犊牛出生后应及时编号、建立奶牛档案。满6月龄时测体尺、体重，转入育成群饲养。

六、育成牛和青年牛的饲养管理

1.育成牛的饲养管理

一般把7～15月龄尚未参加配种的后备牛称为育成牛。

（1）饲养

① 生理特点　瘤胃容量大增，利用青粗饲料能力明显提高。此时短骨和扁平骨发育最快、变化最大。此阶段还是母牛性成熟期，在此期间，母牛的性器官和第二性征发育很快，体躯向高度和长度两个方向急剧生长。13～14月龄的育成牛正是进入体成熟的时期，生殖器官和卵巢的内分泌功能更趋健全，发育正常者体重可达成年牛的70%～75%。若这一阶段体格发育不好，成年时多数表现为“短身牛”，对生产性能产生不利影响，因此必须保证满足其营养需要。

② 日粮要求　饲喂日粮以粗饲料为主，每头每天饲喂混合精料2～2.5kg。日粮蛋白水平达到13%～14%；选用中等质量的干草，培养耐粗饲性能，增进瘤胃机能。干物质采食量每头每天应逐步达到8kg，日增重达0.77～0.82kg。

③ 营养需要　粗蛋白质12%～14%，能量6.27MJ/kg，钙0.8%，磷0.5%。

④ 饲养要求　要控制日增重，日增重不能超过0.9kg，发育正常时12月龄体重可达280～300kg。防止过度营养使青年牛过肥，过度采食或过肥对未来泌乳系统和繁殖不利。一般情况下9～12月龄的育成牛，体重达到250kg、体长113cm以上时可出现首次发情。

（2）管理

① 适时配种　当15月龄体重达380 ～ 400kg（南方360kg）、体高125cm以上、胸围在171cm以上，体况评分2.5 ～ 2.75分，体重达到成年体重的60% ～ 70%时即可配种。

② 运动与刷拭　在舍饲的饲养方式下，每天舍外运动不得低于4h。在12月龄前生长发育快的时期更应运动，并经常进行日光浴，一般让其自由运动即可，有条件放牧更好。坚持每天刷拭牛体。

③ 掌握好初情期　一般初情期大体上出现在8 ～ 12月龄前。初情期的表现不很规律，因此，对初情期的掌握很重要，要在计划配种的前2 ～ 3个月注意观察其发情规律，及时配种，并认真做好记录。

④ 定期称重与测量体尺，调整日粮组成　根据此阶段的生长发育特点，应适当控制能量饲料喂量，以免大量的脂肪沉积于乳房，影响乳腺组织的发育，消除抑制生产潜力发挥的因素；确保13 ～ 15月龄时体重达到350kg，以达到配种的体重、体高。体重和体高与产奶量有很强的正相关，尤其是第一胎，体重与体高之间的关系可用来判断日粮是否平衡，体重增加与体高增加不相符可能是日粮蛋白过低所致，理想的日增重为0.7 ～ 0.9kg/d，理想的体高增加（骨骼发育）为3cm/月。每月定期进行体尺测量，根据这些指标来调整饲料的营养成分及精粗饲料的比例。

⑤ 分群饲养　应根据月龄、体格和体重相近的原则进行分群。对于大型奶牛场，群内的月龄差不宜超过3个月，体重差不宜超过50kg；对于小型奶牛场，群内月龄差不宜超过5个月，体重差不宜超过100kg。每群数量越少越好，最好为20 ～ 30头。对于体弱、生长受阻的个体，要分开另养。

2.青年牛的饲养管理

一般把15月龄配种以后至分娩前的后备牛称为青年牛。

（1）饲养

① 生理特点　18 ～ 24月龄母牛已配种受胎，生长强度逐渐减缓，体躯显著向宽、深方向发展。若营养过剩，在体内容易蓄积过多脂肪，导致牛体过肥，造成不孕；但若营养缺乏，又会导致牛体生长发育受阻，成为体躯狭浅、四肢细高、产奶量不高的母牛。

② 饲喂要求　应在育成牛日粮基础上，适当增加1～1.5kg精料；粗饲料尽量优质并强化调制，增加适口性，以促进生长发育。争取到青年牛怀孕满5个月之前，平均日增重达到850g以上，但此期体况评分不能超过3.5分。

③ 日粮要求　饲喂16～18月龄的日粮以中等质量的粗饲料为主，混合精料每头每天饲喂2.5kg，日粮蛋白水平达到12%，日粮干物质采食量每头每天控制在11～12kg。19月龄～预产前60d的混合精料饲喂量每头每天为2.5～3kg，日粮粗蛋白水平12%～13%。预产前60d～预产前21d的日粮干物质采食量每头每天控制在10～11kg，以中等质量的粗饲料为主，日粮粗蛋白水平14%，混合精料每头每天3kg。预产前21d～分娩采用干奶后期饲养方式，日粮干物质采食量每头每天控制在10～11kg，日粮粗蛋白水平14.5%，混合精料每头每天4.5kg左右。

（2）管理　应做好发情鉴定、配种、妊娠检查等工作并做好记录。应根据体膘状况和胎儿发育阶段，合理控制精料饲喂量，防止过肥或过瘦。应注意观察乳腺发育，保持圈舍、产房干燥、清洁，严格执行消毒程序。注意观察牛只临产症状，以自然分娩为主，掌握适时、适度的助产方法。

从怀孕6个月至分娩阶段的青年牛应单独组群饲养，平均日增重应控制在800g之内，否则会导致胎儿过大引起难产。

对6～18月龄的青年母牛每天可按摩1次，18月龄以后每天按摩2次，每次3～5min。按摩可与刷拭牛体同时进行。每次按摩时要用热毛巾擦乳房，切忌用力擦拭乳头，以免擦去乳头周围的异状保护物，引起乳头龟裂或因病原菌从乳头孔处侵入，导致乳腺炎发生。产前1～2个月停止按摩。

在产前21d应转入围产前期牛群饲养，逐渐增加精料喂量，以适应产后高精料的日粮，但食盐和矿物质的喂量应进行控制，全株玉米青贮、苜蓿也要限量饲喂，以防产后疾病的发生。总之，在整个后备阶段，在不过肥的前提下，特别强调体重和体高的增长速度。

由于第一胎产犊时体重与第一泌乳期产奶量在一定范围内呈正相关，因此，育成牛、青年牛都应加强饲养，适度提高日粮营养水平，

满足蛋白质和钙的需要，特别强调粗饲料的质量和数量；全程控制日粮能量水平，以促进其骨架快速增长，使其在产犊时达到理想体重和理想框架。

七、围产期奶牛的饲养管理

围产期是指从分娩前2～3周至分娩后2～3周的时期，分娩前15d称围产前期，分娩后15d称围产后期。在这个时期，奶牛需经历妊娠、分娩、开始泌乳和日粮结构由高粗变为高精等重要的生理和代谢变化，从而遭受一系列应激；加之体质下降，抗病能力减弱，致使围产期是奶牛一个产犊周期中最为关键的时期。因此，围产期奶牛的饲养管理不但关系着奶牛健康和本胎产奶量，甚至影响终生繁殖再生产能力，决定着奶牛的生产水平和牧场的养殖效益。

1.奶牛在围产期的生理代谢变化

（1）内分泌变化　孕酮在妊娠期250d内一直维持较高水平，至分娩前1d降低至几乎无法检出的水平，从而刺激泌乳。妊娠早期雌激素水平较低，中后期逐渐上升，雌激素分泌增加可抑制奶牛食欲而降低干物质摄入量，在分娩雌激素水平后立即下降。催乳素在分娩前1～2d分泌迅速提高，以促进泌乳。血浆皮质醇在分娩前3d到分娩后1d水平较高，分娩后第2d即恢复到正常水平。胰高血糖素和胰岛素在妊娠末期和泌乳初期下降。生长激素在奶牛妊娠末期分泌增加。甲状腺激素水平在妊娠末期逐渐提高，分娩时下降达50%，分娩后开始回升。

（2）免疫力变化　围产期奶牛对外界的免疫反应降低，抗体数量和浆细胞的产生减少，淋巴细胞增殖的数量减少，机体免疫力下降。

（3）血钙变化　妊娠期需要的钙可通过奶牛机体自身调节弥补，无需额外补充更多的钙。分娩时，钙的代谢非常迅速，极易造成钙代谢失调。分娩后初乳中约含有2.3g/L的钙，10L初乳就需钙23g，相当于奶牛自身血钙储量的9倍。分娩后持续泌乳对钙的高需求必将动员机体的血钙储备，同时会增加骨骼钙动员和肠道中钙离子吸收来弥补高钙需求。若供应不足，会导致低血钙的发生。

（4）能量变化　妊娠后期胚胎快速生长引起母牛腹部机械增压而压迫瘤胃，加之生理激素改变抑制食欲和日粮更换突然改变瘤胃微生

态平衡等，导致奶牛在围产期的DMI急剧下降；加上妊娠后期胎儿的迅速生长和分娩后的泌乳需要，机体对能量的需求急剧增加，从而导致奶牛出现严重能量负平衡。

（5）瘤胃功能变化　围产期由于日粮结构改变（由高纤维日粮转变为高淀粉日粮），导致瘤胃内微生物菌群结构发生改变，瘤胃乳头状突起的萎缩和瘤胃黏膜对挥发性脂肪酸的吸收能力下降，因此，围产期奶牛需做好日粮过渡，以缓慢调节瘤胃内微生态平衡，减少因日粮改变带来的隐患。

2.围产前期的饲养管理

重点是使奶牛逐渐由以粗料为主的饲喂模式向高精料日粮模式过渡，激发免疫系统，减少疾病，减少产后代谢疾患。在此阶段要给予较高的营养水平，保证胎儿的正常发育；但又不能过高，以免胎儿和母牛过肥，引发母牛发生难产、代谢病和某些传染病。

（1）围产前期的饲养

① 营养需要　干物质采食量占母牛体重的2.5%～3%；每千克日粮干物质含2～2.3个NND；可消化粗蛋白质占日粮干物质9%～11%；钙40～50g，磷30～40g；中性洗涤纤维（NDF）33%、酸性洗涤纤维（ADF）23%和非纤维性碳水化合物42%。

② 逐渐增料，减少应激　瘤胃微生物从适应高纤维日粮转变到完全适应高淀粉日粮需要3～4周，因此，一般从分娩前15～21d开始逐渐增加精料，每次增加0.3～0.5kg，直至临产前精料饲喂量达到5.5～6.5kg，但最大喂量不超过体重的1%～1.2%，以促进瘤胃细菌与乳头状突起的生长，减少体脂的动用及与脂肪代谢有关的代谢紊乱的发生。此外，应该将此阶段日粮种类与围产后期日粮种类尽量调整一致，以减少产后日粮结构改变对奶牛产生的应激。

③ 通过营养调控，减少疾病发生

a.调整粗蛋白水平至12%～14%，增加瘤胃非降解蛋白（如发酵工业蛋白饲料、高温处理的大豆等）的含量，使粗蛋白达到26%左右，可以减少酮病、胎衣不下等发生率。

b.保证足量的有效纤维，一般建议中性洗涤纤维含量40%。日饲喂4kg优质禾本科干草、青贮饲料15kg，以促进瘤胃及其微生物区系功能发挥，防止真胃移位。

c. 供给低钙日粮，特别是在分娩前15d内，使日粮中的钙质含量减至平时喂量的1/3～1/2，可以防止奶牛产后麻痹症以及采食量减少、胎衣不下、产后瘫痪、真胃移位、酮病等；同时，需要调整围产前期奶牛日粮的阴阳离子平衡值在−150～−50mg当量/kg干物质范围内（注：阳离子用“+”表示，阴离子用“−”表示；泌乳高峰期要求“+”值的日粮，临产前21～0d要求“−”值的日粮；表达单位为毫摩尔/千克饲料，即mmol/kgMD），奶牛尿液pH降低到6.0～6.5范围内。

d. 减少食盐用量，产前由原来的每天75～100g降至30～50g（或原来的1.5%降至0.5%以下），可以避免母牛产前催奶过急，减少奶牛产后乳房水肿概率，利于母牛产后食欲恢复。

e. 适当补充维生素和微量元素，如维生素A、维生素D、维生素E和微量元素（硒），可以促进产后子宫的恢复，防止胎衣滞留（如添加维生素E3000～4000IU），提高产后配种受胎率，降低乳房炎发病率，提高产奶量。

f. 严禁饲喂瘤胃缓冲剂，如碳酸氢钠、氧化镁、碳酸氢钾、磷酸盐、非蛋白氮、碳酸钙、氢氧化钙、乳清、膨润土等，一方面会提高粗粮阴阳离子平衡值，引起低血钙；另一方面也会大大增加产后乳房水肿的发病率。

g. 在母牛临产前2～3d内，饲喂易消化、具有轻泻作用的饲料，如麸皮（在精饲料中添加30%～50%），可以防止母牛便秘。

（2）围产前期的管理　母牛一般在分娩前两周转入产房，使其提前适应产房环境，产房应保持适当的温度，一般在18～20℃。在产房内每牛占一产栏，不系绳，任母牛在圈内自由活动；产房派有经验的饲养员管理。保持环境卫生的清洁，定期进行环境消毒。待产牛进入产房前应及时清理产房地面及其他分娩牛的羊水和污物并铺好垫草，产房地面不应光滑，以免母牛滑倒。天气晴朗时可让母牛到运动场适当活动，但应防止挤撞摔倒，保证顺利分娩。严禁饲喂发霉变质的饲料和饮用污水，冬季不能饲喂冰冻饲料和饮冰水。由于此期饲喂的高水平精料有可能促进隐性乳房炎发病，所以要预防乳房炎和乳热症的发生。

3.分娩期的饲养管理

分娩期一般指母牛分娩至产后7d。重点是尽量克服干物质采食量降低和能量负平衡，及时调整日粮并观察奶牛，使其尽早恢复体质，减少代谢病的发生；确保在转入高产牛群时奶牛处于良好的健康状态。

（1）临产牛的观察与护理　奶牛分娩前用新洁尔灭或来苏尔对产栏进行冲洗消毒，铺上干净的垫草，当母牛出现临产症状时准备接产。接产前用0.1%高锰酸钾或2%来苏尔清洗外阴部，提前备好产科绳、产科剪、助产器、长臂手套、碘酊、石蜡油、催产素、补益清宫净等常用器械及药品。各种接产用具需提前作消毒灭菌处理。若牛躺卧分娩时最好左侧卧位，分娩后应使其尽早站立，切勿长时间躺卧。

（2）产后护理

① 补充水分，恢复体力　母牛分娩体力消耗很大，产后体质虚弱，处于亚健康状态，应尽快促进其体质的恢复。刚分娩母牛大量失水，要立即喂以温热、足量的麸皮盐水（麸皮1～2kg、盐100～150g、碳酸钙50～100g、温水15～20kg），具有暖腹、充饥、增腹压的作用。也可喂给口服补液盐或复方口服补液盐，效果也不错。同时喂给母牛优质、嫩软干草1～2kg。为促进子宫恢复和恶露排出，还可补给益母生化散或补益清宫净、益母草温热红糖水（益母草250g、水1500g，煎成水剂后，再加红糖1000g、水3000g），每日1次，连服2～3d。

② 无菌挤初乳　奶牛分娩后30min后即可进行挤奶，挤奶前必须清除牛床上污染的垫草，用温水清洗奶牛后躯，乳房用0.1%～0.2%高锰酸钾溶液清洗消毒。挤奶时弃掉前1～2把奶，挤出2.0～2.5kg初乳。初乳存放时间切勿过长，最好立即饲喂犊牛以保证免疫球蛋白的生物活性。

③ 防止胎衣不下、恶露不尽及产后感染　产后24h内，观察胎衣排出情况。产后4～8h胎衣自行脱落。脱落后要将外阴部清除干净并用来苏尔水消毒，以免感染生殖道。胎衣排出后应马上移出产房，以防被母牛吃掉妨碍消化。如12h还不脱落，视为胎衣不下，应及时采取治疗措施，如注射催产素（80～100IU）、垂体后叶素（100IU）、麦角新碱（10～20mg）等。母牛在产后应每天或隔天用1%～2%来苏尔水洗刷后躯，特别是臀部、尾根、外阴部，要将恶露彻底洗净。加强监

护，产后3d内观察产道和外阴部有无感染，同时观察母牛有无生产瘫痪症，并及时治疗。产后7d内，监视恶露排出情况，发现恶露不正常或有隐性炎症表现，应立即治疗，以防发生产后败血症或子宫炎等生殖道感染疾病。观察阴门、乳房、乳头等部位是否有损伤，有无瘫痪发生征兆。每日测1～2次体温，若有升高及时查明原因进行处理。

子宫隐性感染的监测：产后2周内，用4%氢氧化钠溶液2mL取等量子宫黏液混合于试管内加热至沸点，冷却后根据颜色进行判定，无色为阴性，呈柠檬黄色为阳性。

④ 供给适口性、易消化的饲料　母牛在分娩前1～3d，食欲低下，消化机能较弱，特别要保证充足的饮水，一般产后1～5d应饮温水，水温37～40℃，以后逐渐降至常温。在饲料的调配上要加强其适口性，刺激牛的食欲。粗饲料以优质干草为主。精料不可过多，但要全价、优质、适口性好，最好能调制成粥状，并可适当添加一定的增味饲料，如糖类等。4d后逐步增加精料、块根块茎料、多汁料及青贮料。

⑤ 按摩乳房，科学挤奶　产犊最初几天，母牛乳房内血液循环及乳腺细胞活动的控制与调节均未正常，所以不能将乳汁全部挤净，否则由于乳房内压显著降低，微血管渗出现象加剧，会引起高产奶牛的产后瘫痪和乳房水肿。一般产后第1d每次只挤2kg左右，第2d每次挤奶1/3，第3d挤1/2，第4d才可将奶挤尽。每次挤奶时应热敷按摩5～10min。产前1周和产后隔日检测酮体。

4.围产后期的饲养管理

围产后期指产后第7～15d。此阶段奶牛产奶量迅速增加，采食量增加缓慢，为满足能量需要奶牛动员自身体脂肪。

（1）围产后期的饲养

① 营养需要　干物质占母体体重的3%～3.8%；每千克干物质含2.3～2.5个NND；粗蛋白含量17%～19%（非降解蛋白含量达粗蛋白40%）；分娩后立即改为高钙日粮，钙占日粮干物质的0.7%～1%（130～150g/d），磷占日粮干物质的0.5%～0.7%（80～100g/d）；粗纤维含量不少于17%，中性洗涤纤维（NDF）28%～45%；非纤维性碳水化合物50%。

② 饲养要求　此期精料增加不宜过快，否则会引起瘤胃酸中毒、

真胃移位、乳脂率下降等，一般前2周精料添加为0.5kg/d左右；初产牛干物质采食量不高，且动员体内蛋白质的能力有限，因此，应提高日粮蛋白质的含量，一般推荐为17%～19%。饲喂质量最好的粗料，NDF含量为28%～33%，并保证有充足的有效长纤维（大于2.6cm）。可饲喂2～4kg/d优质长干草（最好是苜蓿），确保瘤胃的充盈状态和健康功能。一般小苏打与氧化镁一起使用，比例为2～3份小苏打加1份氧化镁，小苏打添加量为0.75%。

③ 逐渐增加精料喂量　围产后期应提高饲料的营养浓度，根据牛的食欲及乳房消肿情况，逐渐增加各种饲料给量。从产后第7d开始，以牛最大限度采食为原则，每天增加0.5～1kg精饲料，一直增加到产奶高峰。日采食干物质量中精料比例逐步达60%，精料中饼类饲料应占到30%，同时，每头牛可补加1～1.5kg全脂膨化大豆，以补充过瘤胃蛋白和能量的不足。一般日喂混合料10～15kg（其中谷实类每头日喂给7～10kg，饼类饲料2～3kg）。

④ 科学补充粗饲料　开始饲喂时以优质干草为主，逐步增喂玉米青贮、高粱青贮。至产后15d，青贮喂量宜达20kg以上；干草3～4kg，其中苜蓿草粉或谷草草粉占干草量的1/3左右。产后7d后还可喂些块根类、糟渣类饲料，以增强日粮的适口性，提高日粮营养浓度。块根类头日喂量5～10kg，糟渣类15kg。

⑤ 适当补充钙、磷　奶牛产后体内的钙、磷处于负平衡状态。若日粮中缺乏，可能会患软骨症、肢蹄症等，使产奶量降低。因此，母牛产后需喂给充足的钙、磷和维生素D。豆科饲料富含钙，谷实类饲料含磷较多，饲料中钙、磷不足还应喂给矿物质饲料。分娩10d后，每头每日喂量钙不低于150g，磷不低于100g。

（2）围产后期的管理　日粮能量不足会造成能量收支的极不平衡，过度动用体脂肪势必影响牛体健康，影响泌乳性能的发挥。母牛分娩后的15d内，每天平均失重1.5～2.0kg。给临产牛喂特定日粮来提高免疫和维持采食量。避免任何可能的应激，如场地、饲槽空间、热应激、疾病风险等。尽量少转群。同时，要做好奶牛围产期营养代谢病的控制，如产后瘫痪、乳房炎、脂肪肝、酮病及胎衣不下等。

① 产后瘫痪　由于产前的高钙日粮（钙占日粮干物质的0.6%，

钙、磷比例为1.5 ∶ 1)，使母牛在生理上形成了对饲料中钙、磷来源的依赖性，甲状旁腺分泌机能降低。奶牛分娩后骤然泌乳，随着大量钙流失，血钙低下，不能引起甲状旁腺的充分分泌，使骨钙动员迟缓。此时饲料中虽有充足的钙、磷来源，但此时奶牛肠道对钙的吸收减少，利用率低，从而导致低血钙症，造成产后瘫痪，甚至可能引发乳房炎。因此，围产前期必须给予低钙日粮。对于老龄牛、高产牛更要注意产后瘫痪发生。母牛分娩后应很快恢复高钙日粮，以免造成长期的钙、磷负平衡而影响奶牛健康。典型的低钙日粮一般是钙占日粮干物质的0.4%以下，一般为40g，钙、磷比例为1 ∶ 1。

② 胎衣不下　在实践中，针对习惯性胎衣不下的母牛，可以进行硒制剂和（或）维生素E的预防注射。母牛产犊后1h内，一次注射维生素AD 5 ～ 10mL，维生素E 1000μg，可预防胎衣不下。

③ 酮病　产后2 ～ 4周发病，泌乳早期多数高产奶牛呈亚临床酮病(8% ～ 34%)。患牛无食欲，特别是谷物饲料，同时伴随产奶量下降；瘤胃蠕动减少，粪便干燥；体重下降，表现憔悴、迟钝。典型酮病牛可通过呼吸闻到丙酮味。每百毫升血液血糖含量由50mg下降到＜（25 ～ 30）mg，β-羟丁酸升高＞14.4mg/100mL。

预防：通过营养调控，提高瘤胃丙酸浓度（生糖前体），提高小肠葡萄糖浓度（过瘤胃淀粉等），提高围产后期奶牛干物质采食量。确保产后奶牛血糖含量大于500mg/L，避免产犊时过于肥胖。产前2周至产后8周补充烟酸6 ～ 12g/d。产犊前10d至产后10d补充丙二醇，喂量300 ～ 400g/（头·d），可减少脂肪肝的发生，增加血糖水平，降低酮病的发生率。

④ 脂肪肝　主要与代谢能用于妊娠的效率低（14%）和产犊前干物质下降（±30%）有关。预防：提高干物质采食量，产犊前10d至产犊后10d为奶牛补充生糖前体物，如200 ～ 300g丙二醇/（头·d）。

八、泌乳期奶牛的饲养管理

奶牛的泌乳期一般分为泌乳初期、泌乳盛期、泌乳中期和泌乳末期四个时期，每个时期都有不同的饲养技术要点，只有运用好这些技术要点才能使奶牛高产、稳产，才能获得最佳的经济效益。

1. 泌乳初期（分娩～产后21d）

通常划入围产期，称为围产后期。泌乳初期母牛一般仍应在产房内进行饲养。分娩后，母牛体质较弱，消化机能较差。因此，此阶段饲养管理的重点是促进母牛体质尽快恢复，为泌乳盛期的到来打下良好的基础。

饲养应注意产前、产后日粮转换，分娩后视食欲、消化、恶露、乳房状况，每头每天增加0.5kg精饲料，自由采食干草。提高日粮钙水平，每千克日粮干物质含钙0.6%、磷0.3%，精粗比以40 ∶ 60为宜。喂TMR日粮时，应按泌乳牛日粮配方供给，并根据食欲状况逐渐增加饲喂量。应让牛只尽快提高采食量，适应泌乳牛日粮；排尽恶露，尽快恢复繁殖机能。

2. 泌乳盛期（产后21～100d）

又称泌乳高峰期。该期是奶牛平均日泌乳量最高的阶段，峰值泌乳量的高低直接影响整个泌乳期的泌乳量。一般峰值泌乳量每增加1kg，全期泌乳量能增加200～300kg。因此，必须加强泌乳盛期的管理，精心饲养。

（1）饲养　该期是饲养难度最大的阶段，因为此时泌乳处于高峰期，而母牛的采食量尚未达到高峰。采食峰值滞后于泌乳峰值约一个半月，使此期间奶牛摄入的养分不能满足泌乳的需要，不得不动用体储备来支撑泌乳。因此，泌乳盛期开始阶段体重有所下降。最早动用的体储备是体脂肪，在整个泌乳盛期和泌乳中期的奶牛动用的体脂肪约可合成1t乳。如果体脂肪动用过多，在葡萄糖不足和糖代谢障碍的情况下，脂肪会氧化不全，导致奶牛暴发酮病，对牛体损害极大。

① 营养需要　日粮干物质占体重3.5%以上，每千克干物质含2.4个NND，粗蛋白16%～18%，钙0.7%，磷0.45%，粗纤维不少于15%，中性洗涤纤维28%～30%、酸性洗涤纤维19%～20%，非纤维性碳水化合物35%～38%。精粗比由40 ∶ 60逐渐过渡到60 ∶ 40。

在泌乳盛期，奶牛对能量的需求量大，即使达到最大采食量，仍无法满足泌乳的能量需要，奶牛必须动用体脂肪储备。此时应供给适口性好的高能量饲料，如玉米、高粱、大麦、全棉籽、大豆类和脂肪酸钙（过瘤胃脂肪）等，并适当增加喂量（每日以0.5～1kg为限，此

类饲料最高日喂量不应超过15kg），将体脂肪储备的动用量降到最低。但因高能量饲料基本为精料，饲喂过多对奶牛健康损害较大，可以通过添加过瘤胃脂肪酸、植物油、全脂大豆、全棉籽等方法提高日粮能量浓度，却不增加精料喂量。

虽然奶牛最早动用的储备是体脂肪，但在营养负平衡中缺乏最严重的养分是蛋白质，主要是由于体蛋白用于合成乳的效率不如体脂肪高，体储备量又少。奶牛每减重1kg所含有的能量约可合成6.56kg乳，而所含的蛋白仅能合成4.8kg乳。奶牛可动用的体蛋白储备可合成150kg左右的乳，仅为体脂肪储备合成能力的1/7，因此，必须高度重视日粮蛋白质的供应。实践表明，高产奶牛以饲喂高能量、满足蛋白需要的日粮效果最好。奶牛日粮蛋白质中必须含有足量的瘤胃非降解蛋白，如过瘤胃蛋白、过瘤胃氨基酸等，以满足奶牛对氨基酸特别是赖氨酸和蛋氨酸的需要。日粮中过瘤胃蛋白含量应占到日粮总蛋白质的40%左右。目前，已知的过瘤胃蛋白含量较高的饲料有玉米蛋白粉、全脂膨化大豆、豆饼、啤酒糟、白酒糟等。

泌乳盛期奶牛对钙、磷的需要量大幅度增加，必须及时增加日粮中钙、磷含量。钙的含量一般应占到日粮干物质的0.6%～0.8%，钙磷比为（1.5～2）：1。

② 优质粗饲料多样化　泌乳盛期奶牛日粮中所使用的粗饲料必须保证优质、适口性好。干草以优质牧草为主，如紫花苜蓿、三叶草、红豆草、小冠花等豆科牧草，黑麦草、燕麦草、羊草等青干草；青贮最好是全株玉米青贮。同时，饲喂一定的啤酒糟、白酒糟、粉渣等糟渣类（日喂量以7～8kg为宜）或其他青绿多汁饲料，以保持奶牛良好的食欲，增加干物质采食量。饲料喂量，以干物质计不能低于奶牛体重的1%。要保证粗纤维在15%以上，如有可能达到17%以上最理想。冬季加喂胡萝卜、甜菜等多汁饲料。每天喂量可达15kg。

③ 优质精饲料　必须保证足够的优质全价配合精料的供给。喂量要逐渐增加，以每天增加0.5kg左右为宜。但精料的供给量并非越多越好。一般认为，精料的喂量不超过15kg，精料占日粮总干物质的比例不宜超过60%。在精料比例高时，要适当增加精料饲喂次数，采取少量多次饲喂的方法；或使用TMR日粮，可有效改善瘤胃微生物的活动

环境，减少消化障碍、酮血症、产后瘫痪等的发病率。

④ 饲喂方法　采用引导饲养法，从母牛干乳期的最后两周开始，直到产犊后泌乳达到最高峰时，喂给高水平的能量，以减少酮血症的发病率，有助于维持体重和提高产奶量。母牛产犊后，仍继续按每天0.45kg增加精料，直到产乳高峰或精料不超过日粮总干物质的65%为止。这时，母牛的采食量已增加到一定水平而自动停止。其泌乳量就停滞在高的水平上。产乳高峰因为母牛个体情况而不同，有的持续几周，也有不足1周就下降。泌乳盛期过后，奶量逐渐缓慢下降，根据产乳量、乳脂率、体重等情况及时调整精料喂量。在整个“引导”饲养阶段必须保证提供优质饲草，任其自由采食，并给予充足饮水，以减少消化道的疾病。引导饲养法对高产牛与低产牛应区别对待。一般牛平均精料6～7kg/（头·d），而高产牛平均9～15kg/（头·d）。目前，生产中大多数采用TMR饲喂方法，奶牛全天候自由采食，对于高产奶牛可采用补料站补料。

（2）管理

① 做好乳房护理与保健　泌乳盛期是乳房炎的高发期，要着重加强乳房的护理，可适当增加挤奶次数，加强乳房热敷和按摩。每次挤乳后对乳头进行药浴，挤奶时清洗乳房的水和毛巾必须清洁，水中可加0.03%漂白粉或3%～4%次氯酸钠等，毛巾要消毒。每次挤奶后，每个乳头用3%～4%次氯酸钠溶液立即药浴，可有效减少乳房受感染的机会。停奶前10d监测隐性乳房炎，阳性或临床乳房炎必须治疗，在停奶前3d再监测2次，阴性方可停奶。挤奶人员、挤奶器等工具一定要做好清洗消毒工作。先挤健康牛后挤病牛（用具专用）。对患有严重乳房炎的奶牛，可淘汰处理。

② 适当延长饲喂时间　泌乳盛期奶牛日粮采食量较大，宜适当延长饲喂的时间。每天食槽空置的时间应控制在2～3h以内。饲料要少喂勤添，保持新鲜。

③ 粗精饲料的饲喂　饲喂时，若不使用TMR日粮，可采用精料和粗料交替饲喂，以保持奶牛旺盛的食欲。散养时，要保证有足够的食槽空间，以使每头牛都能充分采食草料。每天的剩料量控制在5%左右。

④ 保证充足、清洁的饮水　在饲养过程中，应始终保证充足清洁的饮水。冬季有条件的要饮温水，水温在16℃以上；夏季最好饮凉

水，以利于防暑降温，保持奶牛食欲。要创造良好条件，最好应用自动化饮水设施。

⑤ 适时配种　要密切注意奶牛产后的发情情况。奶牛出现发情后要及时配种。高产奶牛的产后配种时间以产后70 ~ 90d较佳。对于产后45 ~ 60d尚未出现发情症状的奶牛，应及时进行健康及生殖系统检查，发现问题及早解决。

⑥ 加强运动　运动不足会降低产奶性能和繁殖力，也易发生肢蹄病，故应有适当的运动量；保持牛体清洁卫生，每天必须坚持刷拭牛体2 ~ 3次；奶牛除饲喂、挤奶时留在室内外，其余时间可让它到运动场上自由活动。做好奶牛防疫灭病和牛舍内外清洁卫生工作。

3. 泌乳中期（产后101 ~ 200d）

该期是奶牛泌乳量逐渐下降、体况逐渐恢复的重要时期。泌乳中期奶牛多处于妊娠的早期和中期，每天产乳量仍然很高，是获得全期稳定高产的重要时期，此时期的泌乳量应力争达到全期泌乳量的30% ~ 35%。重点是最大限度地增加奶牛采食量，促进奶牛体况恢复，延缓泌乳量下降速度。

（1）饲养　日粮中干物质为体重的3%左右，每千克干物质含2.13个NND，粗蛋白质13%，钙0.45%，磷0.4%。中性洗涤纤维33%、酸性洗涤纤维25%，非纤维性碳水化合物33%。精粗比例40 ∶ 60。

处于该期的奶牛食欲极为旺盛，采食量达到高峰（一般在分娩后85 ~ 100d）。同时，随着妊娠天数的增加，饲料利用效率提高，泌乳量下降。应及时根据奶牛体况和泌乳量调整日粮营养浓度，在满足蛋白和能量需要的前提下，适当减少精料喂量，逐渐增加优质青粗饲料喂量，力求使泌乳量下降幅度减到最低。

在饲养方法上可采用常规饲养法，即以青粗饲料和糟渣类饲料等满足奶牛的维持营养，用精饲料满足泌乳的营养需要。一般按照粗料每日每头牛20kg玉米青贮、4kg干草。每产2.7 ~ 3kg奶供给1kg精料；每产2.5 ~ 3kg奶给1kg鲜啤酒糟（或饴糖糟、甜菜渣、豆腐渣）。此种方法适合于体况正常的奶牛。

（2）管理

① 密切关注泌乳量的下降　奶牛进入泌乳中期后，泌乳量开始逐

渐下降，但每月乳量的下降率应保持在5%～8%。若下降超过10%，则应及时查找原因，对症采取措施。

② 控制奶牛体况　随着产乳量的变化和奶牛采食量的增加，分娩后160d左右奶牛的体重开始增加。若精饲料饲喂过多会导致奶牛过肥，会严重影响泌乳量和繁殖性能。因此，应每周或隔周根据泌乳量和体重变化调整精饲料喂量。在泌乳中期结束时，使奶牛体况达到2.75～3.25分为宜。此阶段为奶牛能量正平衡时期，奶牛体况恢复，日增重为0.25～0.5kg。

③ 加强日常管理　应坚持刷拭牛体、按摩乳房、加强运动、保证充足饮水等，以保证奶牛的高产、稳产。检查是否怀孕，防止空怀。

4.泌乳后期（产后201d～停奶）

此期是奶牛产乳量急剧下降、体况继续恢复的时期，泌乳量头胎牛每月降低约6%，经产牛9%～12%。泌乳后期的奶牛一般处于妊娠期，在饲养管理上，除要考虑泌乳外，还应考虑妊娠。对于头胎牛，还要考虑生长因素。应保持奶牛具有0.5～0.75kg的日增重，以便到泌乳期结束时达到3.5～3.75分的理想体况。因此，此期饲养管理的关键是延缓泌乳量下降的速度。同时，使奶牛在泌乳期结束时恢复到一定的膘情，并保证胎儿的健康发育。

（1）饲养

① 营养水平　日粮干物质应占体重的3.0%～3.2%，每千克干物质含2个NND，粗蛋白12%，钙0.45%，磷0.35%，中性洗涤纤维33%、酸性洗涤纤维25%，非纤维性碳水化合物33%。精：粗比为30：70，粗纤维含量不少于20%。

② 日粮组成　以优质青粗饲料为主，适当补充精料。同时，降低精料中非降解蛋白特别是过瘤胃蛋白或氨基酸的添加量，停止添加过瘤胃脂肪，限制小苏打等添加剂的饲喂，以节约饲料成本。在满足胎儿发育需要时，防止喂得过肥，保持中等偏上体况即可。全期产奶水平为8000～8500kg的高产奶牛日粮：精料10～12kg，干草4～4.5kg，玉米青贮20kg。产奶量为7000kg的奶牛日粮：精料9～10kg，干草4kg，玉米青贮20kg。产奶水平为6000kg以下的奶牛日粮：精料8～9kg，干草4kg，玉米青贮20kg。体重600kg、日产奶15kg奶牛的日粮：玉米青贮

16kg，羊草5kg，胡萝卜3kg，混合料8.35kg。

（2）管理

① 单独配制日粮　泌乳后期奶牛的日粮最好单独配制。一可以确保奶牛达到理想的体脂贮存；二可减少饲喂一些价格昂贵的饲料，如过瘤胃蛋白和脂肪，降低饲养成本；三可增加粗料比例，有利于确保奶牛瘤胃健康。

② 科学分群，单独饲喂　泌乳后期奶牛的饲料利用率较高，精饲料需要量少，单独饲喂会显著降低饲养成本。同时，如果该阶段奶牛膘情差别较大，最好分群饲养。根据体况分别饲喂，可有效预防奶牛过肥或过瘦。泌乳后期结束时，奶牛体况评分应在3.5～3.75，并在整个干乳期得以保持，以确保奶牛营养储备能够满足下一个泌乳期泌乳的需要。

③ 做好保胎工作　禁止喂冰冻或发霉变质的饲料，注意母牛保胎，防止机械流产。

④ 直肠检查　干乳前应进行一次直肠检查，以确定妊娠情况。对于双胎牛，应合理提高饲养水平，并确定干乳期的饲养方案。

九、干乳期奶牛的饲养管理

干乳期是指奶牛停止产奶或挤奶10个月后不再分泌乳汁的时期。所有的奶牛，只有在分娩下一个犊牛前55～60d进行干乳，才能保证胎儿的正常生长发育，增加乳腺细胞的数量，调整奶牛的营养状况，蓄积营养物质，减少产后疾病，如产褥热、酮病、肥胖母牛综合征和乳房浮肿等，保证在下一个泌乳期正常生产牛奶。

1. 干乳期的时间

干乳期的长短应视饲养管理条件、牛的体况、生产性能而定，体况好、产奶少的干奶期可相应短些，体况差的、高产牛、初产牛干奶期可适当延长。一般干乳期为45～75d，平均60d。凡是初胎母牛、体弱的成年母牛、高产母牛以及饲料条件差的母牛，需要较长的干乳期（60～75d）；体格强壮、产奶量较低、营养状况较好的母牛，则干乳期可缩短为40～45d左右。

2. 干乳方法

在生产实践中干乳方法有三种，即逐渐干乳法、快速干乳法和药物注射干乳法。一般来讲高产奶牛可采用逐渐干乳法，中产和低产奶牛可采用快速干乳法。

（1）逐渐干乳法　此法适于高产牛，从开始干奶到结束约需10～15d。即在计划干乳前10～20d逐渐减料，限制饮水次数，加强运动，减少挤奶次数，停止乳房按摩；最后1次把奶挤净，乳头用0.5%碘酊消毒，再用盛有火棉胶的小杯分别浸各乳头3～4次进行封堵，也可用“奶牛乳头护乳膜”封堵，争取在10～20d内完成干奶。

（2）快速干乳法　分为两种：一是快速减料，即在干奶前4～6d停喂全部多汁料和精料，只喂给干草，同时限制饮水次数，停止乳房按摩，争取在4～6d完成干乳。该法适用于中产和低产牛；二是不减少饲料，只减少挤奶次数和加强运动。该法对母牛健康、胎儿发育都没有太大影响，但要注意观察和掌握乳房变化情况，防止乳房发炎。注意挤奶次数逐渐减少，由日挤3次改为2次、1次或隔日1次，做到逐步停止挤奶。要注意的是最后一次挤奶，要用温水洗净乳房、按摩乳房，尽量做到滴乳不留。

具体做法：按摩乳房后，采用手工挤奶将奶彻底挤净，挤完后立即用75%酒精或0.5%～1%聚维酮碘消毒乳头；然后，向每个乳区内注入长效抗生素（如苄星氯唑西林乳房注入剂，氨苄西林、苄星氯唑西林乳房注入剂；氯唑西林钠、氨苄西林钠乳剂等）干奶药膏，再用3%次氯酸钠或其他消毒液药浴乳头；最后，用火棉胶涂抹于乳头孔处，以减少乳房感染的机会。对于泌乳量较高的奶牛，在干奶的前一天应停止饲喂精料，以减少乳汁分泌，降低乳房炎的发病率。停止挤奶后最初的两天，乳房膨胀的很大，而乳房膨胀产生的压力可以使乳腺停止分泌乳汁，达到停奶的目的。

（3）药物注射干乳法　该法适于各类奶牛，只要是奶牛日产奶不足5kg就可以采用此法干乳。在计划干奶这一天，挤净奶后把乳头用碘酒消毒，然后往乳头内注入干奶药（市售的金霉素、土霉素等药膏，每个乳头注入10g），最后用火棉胶封堵奶头。干奶药配方（1头牛剂量）：豆油或花生油、色拉油40mL，青霉素160万IU，链霉素200万IU，磺胺及甘油适量。先把豆油消毒，放凉后加入以上药物，充分振荡、摇匀，用无针头的注射器对奶牛每个乳头注入10mL，然后用火棉胶或“奶牛乳头护乳膜”封堵乳头。

3. 干乳期的饲养

（1）干乳前期（从干乳期开始至产犊前2～3周）　此阶段饲养管理的目的是调节奶牛体况，维持胎儿发育，使乳腺及机体得以休整，为下一个泌乳期做准备。

自干乳之日起至泌乳活动完全停止，一般需要1～2周时间。此期间饲养的原则是：在满足干乳牛营养需要的前提下，促其尽早停止泌乳活动。日粮最好不用多汁料，应以中等质量粗饲料为主，日粮干物质采食量占体重的2%～2.5%，粗蛋白水平12%～13%，精粗比以30∶70为宜。混合精料每头每天2.5～3kg。母牛在干乳后10d左右乳房内的乳汁被吸收，乳房萎缩，这时可增加精料和多汁饲料的喂量。

（2）干乳后期（干乳前期结束后至分娩前为干乳后期）　干乳后期各种饲料大致给量是：干草7～10kg，青贮饲料10～15kg，混合精料3.5～4kg。逐渐增加精料的供给量，至临产前每天饲喂精料要达到4～6kg，以不长膘为度。在产犊后3～4d即可达到恢复期所必需的精料量。临产前加精料是必要的过渡期。在干乳后期逐渐加喂精料，可以满足因胎儿和母体的增长而增加的营养需要量；使瘤胃微生物逐步适应分娩后补喂的高精料日粮，有利于母牛分娩后较早而有效地利用精料，迅速提高产奶量；预防母牛产后酮血病；增加母牛产后催乳作用，促进乳腺发育和泌乳活动。

母牛产前4～7d，如乳房过度膨胀或水肿严重时，可适当减少或停喂精料及多汁饲料；如果乳房不硬，则可照常饲喂各种饲料。产前2～3d，日粮中加入麸皮等具有轻泻性的饲料，以防便秘。

4. 干乳期的管理

（1）正确停奶　干奶前10d，应进行妊娠检查和隐性乳房炎检测，确定怀孕和乳房正常后方可进行停奶。

（2）保持乳房和牛舍清洁　在干乳过程中，奶牛乳房充胀，甚至出现轻微发炎和肿胀，此时极容易感染疾病，应特别注意保持乳房清洁卫生。要保持牛舍清洁干燥，勤换柔软垫草，防止母牛躺卧在泥污和粪尿上。母牛在妊娠期间，皮肤代谢旺盛，易生皮垢，因此，每天应加强刷拭，以促进血液循环和使母牛更加驯服易管。

（3）做好保胎工作，防止流产、难产及胎衣滞留　为此应保证饲料的质量和新鲜度，冬季不可饮过冷的水（水温不低于10℃），以防止发生消化道疾病。

（4）加强运动　不仅可以促进母牛的血液循环，有利于健康，而且可减少或防止其患肢蹄病及难产。同时，还应增加母牛的光照时间，便于其体内维生素D的形成，防止产后瘫痪。

（5）做好乳房按摩，促进乳腺发育　一般在干乳期10d后开始按摩乳房，每天1次，特别是初产牛，目的是促进乳腺的生长发育，提高分娩后的产奶量，保证产后能顺利地接受挤奶。临产前1周会发生乳房水肿，应减少糟渣类饲料的喂量。如产前出现乳房水肿的牛（头胎母牛30～40d，经产母牛15d）应停止按摩；如果水肿严重，应暂缓增加精料或减少精料喂量，同时减少食盐喂量。

（6）注意观察母牛反应　干乳过程中，大多数母牛都无不良反应，但也有少数母牛出现发烧、烦躁不安、食欲下降等应激反应，要注意观察，及时发现，及时处理，防止继发其他疾病。对反应特别剧烈的母牛可采用肌注镇静剂配合广谱抗生素对症治疗。

（7）避免胀坏乳房　在干乳过程中，一旦出现乳房严重肿胀、乳房表面发红发亮、奶牛发烧、乳房发热等症状，就要暂停干乳程序，将乳房中的乳汁挤出来，对乳房进行消炎治疗和按摩，等炎症消失后再进行干乳，否则就会将乳房胀坏。

（8）做好产前准备　干乳后期属于围产前期，应防止生殖道和乳腺感染以及代谢病发生，做好产前的一切准备工作。产房产床保持清洁、干燥，每天消毒，随时注意观察牛只状况。产前7d开始药浴乳头，每天2次，不能试挤。

十、夏、冬季节奶牛的饲养管理

1.夏季饲养管理

夏季高温高湿季节，由于采食量的下降以及多雨的潮湿环境，容易造成牛奶乳脂率、乳蛋白率的下降，体细胞数和总细菌数的升高，奶牛乳房炎和肢蹄病发病率增加。

（1）改善环境条件，防暑降温

① 安装风扇和喷淋降温系统　风扇功率一般要求达283～311m^3/min，风速10m/s（吹到牛体上需在2m/s以上），安装高度为2.5m。喷淋系统要求淋水量为150～170L/h。工作程序一般为喷淋1min，风扇吹风4min，使皮肤表面的水分蒸发，通过蒸发有效降低奶牛的体温和呼吸频率。一个周期持续30～50min，每天进行5～7次。

② 搭建凉棚　简易凉棚面积以每头牛4.2m^2为宜。顶棚所选用的材料应有良好的隔热性能且辐射系数小，也可通过在其表面涂刷反射率高的油漆或设置中间留有空隙的双层板结构以降低棚顶对辐射热的吸收。顶棚以钟楼式或倾斜式（18°～22°角）为宜。此外，凉棚朝向应考虑夏季主风向和太阳入射角。此外，也可搭建防晒网。

（2）调控日粮组成和结构

① 提高日粮精料比例，减少粗料喂量　控制劣质粗饲料饲喂量，提高优质粗饲料和精料比例。日粮精料最大比例一般不宜超过65%，酸性洗涤纤维保持在19%～24%，中性洗涤纤维在28%～32%。

② 添加脂肪，提高能量水平　在炎热条件下，气温达到40℃时，奶牛维持需要比正常时增加30%，干物质采食量降低约56%。为维持较高的产奶量，必须提高日粮能量浓度，为此可在奶牛日粮中添加脂肪或富含脂肪的饲料。日粮中的总脂肪应不超过日粮干物质的7%～8%，而且40%～45%的脂肪应来源于日粮本身的饲料中（如玉米、饲用谷物等）。油籽如整粒棉籽或大豆及脂肪酸钙都是很好的脂肪来源。每头奶牛每天整粒棉籽的饲喂量应控制在1.0～2.0kg，同时添喂棉籽的日粮必须提高日粮干物质的钙含量（提高10%）。

③ 添加氨基酸　在日粮蛋白和过瘤胃蛋白进食量相同的情况下，日粮赖氨酸与蛋氨酸的比例由1.6∶1提高至3.0∶1，夏季产奶量可提高11%。

④ 使用瘤胃缓冲剂　在夏季高精料、低粗料的奶牛日粮中添加缓冲剂，有较好的饲养效果。在全混合日粮干物质中添加0.75%～1.50%碳酸氢钠或0.35%～0.40%氧化镁。对于日采食干物质20kg的奶牛其缓冲剂的添加量为0.15kg/d。

⑤ 注意补充钠、钾、镁　高温高热季节奶牛出汗较多，钠、钾、镁损失较大。奶牛日粮中钾、钠、镁的最低含量分别为1.50%、0.45%、

0.35%，同时应注意日粮中氯的含量应控制在0.80%以下。

⑥ 提高维生素A、维生素E和维生素C用量　奶牛夏季对维生素A、维生素E的需要量增加，供给量应比平时高1倍，并尽可能多喂青绿多汁饲料，如胡萝卜、冬瓜、南瓜、瓜皮等。为减轻热应激，可在日粮中添加0.04%～0.06%维生素C。

⑦ 使用中草药添加剂　某些具有清热解毒、凉血解暑作用的中草药，兼有药物和营养物质的双重作用，能够协调生理机能，减轻热应激造成的机能紊乱，增强对高温的适应，增加营养物质的消化吸收和利用，调整免疫机能。

⑧ 添加过瘤胃氨基酸和过瘤胃脂肪酸钙　在日粮中同时添加过瘤胃氨基酸（赖氨酸+蛋氨酸）100g/（头·d）和过瘤胃脂肪酸钙300g/（头·d），可以显著提高产奶量和乳蛋白含量。

（3）加强特殊饲养管理

① 提供充足饮水　正常情况下，奶牛每采食1kg干物质需摄入3kg水。而在热应激情况下，奶牛对水的需求量显著增加，采食1kg干物质需摄入5kg以上的水，总的饮水量增加1.5～2倍。夏季奶牛一天饮水量在100～180kg，一般一头牛饮水设施线性长度为10～20cm，因此增加饮水点对保证奶牛的饮水量至关重要。另外，夏天水槽极易变脏，保持水槽清洁对保证奶牛饮水量和健康至关重要的。水温应保持10～15℃，遇到特别炎热天气时可以使用冰块降低水温。

② 调整饲喂时间　由于采食后的2～3h为体热产生的高峰阶段，所以，应当选择在一天中温度相对较低的夜间增加饲喂量。晚上8点到第2天早上8点期间的饲喂量可占整个日粮的60%～70%。

③ 勤查剩料情况　随着气温上升，奶牛采食量会下降，所以夏季容易出现剩料情况，不但造成饲料浪费，而且大量剩料也会影响奶牛干物质的采食量。因此，要经常查看剩料情况，准确判断奶牛的食欲，将剩料控制在2%～5%。

④ 调整分配比例　夏季可以错开最炎热的时间发料，也可以通过调整分配比例来提高采食量。以一天发三次料为例，三次分配比例为：第一次47%，第二次23%，第三次30%。

⑤ 增加发料次数　夏季气温高，奶牛唾液分泌增加，混杂唾液的

剩料极易发酵变质，造成奶牛食欲下降。因此，建议增加发料1～2次，这样不但可以提高饲料新鲜度，而且发料车的机械声可刺激奶牛中枢神经系统，使奶牛产生条件反射，从而促进采食。

⑥ 加强料槽管理　首先，增加推料和匀料次数，保证奶牛能及时采食到饲料。挤奶后1.5h内奶牛食欲旺盛，如果采食不到饲料，奶牛也不愿意站立等待，因此，挤奶后的这段时间对奶牛采食尤其重要，一定要保证奶牛能够采食到饲料。其次，增加清理剩料次数，每次发料之前把剩料清理干净，以提高奶牛食欲。

⑦ 增加饲料检测次数　饲料原料的营养成分测定准确才能确保日粮配方的准确性，因此，要经常对饲料进行检测。在夏季尤为重要，特别是含水量大的饲料如青贮、啤酒糟等，要增加干物质检测次数。这些饲料不仅影响日粮含水量，而且也影响日粮精粗比、NDF浓度等，进而影响奶牛的采食量。

⑧ 牛只管理　夏季来临之前，要按体况对牛群进行分群饲养。降低牛舍饲养密度，一般夏季的饲养密度以60%～70%为宜。选择晚上10:00至次日7:00进行放牧。经常察看牛只的健康情况，对于高产牛特别是初产牛要格外注意其行为变化、体温变化，发现异常牛只要及时处置。

⑨ 搞好环境卫生　定期对牛舍内外环境，包括栏舍、场地和用具、器械以及排水道、牛体表等进行消毒，还应注意一些卫生死角消毒，如污水沟、储水池、食槽等场所、设施的消毒。要及时清除粪便，牛舍每周用 5%来苏尔或2%氢氧化钠溶液消毒1次，也可常在牛舍里撒些草木灰或石灰粉，进行消毒、除臭、除潮，以减少疾病的发生。

⑩ 消灭蚊蝇　盛夏季节，蚊蝇较多，不仅叮咬牛体，影响奶牛休息，造成产奶量下降，而且传播疾病。要及时清除奶牛场内角落的积水、污水和杂草。运动场周围的牛粪要及时清除干净。在奶牛舍和运动场周围放置灭虫药等，也可在牛舍加纱门纱窗。在蚊蝇集中的地方喷洒高效无毒杀虫剂，但在用药时要注意防止药液渗入饲料，以防发生中毒。

2.冬季饲养管理

（1）饲料营养

① 补充能量　在蛋白质饲料不变的前提下，增加玉米20%～50%。每日供给高产奶牛（日产奶35kg以上）精料6～8kg，一般产奶牛不

少于3.2kg。

② 饲喂青绿多汁饲料　如胡萝卜、饲料甜菜、青贮玉米、马铃薯和地瓜等，但不能饲喂酸度过高的青贮饲料，以免奶牛发生酸中毒、瘤胃膨胀、不反刍等现象。

③ 饲料多样化　除供给奶牛常规性精饲料、粗饲料外，每天还要饲喂充足的块根类饲料（马铃薯、胡萝卜、甘薯、甜菜等）和糟渣类饲料（淀粉渣、豆腐渣、酒糟、醋糟等），可起到提高产奶量和催乳的目的。块根类饲料饲喂时应切成大小适中的片状和块状，防止食道梗塞。糟渣类饲料配合使用效果最佳，每头奶牛每天喂10～15kg为宜。

④ 补充矿物质　奶牛对颗粒盐的采食较盐砖多，供给量依体重和产奶量高低而定。个体大、产奶量高者，每头约50g/d；个体小、产奶量低者，每头约30g/d。冬季奶牛的草料成分比较单一，在其饲料中必须按配方加入适量的钙和磷，一般每天喂5～15g。

⑤ 饮水温度　饮普通水温度：将奶牛饮水温度维持在9～15℃，比饮0～2℃水的奶牛每天多产奶0.57L，提高产奶率8.7%；饮粥温度：冬季奶牛增喂38℃左右的热粥，可增强抗寒能力，提高产奶率10%；饮麦麸水温度：奶牛产后因损失大量水分而感到口渴，并且体温较低，此时饮麸皮水代替饮水，温度高于体温1～2℃（奶牛正常体温37.5～39.5℃），有补充体液、温暖身体之效。禁止饮用冷水，否则可引起胎衣滞留及感冒等疾病。

犊牛饮水温度：犊牛体温比成年牛高，所以饮水温度应比成年牛高，一般饮水以35～38℃为宜。饮乳温度：犊牛人工哺乳时，无论初乳或常乳，都应在加热消毒之后冷却至35～37℃时喂给。另外，生产“小白牛肉”，需用不去势的哺乳公犊牛，从初生到100日龄完全靠牛乳供给营养，牛乳温度要控制在40～41℃，舍温保持在18～20℃。

（2）牛舍管理

① 防寒保温　气温在−15℃以下或有大风天气时，奶牛应进入牛舍；牛床要铺垫草；牛舍要关闭进风的通道，堵塞漏风的孔隙，关好门窗，防止气流过大或贼风侵袭。敞棚牛舍要用帆布或塑料膜遮盖，以挡风、防寒。

② 调节牛舍湿度　冬季不要用水冲洗地面及牛栏，不要在牛舍内

洗涤块根饲料，牛排泄的粪尿及污湿的垫草要及时处理。冬天舍内天棚及墙壁上有水珠或潮湿时，则表示温度不低湿度大，要通风降湿；如天棚及墙壁上有霜或地上结冰，则是舍内温度低，要加强保温。

③ 通风换气　牛舍通风不良，舍内的湿度会增高，二氧化碳、硫化氢、氨气等不良气体的浓度也会增加，奶牛较长时间生活在这样的环境中，机体的抵抗力会降低。

④ 增加光照　冬季采用人工光照手段模拟夏季自然环境，可以大大提高催乳激素的分泌，增加产奶量。

（3）日常管理

① 擦洗乳房　奶牛每次挤奶前，将干毛巾用45 ～ 50℃的温水浸湿，全面擦洗乳房、乳头，随后按摩乳房。1 ～ 2min后乳房膨胀，乳头胀大，乳静脉怒张，乳房括约肌松弛，表明已产生“放奶”反射，即可立即开始挤奶。挤奶后要擦干乳房上的水，并在乳头上抹上凡士林。

② 刷拭牛体　不仅可以使奶牛体表保持清洁，而且能促进皮肤血液循环和新陈代谢，有助于调节体温和增强抗病能力。因此，每天应早晚两次刷拭，每次3 ～ 6min。此外，要定期对牛舍、运动场进行消毒，并按防疫程序进行疫苗注射，发现疾病早治疗，确保奶牛健康、多产奶。

③ 加强运动　可促进血液循环，产生热量，增强体质，减少疾病。运动场应建挡风墙，形成背风向阳的环境。运动场要平坦，在向阳位置铺些切短的玉米秸秆，为奶牛躺卧休息创造一个舒适的环境。

④ 调整挤奶时间和喂料时间　奶牛在挤奶后采食量最大，因此，在奶牛挤奶后应立刻投料，既能保证奶牛尽可能多的采食饲料，又能使奶牛在挤奶返群后不会立即卧于冰冷潮湿的运动场，有效防止乳房炎发生和乳头冻裂。

⑤ 驱虫　初冬季是寄生虫多发季节，奶牛球虫也时有发生，因此，在初冬要对奶牛进行一次彻底驱虫。

⑥ 严格消毒　牛舍、牛场道路、车辆可用次氯酸钠、新洁尔灭等消毒液进行喷雾消毒；用热碱水（70 ～ 75℃）清洗挤奶机器管道。尤其注意对牛体消毒，在挤奶、助产、配种、注射治疗等操作前，操作人员应先进行消毒，同时对牛乳房、乳头、阴道口等进行消毒，防止乳房炎、子宫内膜炎等疾病，保证牛体健康。

⑦ 做好发情配种　奶牛通常是“夏配春生，冬配秋生”，冬季配种怀胎，可避开炎热夏季产犊，并有利于奶牛获得高产。因此，奶牛养殖户应抓住冬季的大好时机，做好奶牛的配种工作，提高受胎率，为新生犊牛顺利降生和健康生长打下良好基础。

十一、挤奶方法与挤奶技术

挤奶是饲养奶牛的一项重要的技术工作。良好的挤奶程序和熟练的挤奶技术可增加奶牛产奶量，提高原料奶卫生指标，降低奶牛乳房炎感染率。

1.挤奶前的准备工作

（1）乳房检查　挤奶前观察或触摸乳房外表是否有红、肿、热、痛症状或创伤。检查第一把奶：挤奶前把每个乳区的第1～3把奶挤入黑色的奶杯或瓷盘中，检查牛奶中是否有凝块、絮状物或水样奶，可及时发现临床乳腺炎，防止乳腺炎奶混入正常奶中。

（2）乳房擦洗　擦洗乳房之前，先要检查乳房是否有外伤和疾病。擦洗乳房应用50℃的温水，将毛巾蘸湿，带较多的水分迅速洗涤两次，先洗乳头孔和乳头，再洗涤乳房中沟，自上而下地擦洗整个乳房体，先从右侧、后侧和左侧三面洗涤；然后将毛巾拧干，再自上而下按摩、擦干乳房。使用卫生的一次性毛巾或纸巾是最佳的方法，可阻止乳房炎的交叉感染。如使用毛巾要注意使用后的清洗、消毒和烘干。

（3）按摩乳房　擦洗乳房之后，需要轻轻按摩乳房。方法：挤奶员坐在牛的右侧，右手放在乳房前部，左手放在乳房后侧，均匀地抚揉整个乳房，将双手放在乳房下部轻抚乳房，然后挤奶。此时按摩乳房可增加产奶量10%～20%，脂肪含量可提高0.2%～0.4%。挤奶后期按摩乳房，目的是刺激乳房，将乳房中的奶挤净。具体方法：

① 半侧乳房按摩法　挤奶员先将右手放在牛的右前乳房上侧，左手放在右后乳房上侧，然后由上而下，由外向内压迫滑下，如此动作2～3次，最后将乳汁挤净。

② 四分之一乳房按摩法　挤奶员将右手拇指放在前乳房右上方，其余四指放在前后乳房中沟处，从上向下按摩2～3次，然后将左手经过牛的两后腿中间，放在右后乳房上侧，右手放在右侧乳房中沟，

双手由上向下按摩2～3次。左侧乳房按摩法与右侧相同。最后用一只手压迫乳房，另一手将奶挤净。

2.挤奶方法

分为手工挤奶和机器挤奶两种。

（1）手工挤奶　挤奶员在牛体右侧后1/3处，坐在小板凳上，两腿夹紧奶桶，左膝在牛右后肢飞节前侧附近，两脚向侧方开张，即可开始挤奶。挤奶时先挤两个后乳头，再挤前两个乳头。挤奶速度要随泌乳特性（慢-快-慢）进行，每分钟挤80～100次，每分钟挤出奶量1～1.5kg，每头牛挤奶需要5～8min。开始挤奶前，先挤几把奶，观察乳汁有无异常，然后扔掉，因为前两把奶液中含有大量微生物。挤奶时精力要集中，以防牛体骚动造成奶桶打翻和伤人事故。

手工挤奶有压榨法和滑下法两种。压榨法是先用拇指和食指压紧乳头基部，然后用中指、无名指及小指顺序压榨乳头把奶挤出，用这种方法挤奶，牛不会感到痛苦，能保持乳头干燥和卫生，是手工挤乳的最好方法。滑下法是用拇指和食指夹紧乳头基部，由上而下滑动把奶挤出。此法适用于乳头过短的母牛，但易造成乳头变形和乳头黏膜损伤，易造成牛奶污染。因此，在正常情况下不宜使用。

（2）机器挤奶　不仅能减轻工人劳动强度，提高劳动生产率和鲜奶质量，而且还能增加经济效益。由于机械挤奶是4个乳头同时挤，动作柔和，无残留奶汁，奶牛的泌乳性能得到充分发挥，这种方法可以提高产奶量。当前使用的挤奶器有多种，但常用的是桶式挤奶器、手推车挤奶器和管道式挤奶器。桶式挤奶器适合于规模小的奶牛场，而规模较大的奶牛场适合用管道式挤奶器。

3.机器挤奶技术

（1）挤奶设备

① 移动式挤奶机　由真空泵、真空管道、挤奶杯组结合而成，分为单桶式和双桶式两种类型，具有可移动性，适合小型养殖户和产房、隔离牛舍等使用，每人每台每小时可挤10～24头泌乳牛。

② 管道式挤奶机　指挤奶管道直接通到牛舍，挤奶时，挤奶员将挤奶杯组和脉动装置通过人工的方式连接到不同的真空管道上，泌乳牛只在牛舍内即可进行挤奶，挤出的牛奶直接进入管道，该管道具有同时

提供真空和输出牛奶的功能。该设备适用于100头左右的泌乳牛舍。

③ 平面式挤奶机　管道式挤奶机和厅式挤奶机的综合，主要特点是没有人员操作坑道，该奶厅的优势是投资少，又可以保证牛奶的卫生和质量。目前生产中使用得较少，主要存在于一些年代较老的牧场或小区。

④ 中置式挤奶机　具有挤奶厅、人员操作坑道，真空和原奶通过管道进行输送，挤奶杯组数只有一排，相比于平面式挤奶机更加适合挤奶人员的操作，该式挤奶机适用100头左右泌乳牛的牧场。

⑤ 鱼骨式挤奶机　具有人员操作坑道，挤奶杯组数有两排，挤奶牛只呈鱼骨式站在坑道的两边，挤奶员站在坑道内两边工作，两侧奶牛可同时完成挤奶任务。该设备工作效率比中置式挤奶机更高，适合150～300头左右泌乳牛群使用。

⑥ 并列式挤奶机　与鱼骨式挤奶机相比，并列式挤奶机主要是牛的站位不同，相对来讲硬件配置要更高一些，基本上实现自动计量、自动脱杯、乳房仿生按摩等。挤奶牛只呈并列式站位，牛只横向与挤奶管道垂直，更便于挤奶人员的操作。该类型挤奶机的科技含量和挤奶工作效率更高，适合300头以上泌乳牛群，近几年建造的较大型牧场多使用该类型挤奶机。

⑦ 转盘式挤奶机　较为先进的挤奶机类型，具有自动电子识别、电子计量、自动脱杯等功能，有独特的操作系统与个人电脑相连，实现了对牛群的数字化管理。挤奶时挤奶杯组和奶牛同时移动，牛只从一边进入挤奶位置，挤完后的牛只在一圈结束后退出挤奶位置，每小时可转7～8圈；挤奶人员的配备更加精简，而且每个挤奶人员专注于一项工作，使挤奶操作更加规范、科学、合理，因此更加适合大型牧场。

（2）挤奶时间和挤奶间隔

① 挤奶时间　奶牛通常在分娩后1～3d内采用手工挤奶，之后即可用机械挤奶。每天的挤奶时间确定后，奶牛就建立起排乳的条件反射，不可以轻易更改。

② 挤奶间隔　每天的挤奶间隔均等分配，对奶牛的泌乳活动最为有利。每天两次挤奶，最佳挤奶间隔为（12±1）h，间隔超过13h，就会影响产奶量。每天3次挤奶，最佳挤奶间隔是（8±1）h，夜间安排

9h间隔是符合生物钟规律的。一般3次挤奶产奶量比两次挤奶可提高10%～20%。到底采用两次挤奶还是3次挤奶，必须通过综合测算相应劳动力费用、饲料费用、管理方法和经济效益等各方面因素后再作决定。

（3）挤奶顺序　按照头胎新产→经产新产→高产→中产→低产→病牛的顺序挤奶，能够有效避免牛群间的交叉感染。对于一切挤奶操作，都应当以保护奶牛乳房健康和提高工作效率为前提。

（4）挤奶程序

① 挤奶设备检查　检查设备是否连接完好；启动后，检查真空度、脉动频率和脉动比率是否与厂家推荐值一致。

② 乳房健康检查　观察是否有乳头末端过度角质化、乳头皮肤皲裂等现象；定期用加州乳房炎测试法（CMT）或体细胞检测仪等设备检测牛奶是否达标并保存乳房健康检查记录。

③ 挤头3把奶　清洁乳房及乳头；把每个乳头前3把奶挤到特定容器中；检查奶是否异常（如有无凝乳块、水乳、血乳等）；记录异常情况。

④ 挤前药浴　用喷枪将药浴液垂直向上喷洒到乳头或用药浴杯将乳头浸在药浴液中；药浴后一般保持30s，然后用一次性纸巾或消毒烘干的毛巾（一牛一巾）擦干每个乳头。

⑤ 套杯　擦干乳头后要及时套杯，一般需在60s内完成。

⑥ 脱杯　如果挤奶设备没有自动脱杯系统，则要观察奶流量，确认挤奶结束然后关闭杯组真空，待真空下降完全后再脱杯，不可强行牵拉乳房脱杯。

⑦ 挤后药浴　方法同挤前药浴；药浴结束后需使奶牛保持站立30min以上。

⑧ 清洗挤奶设备　每次挤奶结束后用专用酸碱清洗剂清洗挤奶设备及管道；使用清洗剂时，按照生产厂家使用说明进行操作。

⑨ 维护保养挤奶设备　定期更换奶管、奶衬以及其他部件，检查真空压力、脉动频率等，保证挤奶设备运行状况良好。

（5）牛奶的冷却、储存和运输

① 冷却　刚挤出的生鲜牛乳温度在36℃左右，是微生物发育最适宜的温度，如果不及时冷却，奶中的微生物大量繁殖，酸度迅速增高，

就会降低奶的质量，严重时甚至使奶凝固变质。所以，应及时冷却、贮存，一般在2h之内冷却到4℃以下保存。在现代化大型牧场，多采用热交换器来完成降温，中小规模的奶牛场（小区）采用储奶罐本身的冷却设备来降低奶温。

② 贮存时间　生鲜牛乳挤出后在储奶罐的贮存时间原则上不超过48h。储奶罐内生鲜牛乳温度应保持在1 ～ 4℃。每次混入的新挤牛乳，其混合乳的温度不得超过10℃，否则应先经预冷后再混合。混入牛乳1 ～ 2h，全部牛乳应不高于6℃。

③ 贮奶间　只能用于冷却和贮存生鲜牛乳，门应保持经常性关闭状态，贮奶间污水的排放口需距贮奶间15m以上。

④ 贮运容器　贮运生鲜乳的容器容量应与牛场设计产奶能力相匹配。生鲜牛乳的储存应采用表面光滑的不锈钢制成的贮奶罐，并应带有保温隔热层。用于贮存或运输的奶罐应具备保温隔热、防腐蚀、便于清洗等性能，符合保障生鲜乳质量安全的要求。

⑤ 运输　生鲜牛乳运输可采用汽车、奶槽车等运输工具。运输过程中，应注意冬季和夏季均应保温运输，并有遮盖，防止外界温度影响牛奶质量。运输车辆必须获得所在地畜牧兽医部门核发的生鲜乳准运证明，必须具有保温或制冷型奶罐。生鲜牛乳运输前在奶牛场应降温到4℃。在运输过程中，尽量保持生鲜牛乳装满奶罐，避免运输途中生鲜牛乳振荡，否则易与空气接触发生氧化反应。

（6）挤奶设备的清洗

① 清洗剂的选择　应选择经国家批准，对人、奶牛和环境安全没有危害，对生鲜牛乳无污染的清洗剂。

② 挤奶前的清洗　每次挤奶前应用清水进行冲洗，清洗时间一般10min。

③ 挤奶后的清洗　包括预冲洗、碱洗、酸洗与后冲洗。清洗时系统内真空度应保持在50kPa。

a. 预冲洗　挤奶完毕后，应马上用符合生活饮用水卫生标准的清洁温水（35 ～ 40℃）进行冲洗，不加任何清洗剂，避免管道中的残留奶因温度下降发生硬化。预冲洗的水不能循环使用，用水量以冲洗后水变清为止。

b.碱洗　挤奶机每次挤奶完毕，经预冲洗后立即进行碱洗。挤奶台连续挤奶的，每天碱洗至少2次，每天碱洗要循环清洗7～10min。碱洗时，开始的水温在70～80℃左右，循环后水温不能低于41℃。

c.酸洗　主要目的是清洗管道中残留的矿物质。酸洗温度为60℃左右，循环清洗7～10min。酸洗液pH值为3.5，酸性清洗剂只能使用磷酸为主要成分的弱酸性清洗剂。

d.后冲洗　每次碱（酸）洗后用符合生活饮用水卫生标准的清水进行冲洗，除去残留的碱液、酸液、微生物和异味，冲洗时间5～10min，以冲净为准。清洗完毕管道内不应留有残水。

e.漂洗　建议在挤奶前用饮用水（或者氯含量为200mg/L的消毒水）漂洗2～10min，尽可能除去碱性、酸性物质及微生物。

f.手洗　挤奶后收起挤奶机，用温水漂洗；然后添加碱性洗涤剂，刷洗每一个部件，再添加酸性洗涤剂，存放至干燥为止。挤奶之前用氯含量为200mg/L的消毒水漂洗。

（7）奶车、奶罐的清洗消毒　奶车、奶罐每次用完后内外彻底清洗、消毒一遍。温水清洗，水温要求35～40℃。用热碱水（温度50℃）循环清洗消毒，再用清水清洗干净，清洗前必须关闭制冷电源。奶泵、奶管、节门每使用一次用清水清洗一次，并且还应定期通刷、清洗，每周2次。

十二、提高奶牛产奶量的技术措施

提高奶牛产奶量需要采取综合措施，应从选择优良品种（荷斯坦牛和中国荷斯坦牛）、使用全价平衡日粮、科学饲养管理、创造适宜环境条件、正确挤奶、做好疾病防治及使用添加剂等方面着手。在此，着重介绍生产中常用的绿色、安全、无残留的相关添加剂。

（1）小苏打　在奶牛泌乳期日粮中每头每天添加小苏打150g，可有效提高奶牛的泌乳性能。用1.5%小苏打和0.8%氧化镁混合喂奶牛，每头每天可增产鲜奶3.8kg，对长期饲喂青贮饲料的奶牛效果更为明显。

（2）复合酶　在日粮中添加20g/（头·d）复合酶制剂可在一定程度上提高经济效益，改善乳品质。

（3）丙谷胺　在日粮精料基础上添加1500mg/kg丙谷胺能够显著

提高奶牛干物质采食量，使奶牛产奶量、乳脂率、乳脂产量均显著提高，提高奶牛的生产性能。

（4）乳酸菌微生态制剂　在日粮中按5%比例添加，能够提高奶牛产奶量，并且随着乳酸菌微生态制剂使用时间的延长，奶牛产奶量不断增加。

（5）过瘤胃蛋氨酸　在日粮中添加过瘤胃蛋氨酸40g/d，可以提高奶牛的生产性能和经济效益。

（6）β-胡萝卜素　在基础日粮的基础上，添加900mg/d β-胡萝卜素可以提高奶牛产奶量。

（7）过瘤胃葡萄糖（含45%葡萄糖）　在基础日粮的基础上，添加2%过瘤胃葡萄糖能显著提高奶牛产奶量。

（8）烟酰胺　在泌乳中期奶牛日粮中添加10～14g/（头·d）烟酰胺，有助于奶牛生产潜力的发挥。

（9）硫酸钠　日粮中添加占精料量0.8%的硫酸钠可以一定程度提高奶牛产奶量。

（10）脲酶抑制酶　在日粮中添加25mg/kg脲酶抑制剂，可以抑制瘤胃微生物脲酶活性、减缓尿素分解速度，提高氮素利用率和产奶量。

（11）中药添加剂

① 玉屏风散　在饲喂全混合日粮的基础上，每头每天添加玉屏风散25g，能显著提高产奶量，降低体细胞数。

② 加味益母散　产前配方：炙黄芪6份、益母草6份、当归3份、苍术1份、厚朴1份、陈皮1份、炙甘草1份；产后配方：炙黄芪12份、益母草12份、当归6份、党参6份、升麻1份、白芍1份、柴胡1份、炙甘草2份。产前14d开始饲喂产前配方，产后饲喂产后配方至产后14d，每头每天300～500g，能显著提高奶牛的产奶量和乳蛋白率。

③ 复方归芪散　配方Ⅰ：当归20g、黄芪20g、女贞子10g、山楂30g、神曲30g、木通30g、甘草10g；配方Ⅱ：当归20g、黄芪20g、女贞子10g、大青叶40g、蒲公英20g、穿心莲20g、甘草10g。混合粉碎后，150g/头，拌料。

④ 桑叶　在日粮中添加5%桑叶粉，可以提高产奶量和牛奶品质。

第四章　生态养殖

一、奶牛生态养殖的概念及模式

奶牛生态养殖是指运用生态学、生态经济学原理和系统科学方法，将现代科学技术成就与传统饲草种植、奶牛养殖、废弃物处理等技术有机结合，以绿色、环保技术为支撑，将饲草饲料种植、饲草饲料加工、奶牛养殖、奶源选择、机械化挤奶、养殖场粪便无污染处理、回收循环利用和生态环境治理与保护资源的培育、高效利用融为一体，形成具有生态合理性、功能良性循环的新型综合环保产业链，以实现高产、优质、高效与持续发展为目标，达到经济、生态、社会三大效益的有机统一。生态养殖是奶牛业发展的方向，是消除污染物的主要途径，是提高奶牛健康和生产力的重要措施。目前，常见的生态养殖模式有：

（1）“牛-肥-果（双孢菇、菜、渔、牧草）”生态农业模式　该模式实现了废弃物资源化利用，实现了由“高投入、低利用、高排放”向“低投入、高利用、低排放”的转变；由单一强调生产效益向兼顾生态经济的协调发展转变；由常规生产方式向物质循环和能量转换的生态乳业体系转变；由注重生产管理向生产、资源保护和农民利益等全方位管理转变。

（2）“粮草-奶牛-沼-肥”生态模式　基本内容包括：一是种植业由传统的粮食生产一元结构或粮食、经济作物生产的二元结构向粮食作物、经济作物、饲料作物三元结构发展。饲料饲草作物正式分化为一个独立的产业，为农区饲料业和养殖业奠定物质基础。二是进行秸秆青贮、氨化和干堆发酵。发酵秸秆饲料用于养殖业，主要是养牛业。三是利用规模化养殖场畜禽粪便生产有机肥，用于种植业生产。四是利用畜禽粪便进行沼气发酵，同时生产沼渣、沼液，开发优质有机肥，用于作物生产。

（3）“奶牛场+粪便处理生态系统+废水净化处理生态系统”的现代化生态奶牛场模式　通过饲草的生态种植，奶牛的低碳、无公害或有机饲养，建造散栏式奶牛舍，装备卧床、降温等设施，牛舍自动化清粪、污粪输送与处理、粪便采取固液分离、液体部分进行沼气发酵，建造适度的沼气发酵塔和沼气贮气塔以及配套发电附属设施，合理利用沼气产生的电能。发酵后的沼渣可以改良土壤的品质，保持土壤的团粒结构，使种植的瓜、菜、果、草等产量颇丰，池塘水生莲藕、鱼产量大，田间散养的土鸡风味鲜美。利用废水净化处理生态系统，将奶牛场的废水及尿水集中控制起来，进行土地外流灌溉净化，使废水变成清水循环利用，从而达到奶牛场的最大产出。

二、国内常见奶牛生态养殖模式介绍

（1）平湖模式（浙江平湖新仓镇逢源奶牛养殖场）　按照“二分离三配套”要求，共建造沼气池250m^3、序批式活性污泥（SBR）法处理池100m^3、沼气储气柜20m^3、干粪堆积发酵棚240m^2、4t高位污水箱1座、污水浇灌管网1500m等治污设施。首先，实行了干清粪工艺。污水与畜粪分离，将干粪运到干粪堆积发酵棚进行堆积发酵制作农作物优质有机肥和蘑菇菇床有机肥。其次，实行雨污分离。污水沟全部采用地埋式暗沟，共建污水暗沟450m，奶牛排泄的污水通过污水暗沟进入沼气池进行厌氧处理，再经SBR好氧法处理池处理。同时，为就地消纳奶牛饲养过程中产生畜粪和沼液、沼渣，奶牛场根据土地对畜粪的承载能力，在附近向农户租赁了70亩农田每年种植两季墨西哥玉米，将奶牛场产生的畜粪大部分作玉米有机肥，多余部分无偿提供给当地蘑菇种植户作菇床有机肥；沼液经高位水箱通过污水浇灌管网排到70亩玉米田中，达到零排放；玉米带穗秸秆经粉碎发酵后作为奶牛

青饲料，实现了农牧结合、生态养殖奶牛。

（2）奶牛-沼气-菜生态养殖模式　河北滦县军英牧场采用家庭养殖集中寄养模式，该牧场占地150多亩，可存栏奶牛上千头，并配置标准机械化挤奶厅。该牧场积极完善软件和硬件设施，吸引散户进场养殖。重视生态、绿色发展，创造出“一场、一池、一园”现代循环农业发展模式。“一场”即建设标准化规模养殖场，促进养殖业集约化经营。“一池”即建设大型现代化沼气池。牧场投资400多万元建设了大型沼气池，用牛粪作原料生产沼气，实现了牧场奶牛粪便无公害处理和资源化再利用。“一园”即建设绿色无公害农业园，推进生态绿色农业发展。先后投资140万元建设高效绿色蔬菜种植大棚100亩，利用沼渣、沼液进行绿色果蔬种植，实现经济效益、社会效益和生态效益三提高。

（3）奶牛-沼气-肥三位一体生态养殖模式　河北省大西章村兴农奶牛场有680头奶牛养殖规模，为提高牛粪的使用效率，养牛场建设了两个大型沼气池，同时购进了大型干湿分离机，通过机械操作把沼气池的沼渣、沼液分离，沼渣分离后通过晾晒，即可装袋或直接供应蔬菜种植大户做肥料。由于沼渣的原料是牛粪，通过沼气池加热后肥力更强，各种营养成分又全面，最适合种植业使用，因此沼渣成为菜农们种植绿色蔬菜的抢手货。除沼渣外，奶牛场每天还分离出20t沼液。沼液是一种营养丰富的速效有机肥，用沼液浇地的玉米亩产平均900kg，小麦平均亩产600kg。

（4）奶牛-沼气-温棚生态养殖模式　四方高科技农牧公司是山西省最大的高标准奶牛养殖园区。建筑设施齐全，分为生活办公区、饲草料储备与加工区、养殖区（分泌乳牛、干奶牛、产房特需牛、青年牛、育成牛、犊牛等舍区）、病牛隔离区、挤奶区、生产辅助区与后勤区、技术中心区等。奶牛分群饲养，不同群体不同配方，全部实行TMR饲养。全国实现规模化养殖、良种化育种、制度化防疫、标准化管理。配套农业园区3000亩包括农田及果园（杏与葡萄园）、花卉（兰花）基地、特种蔬菜（木瓜等）大棚温室园区。奶牛粪便无害化处理后，制作有机肥料，建设防渗排污渠道和粪便堆积场地，逐步建设沼气项目。每头成母牛每天产粪便30kg，5000头规模奶牛场一年所产

粪便43800t，可直接用于10万亩园林、花卉、果园、粮食、蔬菜基地及其他种植业。

（5）果-草-牛模式　广西北流市是全国荔枝之乡，以荔枝、龙眼为主的水果种植面积87万亩，其中荔枝种植面积56万亩。但因品种、结构不合理，销售加工滞后等因素制约，果丰价低、果贱伤农的现象时有发生。为扭转这种被动局面，该市利用种植面积多的资源优势，鼓励和引导群众跳出自然放牧的传统模式，利用果园、果场、山地、坡地、房前屋后、田边地角、低产水田等一切可以利用的资源种植牧草养牛，形成了果园种草-牧草喂牛-牛粪施肥为主的立体生态养殖模式。

（6）春晖模式　以江苏春晖乳业为典型的废弃资源产业链生态循环纵向模式。确立“吃好草，产好奶”的生态牧场建设目标，引进良种娟姗牛和优质牧草，以牛粪养殖蚯蚓，蚯蚓用于养殖黄鳝或制作生物医药的原料，蚯蚓粪优质生态肥料作为牧草基肥；牛尿废水用于沼气发酵，沼液用于喷灌牧草，生产的有机牧草用于饲养良种奶牛生产有机牛奶，构建了“良种奶牛→牛粪生态利用→牛尿生物处理→衍生蚯蚓黄鳝→提供优质安全牧草→生产有机牛奶”的奶牛养殖生态循环模式，为中国奶牛生态养殖开创了“春晖模式”。

（7）牛-沼气-草生态养殖模式　金华市某牧场采用牛-沼气-草生态养殖模式，打造精品奶源基地。一是实行标准化饲养。牧场周边建有优质牧草基地1300多亩，种植墨西哥玉米、华农1号等青饲玉米等青绿饲料，可满足牛场1年青绿饲料及青贮饲料的需要。已建立6600m^3的示范青贮窖6个，满足示范场奶牛全年青贮饲料的供应。二是排泄物实现资源利用。牧场建立沼气工程，粪便和冲洗废水进行分离后，废水用沼气厌氧发酵技术进行处理，避免环境污染；沼气提供生产及生活用能；沼液用于周边的牧草基地、橘园和有机茶园；沼渣和粪便用于制造商品有机肥，进行资源化开发和多层次利用，实现生产、资源、能源、经济和环境保护的良性循环，最终达到污染物零排放。

（8）以蚯蚓产业链为核心的生态农业新模式　河南孟津爱荷牧业有限公司共有奶牛500头，每天产生牛粪约10m^3，环境污染严重，为解决此问题，公司配套20亩蚯蚓养殖场及100多亩苗圃，种植榕树、女贞、木槿等绿化苗木。一方面，奶牛养殖场产生的污水经过沉淀池

沉淀后再浇入苗圃；另一方面，蚯蚓粪是绝佳的有机肥，可施在苗圃中，实现了废物再利用的经济生产模式。同时还利用土地，用来种植牧草和玉米等作物，满足奶牛养殖中饲草和粗饲料的需求，实现种养结合。最终形成秸秆喂牛、牛粪养蚯蚓、蚯蚓粪给苗圃和作物做肥料的更完善的生态循环农业生产链，不仅实现农业生产“零排放”“零污染”，还能为企业实现更多收益。

（9）浙江农牧结合模式

① 就地结合、就地利用模式　具体做法是养殖场的畜禽干粪堆积发酵后直接施用到周边农田园地；养殖污水经厌氧池发酵后，在农田果园地势高处建造储肥池储存，通过铺设管网或自流或喷灌用于种植业。

② 异地转运、综合利用模式　主要适用于畜禽排泄物超过周边承载量的中大型规模养殖场和专业生产区。在异地配套相应承载利用能力的种植业基地，养殖场干粪通过发酵处理加工成有机肥，异地转运后施用到农田园地；养殖污水经过沼气工程治理，沼液通过槽罐车或管网设施转运到异地农田果园使用。

③ 分散处理、集中利用模式　主要适用于平原、丘陵地带的中小规模散养密集地区，在一时还不能调整布局的情况下，采取分散处理、收集利用的办法。具体做法是对养殖场畜禽粪尿污水干湿分离后，采用专人专车上门收集，集中发酵处理后制成有机肥出售。散养户每户或联户建立沼气池，沼气用于取暖和炊事，沼液、沼渣作肥料还田。

④ 区域配套、循环共生模式　主要适用于资金技术实力比较雄厚的大型养殖场，配套一定面积的综合性农、林、渔业生产区域，通过生物工程处理方式，将畜禽粪便分别转化成生物蛋白、有机肥料、沼气能源等，配套用于周边的种植、养殖业和用作农户燃气，实现局部区域内资源循环、生态平衡。

一、奶牛常用的抗微生物药

抗微生物药是指对细菌、真菌、支原体、立克次氏体、衣原体、螺旋体和病毒等病原微生物具有抑制或杀灭作用的一类化学物质。这类药物对病原微生物具有明显的选择性作用，对动物机体没有或仅有轻度的毒性作用，称为化学治疗药（包括抗寄生虫药等）。抗微生物药可分为抗菌药、抗病毒药、抗真菌药等，抗菌药又可分为抗生素和合成抗菌药（表5-1）。

表5-1　奶牛常用的抗微生物药

药物名称	临床应用	用法用量	休药期/d	弃奶期
注射用青霉素钠（钾）	用于革兰氏阳性菌感染，如炭疽、放线菌病、坏死杆菌病、肾盂肾炎、乳腺炎、子宫炎、肺炎、败血症等。亦用于钩端螺旋体病等	肌注，一次量，1万～2万IU/kg体重，2～3次/d，连用2～3d；乳房灌注，挤乳后每个乳室10万IU，1～2次/d	0	72h
氨苄西林混悬注射液	用于革兰氏阳性球菌和革兰氏阴性菌感染	皮下或肌注，一次量，5～7mg/kg体重，2～3次/d，连用2～3d	6	48h

续表

药物名称	临床应用	用法用量	休药期/d	弃奶期
注射用氨苄西林钠	用于革兰氏阳性球菌和革兰氏阴性菌感染	肌注或静注，一次量，10～20mg/kg体重，2～3次/d，连用2～3d	6	48h
注射用氯唑西林钠	用于耐青霉素葡萄球菌感染，如牛乳腺炎等	乳管注入，每乳室200mg	10	48h
头孢氨苄乳剂	用于革兰氏阳性菌（如链球菌、葡萄球菌等）和革兰氏阴性菌（如大肠杆菌等）引起的奶牛乳腺炎	乳管注入，每乳室200mg，2次/d，连用2d		48h
苄星氯唑西林注射液	用于治疗奶牛乳腺炎	乳管注入，每乳室50万IU	28	
苄星氯唑西林乳房注入剂（干乳期）	用于治疗敏感菌引起的奶牛干乳期乳腺炎	乳管注入，每乳室3.6g	28	产犊后4d
氨苄西林、苄星氯唑西林乳房注入剂（干乳期）	用于革兰氏阳性菌和阴性菌引起的奶牛乳腺炎	乳管注入，干乳期奶牛，每乳室4.5g，隔3周再注入1次	28	产犊后4d
氨苄西林、苄星氯唑西林乳房注入剂（泌乳期）	用于革兰氏阳性菌和阴性菌引起的奶牛乳腺炎	乳管注入，泌乳期奶牛，每乳室5.0g，按病情需要，2次/d，连用数日	7	60h
氯唑西林钠、氨苄西林钠乳剂（干乳期）	用于革兰氏阳性菌和阴性菌引起的奶牛乳腺炎	乳房注入，干乳期奶牛，最后一次挤奶后每乳室注入4.5g。怀孕期发病时，每隔3周注入1次	泌乳期禁用	
氯唑西林钠、氨苄西林钠乳剂（泌乳期）	用于革兰氏阳性菌和阴性菌引起的奶牛乳腺炎	乳房注入，泌乳期奶牛，挤奶后每乳室注入4.5g。按病情需要，2次/d，连用数日		48h
复方阿莫西林乳房注入剂（泌乳期）	用于革兰氏阳性菌和阴性菌引起的奶牛乳腺炎	乳管注入，泌乳期奶牛，挤奶后每乳室3g，2次/d，连用3d	7	60h
盐酸林可霉素硫酸新霉素乳房注入剂（泌乳期）	治疗葡萄球菌、链球菌和肠杆菌引起的奶牛泌乳期乳腺炎	乳管注入，泌乳期奶牛，挤奶后每个感染乳室10mL，2次/d，连用3d	1	60h

续表

药物名称	临床应用	用法用量	休药期/d	弃奶期
阿莫西林注射液	用于革兰氏阳性菌和革兰氏阴性菌感染，如沙门氏菌病、巴氏杆菌病、链球菌病、葡萄球菌病、大肠杆菌病、肺炎、子宫炎、乳腺炎、败血症等	皮下或肌注，一次量，15mg/kg体重，1～2次/d，连用2～3d	28	4d
阿莫西林克拉维酸钾注射液	用于革兰氏阳性菌和革兰氏阴性菌感染，如沙门氏菌病、巴氏杆菌病、链球菌病、葡萄球菌病、大肠杆菌病、肺炎、子宫炎、乳腺炎、败血症等	皮下或肌注，一次量，1mL/20kg体重，1次/d，连用3～5d	14	60h
注射用苯唑西林钠	用于耐青霉素葡萄球菌感染如乳腺炎、肺炎、败血症烧伤创面感染等	肌注，一次量，10～15mg/kg体重，2～3次/d，连用2～3d	14	72h
普鲁卡因青霉素注射液	用于对青霉素敏感菌引起的慢性感染，如子宫蓄脓、骨折、乳腺炎等，亦用于放线菌及钩端螺旋体等感染	肌注，一次量，1万～2万IU/kg体重，1次/d，连用2～3d	10	48h
注射用苄星青霉素	用于对青霉素高度敏感的革兰氏阳性菌引起的慢性感染，如葡萄球菌、链球菌和厌氧性梭菌等感染引起的牛肾盂肾炎、子宫蓄脓、乳腺炎等	肌注，一次量，2万～3万IU/kg体重，必要时3～4d重复一次	4	72h
注射用盐酸头孢噻呋钠	用于治疗细菌性疾病，如大肠杆菌、沙门氏菌感染、坏死杆菌病等	肌注（以盐酸头孢噻呋计），一次量，1.1～2.2mg/kg体重	3	12h
硫酸头孢喹肟	用于治疗大肠杆菌引起的乳房炎、巴氏杆菌病	肌注，一次量，1mg/kg体重，1次/d，连用2d		
硫酸头孢喹肟子宫注入剂	治疗敏感菌引起的奶牛急性、慢性子宫内膜炎	以本品计，子宫内灌注：一次量，25g/头，必要时间隔72h后再用药一次		

续表

药物名称	临床应用	用法用量	休药期/d	弃奶期
注射用硫酸双氢链霉素	用于治疗革兰氏阴性菌和结核杆菌感染	肌注，一次量，10mg/kg体重，2次/d，连用2～3d	18	72h
注射用链霉素	用于治疗革兰氏阴性菌和结核杆菌感染	肌注，一次量，10～15mg/kg体重，2次/d，连用2～3d	18	72h
硫酸庆大霉素注射液	用于革兰氏阴性菌和革兰氏阳性菌感染	肌注，一次量，2～3mg/kg体重，2次/d，连用2～3d		
大观霉素	用于大肠杆菌、沙门氏菌、葡萄球菌、链球菌及绿脓杆菌感染。	内服，一次量，10～20mg/kg体重，2次/d；肌注，10～15mg/kg体重，2次/d，连用3～5d		
硫酸卡那霉素注射液	用于治疗败血症及泌尿道、呼吸道感染	肌注，一次量，10～15mg/kg体重，2次/d，连用3～5d	28	7h
硫酸丁胺卡那霉素	用于治疗败血症及泌尿道、呼吸道感染	肌注，一次量，5～7.5mg/kg体重，2次/d，连用2～3d		
硫酸新霉素	用于治疗革兰氏阴性菌所致的肠道感染，如大肠杆菌病、沙门氏菌病等	内服，一日量，8～15mg/kg体重，犊牛20～30mg/kg体重，分3～4次内服		
硫酸安普霉素	用于治疗肠道感染，如大肠杆菌病、沙门氏菌病等	内服，一次量，20～40mg/kg体重，1次/d，连用5d		
土霉素注射液	用于革兰氏阳性菌和阴性菌、立克次氏体、支原体等引起的感染性疾病，如巴氏杆菌病、大肠杆菌病、布鲁氏杆菌病、炭疽、沙门氏菌病等	以土霉素计，肌注，一次量，10～20mg/kg体重	7	72h
注射用盐酸土霉素	用于革兰氏阳性菌和阴性菌、立克次氏体、支原体等引起的感染性疾病，如巴氏杆菌病、大肠杆菌病、布鲁氏杆菌病、炭疽、沙门氏菌病等	静注，一次量，5～10mg/kg体重，2次/d，连用2～3d	8	48h

续表

药物名称	临床应用	用法用量	休药期/d	弃奶期
长效土霉素注射液	用于革兰氏阳性菌和阴性菌、立克次氏体、支原体等引起的感染性疾病，如巴氏杆菌病、大肠杆菌病、布鲁氏杆菌病、炭疽、沙门氏菌病等	以土霉素计，肌注，一次量，10～20mg（0.05～0.1mL）/kg体重，每个注射部位不超过10mL	28	
四环素片	用于治疗某些革兰氏阳性菌和革兰氏阴性菌、支原体、立克次氏体、螺旋体、衣原体等感染	内服，一次量，10～20mg/kg体重，2～3次/d	12	
注射用盐酸四环素	用于治疗某些革兰氏阳性菌和阴性菌、支原体等引起的感染性疾病	静注，一次量，5～10mg/kg体重，2次/d，连用2～3d	8	48
强力霉素	用于革兰氏阳性菌、阴性菌及支原体感染，如大肠杆菌病、沙门氏菌病、支原体病等	静注，一次量，1～2mg/kg体重，1次/d，连用2～3d	泌乳期禁用	
北里霉素	支原体肺炎、痢疾	皮下或肌注，一次量，5～25mg/kg体重，1次/d，连用2～3d		
注射用乳糖酸红霉素	用于治疗耐青霉素葡萄球菌引起的感染性疾病，也用于治疗其他革兰氏阳性菌及支原体感染	静注或肌注，一次量，3～5mg/kg体重，2次/d，连用2～3d	14	72h
替米考星注射液	用于治疗胸膜肺炎放线杆菌、巴氏杆菌及支原体感染	皮下注射，10mg/kg体重，仅注射1次，禁止静脉注射	35	
泰拉霉素注射液	用于治疗和预防对泰拉霉素敏感的溶血性巴氏杆菌、多杀性巴氏杆菌、睡眠嗜血杆菌和支原体引起的牛呼吸道疾病	皮下注射，一次量，2.5mg/kg体重（相当于1mL/40kg体重），每个注射部位用药剂量不超过7.5mL	49	
泰乐菌素注射液	用于支原体、肠炎、肺炎、乳腺炎、子宫内膜炎等	皮下或肌注，一次量，2～10mg/kg体重，2次/d		

续表

药物名称	临床应用	用法用量	休药期/d	弃奶期
甲砜霉素片或粉	用于治疗肠道、呼吸道等细菌性感染	口服（以甲砜霉素计），5～10mg/kg体重，2次/d，连用2～3d	28	7d
氟苯尼考注射液	用于呼吸道感染、乳房炎	皮下注射，一次量，40mg/kg体重，1次/2d，连用2次；肌注，一次量，20mg/kg体重，1次/2d，连用2次		
盐酸林可霉素	用于革兰氏阳性菌、厌氧菌及支原体感染	内服，一次量，6～10mg/kg体重，2～3次/d，连用3～5d；肌注或静注，一日量，10～20mg/kg体重，分2次注射		
克林霉素	用于革兰氏阳性菌、厌氧菌及支原体感染	肌注或静注，一日量，10～20mg/kg体重，分2次注射		
硫酸黏菌素预混剂、注射液	用于治疗和预防畜禽革兰氏阴性菌所致肠道疾病	以黏菌素计，哺乳期，混饲，10～40g/1000kg；乳管内注入，每个乳室5万～10万IU；子宫内注入10万IU		
杆菌肽锌预混剂	促生长、防治细菌性肠炎	以杆菌肽计，混饲，3月龄以下，10～100g/1000kg，3～6月龄，4～40g/1000kg	种畜禁用	
磺胺嘧啶片	用于各种敏感菌引起的脑部、消化道、呼吸道感染，为脑部细菌性感染的首选药	内服，一次量，首次量0.14～0.2g/kg体重，维持量0.07～0.1g/kg体重，2次/d，连用3～5d	28	
磺胺嘧啶钠注射液	用于各种敏感菌引起的脑部、消化道、呼吸道感染，为脑部细菌性感染的首选药	静注，一次量，50～100mg/kg体重，1～2次/d，连用2～3d	10	72h
复方磺胺嘧啶钠注射液	用于各种敏感菌引起的脑部、消化道、呼吸道感染，为脑部细菌性感染的首选药	以磺胺嘧啶计，肌注，一次量，20～30mg/kg体重，1～2次/d，连用2～3d	12	48h

续表

药物名称	临床应用	用法用量	休药期/d	弃奶期
磺胺噻唑片	用于敏感菌感染	内服，一次量，首次量0.14～0.2g/kg体重，维持量0.07～0.1g/kg体重，2次/d，连用3～5d	28	
磺胺噻唑钠注射液	用于敏感菌感染	静注，一次量，50～100mg/kg体重，2次/d，连用2～3d	28	
磺胺间甲氧嘧啶片	用于敏感菌所致的全身或局部感染	内服，一次量，首次量50～100mg/kg体重，维持量25～50mg/kg体重，2次/d，连用3～5d	28	
磺胺间甲氧嘧啶钠注射液	用于敏感菌所致的全身或局部感染	静注，一次量，50mg/kg体重，1～2次/d，连用2～3d	28	
磺胺二甲嘧啶片	用于敏感菌感染，也可用于球虫和弓形体感染	内服，一次量，首次量0.14～0.2g/kg体重，维持量0.07～0.1g/kg体重，1～2次/d，连用3～5d	10	
磺胺二甲嘧啶钠注射液	用于敏感菌感染，也可用于球虫和弓形体感染	静注，一次量，50～100mg/kg体重，1～2次/d，连用2～3d	10	
磺胺甲噁唑片	用于敏感菌引起的呼吸道、泌尿道等感染	内服，一次量，首次量50～100mg/kg体重，维持量25～50mg/kg体重，2次/d，连用3～5d	28	
复方磺胺甲噁唑片	用于敏感菌引起的呼吸道、泌尿道等感染	以磺胺甲噁唑计，内服，一次量，20～25mg/kg体重，2次/d，连用3～5d	28	7d
磺胺对甲氧嘧啶片	用于泌尿道、生殖道、呼吸道及体表局部的各种敏感菌感染。尤其对泌尿道感染疗效显著，也可用于球虫感染	内服，一次量，首次量50～100mg/kg体重，维持量25～50mg/kg体重，1～2次/d，连用3～5d	28	

续表

药物名称	临床应用	用法用量	休药期/d	弃奶期
复方磺胺对甲氧嘧啶片	用于敏感菌引起的泌尿道、呼吸道及皮肤软组织等感染	以磺胺对甲氧嘧啶计，内服，一次量，20～25mg/kg体重，1～2次/d，连用3～5d	28	7d
复方磺胺对甲氧嘧啶钠注射液	用于敏感菌引起的泌尿道、呼吸道及皮肤软组织等感染	以磺胺对甲氧嘧啶计，肌注，一次量，15～20mg/kg体重，1～2次/d，连用3～5d	28	7d
磺胺脒片	用于肠道细菌性感染	内服，一次量，0.1～0.2g/kg体重，2次/d，连用3～5d	28	
马波沙星注射液	用于治疗敏感菌引起的呼吸道疾病、乳房炎等	静注或肌注，一次量，2mg/kg体重，1次/d		
乌洛托品注射液	用于尿路感染	静注，一次量，15～30g，1～2次/d，连用2～3d		
盐酸环丙沙星注射液	用于细菌性疾病和支原体感染	以环丙沙星计，静注或肌注，一次量，2.5～5mg/kg体重，2次/d，连用2～3d	14	84h
恩诺沙星注射液	用于细菌性疾病和支原体感染	肌注，一次量，2.5mg/kg体重，1～2次/d，连用2～3d	14	
氟甲喹可溶性粉	用于革兰氏阴性菌所引起的消化道及呼吸道感染	以氟甲喹计，内服，一次量，1.5～3mg/kg体重，首次量加倍，2次/d，连用3～5d		
硫酸小檗碱注射液	用于治疗细菌性肠道感染	肌注，一次量，0.15～0.4g/kg体重，1～2次/d，连用2～3d		
盐酸小檗碱片	用于治疗细菌性肠道感染	内服，一次量，3～5g，2次/d，连用3～5d		
乙酰甲喹片	用于犊牛腹泻、副伤寒	内服，一次量，5～10mg/kg体重，连用3～5d	35	
灰黄霉素	内服抗浅表真菌感染药，对毛癣菌、小孢子菌和表皮癣菌等均有较强作用	内服，一日量，犊牛，10～20mg/kg体重，分2次内服，连用3～4周		

续表

药物名称	临床应用	用法用量	休药期/d	弃奶期
制霉菌素	广谱抗真菌药。局部用于真菌性乳房炎、子宫炎，外用治疗体表的真菌感染	内服，一日量，250万～500万IU，3～4次/d；子宫灌注，150万～200万IU；乳管灌入，每个乳室10万IU		
两性霉素B	用于深部真菌感染	静注，一次量，0.15～0.5mg/kg体重，隔日1次或每周2次		
克霉唑	用于深部真菌感染	内服，一日量，犊牛，1.5～3g，分2次内服		
酮康唑	用于治疗消化道、呼吸道及全身性真菌感染及皮肤黏膜等浅表真菌感染	内服，一日量，5～10mg/kg体重，1次/d		
黄芪多糖	提高免疫力，抗病毒	肌注或静注，一次量，50～100g/kg体重，1次/d，连用3～5d		
抗病毒药	利巴韦林、金刚烷胺、阿昔洛韦、病毒灵等	已被农业部禁用，在此不再赘述		

注：1.人用药和头孢类抗生素（除头孢噻呋、头孢喹肟、头孢氨苄外）禁止在兽医临床使用。特殊情况下，若使用人用针剂，可按成人用量的5～10倍计算使用。2.农业部第2292公告：自2016年12月31日起，停止经营、使用用于食品动物的洛美沙星、培氟沙星、氧氟沙星、诺氟沙星4种原料药的各种盐、酯及其各种制剂。3.表中所列各种药物的用量，仅供参考。由于奶牛病情轻重、病程长短、发病阶段、混合感染及生产厂家等因素影响，用量应根据实际情况有所变化和调整。

二、奶牛常用的抗寄生虫药

抗寄生虫药是指能杀灭寄生虫或抑制其生长繁殖的物质。可分为抗蠕虫药、抗原虫药和杀虫药。抗蠕虫药是指对动物寄生蠕虫具有驱除、杀灭或抑制作用的药物。根据寄生于动物体内的蠕虫类别，抗蠕虫药相应地分为抗线虫药、抗吸虫药、抗绦虫药、抗血吸虫药。抗原虫药可分为抗球虫药、抗锥虫药和抗梨形虫药。杀虫药系指能杀灭动物体外寄生虫，从而防治由这些外寄生虫所引起的皮肤病的一类药物（表5-2）。

表5-2 奶牛常用的抗寄生虫药

药物名称	临床应用	用法用量	休药期/d	弃奶期
莫能菌素预混剂	促进奶牛生长，辅助缓解奶牛酮病症状，提高产奶量	以莫能菌素计，内服，一日量，0.15～0.45g/头；混饲，犊牛20～30g/1000kg饲料	5	
盐霉素钠预混剂	用于防治牛球虫，促生长	混饲，10～30g/1000kg	5	
氨丙啉	用于牛球虫病	内服，一次量，55mg/kg体重，1次/d，连用2周		
拉沙洛菌素钠	用于牛球虫病	混饲，犊牛32.5g/1000kg饲料		
阿苯达唑片	用于线虫病、绦虫病和吸虫病	内服，一次量，10～15mg/kg体重	14	60h
芬苯达唑片或粉	用于线虫病和绦虫病	内服，一次量，5～7.5mg/kg体重	21	7d
奥芬达唑片	用于线虫病和绦虫病	内服，一次量，5mg/kg体重	7	
氧苯达唑片	用于胃肠道线虫病	内服，一次量，10～15mg/kg体重		
盐酸左旋咪唑片	用于胃肠道线虫病、肺丝虫病	内服，一次量，7.5mg/kg体重	2	
盐酸左旋咪唑注射液	用于胃肠道线虫病、肺丝虫病	皮下或肌注，一次量，7.5mg/kg体重	14	
伊维菌素注射液	用于防治线虫病、螨病及其他寄生性昆虫病	皮下注射，一次量，0.2mg/kg体重	21	20d
乙酰氨基阿维菌素注射液	用于治疗牛体内线虫和虱、螨、蜱、蝇蛆等外寄生虫病	皮下注射，一次量，0.2mg/kg体重		24h
硫双二氯酚片	用于治疗肝片吸虫病、同盘吸虫病、姜片吸虫病和绦虫病	内服，一次量，40～50mg/kg体重		
枸橼酸哌嗪片	主要用于蛔虫病，牛食道口线虫病	内服，一次量，0.25g/kg体重	28	

续表

药物名称	临床应用	用法用量	休药期/d	弃奶期
精制敌百虫片	用于驱除家畜胃肠道线虫、牛皮蝇蛆和蜱、螨、蚤、虱等	内服，一次量，20～40mg/kg体重	28	
氯硝柳胺片	用于家畜绦虫病、反刍动物同盘吸虫感染	内服，一次量，40～60mg/kg体重	28	
硝氯酚片	用于片形吸虫病	内服，一次量，黄牛3～7mg/kg体重，水牛1～3mg/kg体重	28	
碘醚柳胺混悬液	用于治疗肝片吸虫病	内服，一次量，7～12mg/kg体重	60	
氯氰碘柳胺钠片	用于防治肝片吸虫、胃肠道线虫病等	内服，一次量，5mg/kg体重	28	
氯氰碘柳胺钠注射液	用于防治肝片吸虫、胃肠道线虫病等	皮下或肌注，一次量，2.5～5mg/kg体重	28	
三氯苯达唑片或颗粒	用于治疗肝片吸虫病	内服，一次量，12mg/kg体重	56	
三氯苯达唑混悬液	用于治疗肝片吸虫病	内服，一次量，6～12mg/kg体重	56	
吡喹酮片	用于动物血吸虫病，也用于绦虫病和囊尾蚴病	内服，一次量，10～35mg/kg体重	28	7
注射用三氮脒	用于家畜巴贝斯梨形虫病、泰勒梨形虫病、伊氏锥虫病和媾疫锥虫病	肌注，一次量，3～5mg/kg体重。临用前配成5%～7%溶液	28	7d
硫酸喹啉脲注射液	主要用于家畜巴贝斯虫病	肌注或皮下注射，一次量，1mg/kg体重		
青蒿琥酯片	用于泰勒梨形虫病	内服，一次量，5mg/kg体重		
盐酸吖啶黄注射液	用于家畜梨形虫病	内服，一次量，3～4mg/kg体重		

续表

药物名称	临床应用	用法用量	休药期/d	弃奶期
二嗪农溶液	用于驱杀寄生于家畜体表的疥螨、痒螨、蜱和虱等	以二嗪农计，药浴，每1L水，初液0.6～0.625g，补充液1.5g	14	72h
蝇毒磷溶液	用于防治牛皮蝇蛆、蜱、螨、虱和蝇等外寄生虫病	以蝇毒磷计，外用配成0.02%～0.05%的乳剂	28	
精制马拉硫磷溶液	用于杀灭体外寄生虫	以马拉硫磷计，药浴或喷雾，配成0.2%～0.3%的水溶液	28	
氰戊菊酯溶液	用于驱杀体表寄生虫，如蜱、虱和蚤等	喷雾，加水以1：(1000～2000)倍稀释	28	
溴氰菊酯溶液	用于防治体外寄生虫病	以溴氰菊酯计，药浴，5～15mg/L水	28	

三、奶牛场常用的消毒防腐药

消毒防腐药是杀灭病原微生物或抑制其生长繁殖的一类药物。消毒药是指能杀灭病原微生物的药物，主要用于环境、牛舍、排泄物、用具和器械等非生物体表面的消毒；防腐药是指能抑制病原微生物生长繁殖的药物，主要用于抑制局部皮肤、黏膜和创伤等生物体表的微生物感染，也用于食品及生物制品等的防腐。两者并无绝对的界限，低浓度消毒药只能抑菌，反之，有的防腐药高浓度时也能杀菌（表5-3）。

表5-3　奶牛场常用的消毒剂

消毒对象	选用药物及浓度
牛舍空气	高锰酸钾（21g/m^3、14g/m^3、7g/m^3，熏蒸消毒）、甲醛（42mL/m^3、28mL/m^3、14mL/m^3，熏蒸消毒）、过氧乙酸（3%～5%，熏蒸）、戊二醛（10%）、二氧化氯（1：250）、次氯酸钠（0.2%～0.3%）
饮水	高锰酸钾（0.1%）、过氧乙酸（0.01%）、漂白粉（6～10g/m^3）、百毒杀（1：2000）、次氯酸钠［1：(15～3000)］、二氧化氯（5mL/100kg水）、二氯异氰尿酸钠（4～6mg/L水）、三氯异氰尿酸钠（4～6mg/L水）

续表

消毒对象	选用药物及浓度
牛舍地面	石灰水（10% ～ 20%）、漂白粉（10% ～ 20%）、草木灰水（10% ～ 30%）、氢氧化钠（2% ～ 3%）、二氯异氰尿酸钠（0.015% ～ 0.02%）、百毒杀（1 ： 600）、戊二醛（1 ： 150）、过氧乙酸（0.3% ～ 0.5%）
运动场	石灰水（10% ～ 20%）、漂白粉（10% ～ 20%）、复合酚（1 ： 300）、二氯异氰尿酸钠（0.015% ～ 0.02%）
消毒池	氢氧化钠（3% ～ 5%）、来苏尔（3% ～ 5%）、二氯异氰脲酸钠粉、戊二醛、聚维酮碘溶液
饲养设备	高锰酸钾（2% ～ 5%）、过氧乙酸（0.04% ～ 0.2%）、漂白粉［1 ：（50 ～ 100）］、百毒杀（1 ： 600）、二氧化氯［1 ：（100 ～ 200）］、三氯异氰尿酸钠（0.02% ～ 0.04%）、戊二醛（0.78%）
带牛消毒	过氧乙酸（0.3%）、百毒杀（1 ： 200）、二氧化氯［1 ：（200 ～ 300）］、二氯异氰尿酸钠（1 ： 500）、三氯异氰尿酸钠（0.02% ～ 0.04%）、碘制剂、戊二醛
粪便	漂白粉（1 ： 5）、生石灰（1 ： 5）、草木灰、复合酚、来苏尔（5% ～ 10%）、克辽林、二氯异氰尿酸钠
皮肤黏膜	酒精（75%）、紫药水（0.5% ～ 1%）、碘酊（5%）、碘伏（0.5% ～ 1%）、硼酸（2% ～ 3%）、高锰酸钾（0.1% ～ 0.2%）、聚维酮碘（5%）、碘甘油、苯扎溴铵溶液（0.01%）、双氧水（3%）、鱼石脂软膏（10%）
车辆	过氧乙酸（0.5%）、漂白粉（10% ～ 20%）、戊二醛、百毒杀

注：实际选择应用时，以使用标签说明书为准。

四、奶牛常用的作用于内脏系统的药物

奶牛常用的作用于内脏系统的药物，见表5-4。

表5–4　奶牛常用的作用于内脏系统的药物

系统	药物名称	临床应用	用法用量	休药期/d	弃奶期
中枢神经系统药物	安钠咖注射液	中枢性呼吸、循环抑制和麻醉药中毒的解救	静注、皮下或肌注，一次量，2 ～ 5g/kg体重	28	7d
	尼可刹米注射液	解救呼吸中枢抑制	静注、皮下或肌注，一次量，2.5 ～ 5g/kg体重		

续表

系统	药物名称	临床应用	用法用量	休药期/d	弃奶期
中枢神经系统药物	樟脑磺酸钠注射液	心脏衰弱和呼吸抑制等辅助治疗	静注、皮下或肌注，一次量，1～2g/kg体重		
	硝酸士的宁注射液	脊髓性不全麻痹	皮下注射，一次量，15～30mg/kg体重		
	盐酸氯丙嗪注射液	使动物安静	肌注，一次量，0.5～1mg/kg体重	28	7d
	溴化钙注射液	缓解中枢神经兴奋性疾病所引起的症状	静注，一次量，2.5～5g/kg体重		
	注射用苯巴比妥钠	缓解脑炎、破伤风、士的宁中毒等所引起的惊厥	肌注，一次量，10～15mg/kg体重	28	7d
	硫酸镁注射液	破伤风及其他痉挛性疾病	静注或肌注，一次量，10～25g		
外周神经系统药物	氨甲酰胆碱注射液	胃肠弛缓、前胃弛缓，也可用于胎衣不下、子宫蓄脓等	皮下注射，一次量，1～2mg/kg体重		
	氯化氨甲酰甲胆碱注射液	胃肠弛缓，也用于膀胱积尿、胎衣不下和子宫蓄脓等	皮下注射，一次量，0.05～0.1mg/kg体重		
	硝酸毛果芸香碱注射液	胃肠弛缓和前胃弛缓	皮下注射，一次量，50～150mg/kg体重		
	甲硫酸新斯的明注射液	胃肠弛缓、重症肌无力和胎衣不下等	肌注、皮下注射，一次量，4～20mg/kg体重		
	硫酸阿托品注射液	有机磷酸酯类药物中毒、麻醉前给药和拮抗胆碱神经兴奋症状	静注、肌注、皮下注射，一次量，麻醉前给药，0.02～0.05mg/kg体重；解救有机磷酸酯类中毒，0.5～1mg/kg体重		
	氢溴酸东莨菪碱注射液	解除胃肠道平滑肌痉挛、抑制腺体分泌过多和动物兴奋不安等	皮下注射，一次量，1～3mg/kg体重	28	7d
	盐酸肾上腺素注射液	心脏骤停的急救，缓解严重过敏性疾患的症状	皮下注射，一次量，2～5mL；静注，一次量，1～3mL		

续表

系统	药物名称	临床应用	用法用量	休药期/d	弃奶期
外周神经系统药物	盐酸普鲁卡因注射液	浸润麻醉、传导麻醉、硬膜外麻醉和封闭疗法	浸润麻醉、封闭疗法，0.25%～0.5%溶液；传导麻醉，2%～5%溶液，每个注射点10～20mL；硬膜外麻醉，2%～5%溶液20～30ml		
	盐酸利多卡因注射液	浸润麻醉、传导麻醉、硬膜外麻醉和封闭疗法	浸润麻醉，0.25%～0.5%溶液；表面麻醉，2%～5%溶液；传导麻醉，2%溶液，每个注射点8～12mL；硬膜外麻醉，2%溶液8～12mL		
消化系统药物	人工盐	小剂量用于消化不良、前胃弛缓和慢性胃肠卡他等；大剂量用于早期大肠便秘	以本品计，内服，健胃，一次量，50～150g；缓泻，一次量，200～400g		
	胃蛋白酶	胃液分泌不足或幼畜因胃蛋白酶缺乏所引起的消化不良	以胃蛋白酶计，内服，一次量，成年牛4000～8000IU；犊牛1600～4000IU		
	硫酸镁	导泻	内服，一次量，300～800g，加水配成6%～8%溶液服用		
	硫酸钠	导泻	内服，一次量，400～800g，用时配成6%～8%的溶液		
	液状石蜡	小肠阻塞、便秘	内服，一次量，牛500～1500mL；犊牛60～120mL		
	蓖麻油	大肠便秘、小肠积食等	内服，一次量，300～600mL		
	鞣酸蛋白	急性肠炎和非细菌性腹泻	内服，一次量，10～25g		
	药用炭	生物碱等中毒及腹泻、胃肠臌气等	内服，一次量，20～200g		
	碱式硝酸铋	腹泻、胃肠炎	内服，一次量，15～30g		
	碱式碳酸铋	腹泻、胃肠炎	内服，一次量，15～30g		

续表

系统	药物名称	临床应用	用法用量	休药期/d	弃奶期
消化系统药物	干酵母片	食欲缺乏、消化不良和维生素B缺乏辅助治疗	内服，一次量，120～150g		
	乳酶生片	消化不良，肠内异常发酵和腹泻等	内服，一次量，犊牛，10～30g		
	稀醋酸	消化不良、前胃臌胀	以本品计，内服，一次量，50～200mL		
	10%氯化钠注射液	反刍动物前胃弛缓	以氯化钠计，静注，一次量，0.1g/kg体重		
	胃复安	消化不良、结肠臌气、呕吐	内服，一次量，犊牛，0.5～1mg/kg体重		
	氯化乙酰胆碱	便秘、肠弛缓、前胃弛缓	皮下注射，一次量，8～9mg/kg体重		
	新斯的明	便秘、肠弛缓、前胃弛缓	皮下或肌注，一次量，4～20mg/次		
	氨甲酰胆碱	前胃弛缓、瘤胃积食、膀胱积尿、胎衣不下和子宫蓄脓等	皮下注射，一次量，0.05～0.1mg/次		
	1%～2%甲醛溶液	急性瘤胃臌气	内服，一次量，8～25mL/次		
	鱼石脂	胃肠道制酵，如瘤胃臌胀、前胃弛缓、胃肠臌气、急性胃扩张等	以鱼石脂计，内服，一次量，10～30g。临用时先加2倍量乙醇溶解，再用水稀释成3%～5%的溶液		
	二甲硅油片	泡沫性臌胀病	内服，一次量，3～5g		
	薄荷油	痉挛疝、胃肠臌气等	内服，一次量，2～5mL		
	氧化镁	胃肠臌气	内服，一次量，50～100g		
呼吸系统药物	氯化铵	祛痰镇咳	内服，一次量，10～25g		
	碘化钾片	慢性支气管炎	内服，一次量，5～10g		
	氨茶碱注射液	缓解气喘症状	肌注、静注，一次量，1～2g		

续表

系统	药物名称	临床应用	用法用量	休药期/d	弃奶期
呼吸系统药物	咳必清	治疗伴有剧烈干咳的急性呼吸道炎症	内服，一次量，0.5～1g/次，3次/d		
	复方甘草合剂	镇咳、祛痰、平喘	内服，一次量，50～100mL/次		
	可待因	用于无痰、剧痛性咳嗽及胸膜炎等引起的干咳	内服，一次量，0.2～2g/次，3次/d		
	异丙肾上腺素	用于支气管痉挛所致的哮喘，抢救心脏骤停等	片剂，内服，一次量，1～4mg/次，2～3次/d；静注，50～100mg/次，2～3次/d		
	麻黄碱	用于轻症支气管喘息，配合祛药治疗急、慢性支气管炎	内服，一次量，0.05～0.5g/次，2～3次/d		
血液循环系统药物	洋地黄毒苷注射液	慢性充血性心力衰竭	全效量，静注，0.6～1.2mg/100kg体重，1次/d。维持量应酌情减少		
	毒毛花苷K注射液	充血性心力衰竭	静注，一次量，1.25～3.75mg		
	亚硫酸氢钠甲萘醌注射液	维生素K缺乏所致的出血	肌注，一次量，100～300mg		
	维生素K_1注射液	维生素K缺乏所致的出血	肌注、静注，一次量，犊牛，1mg/kg体重		
	酚磺乙胺注射液	内出血、鼻出血及手术出血的预防和止血	肌注、静注，一次量，1.25～2.5mg		
	安络血注射液	毛细血管损伤所致的出血性疾患	肌注，一次量，5～20mL		
	右旋糖酐铁注射液	缺铁性贫血	肌注，一次量，犊牛，0.2～0.6g		
	维生素B_{12}注射液	维生素B_{12}缺乏所致的贫血、幼畜生长迟缓等	肌注，一次量，犊牛，1～2mg		

续表

系统	药物名称	临床应用	用法用量	休药期/d	弃奶期
泌尿生殖系统药物	呋塞米注射液	各种水肿症	肌注、静注，一次量，0.5～1mg/kg体重		
	氢氯噻嗪片	各种水肿症	内服，一次量，1～2mg/kg体重		
	甘露醇注射液	脑水肿、脑炎的辅助治疗	静注，一次量，1000～2000mL		
	山梨醇注射液	脑水肿、脑炎的辅助治疗	静注，一次量，1000～2000mL		
	缩宫素注射液	催产、产后子宫出血和胎衣不下等	皮下、肌肉注射，一次量，50～100IU		
	垂体后叶注射液	催产、产后子宫出血和胎衣不下等	皮下、肌肉注射，一次量，50～100IU		
	黄体酮	黄体功能不足引起的早期流产和习惯性流产；卵巢囊肿引起的慕雄狂	肌注，一次量，50～100mg，间隔5～10d再用1次		
	马来酸麦角新碱注射液	产后止血及加速子宫复原	肌注、静注，一次量，5～15mg		
	注射用绒促性素	性功能障碍、习惯性流产及卵巢囊肿等	肌注，一次量，1000～5000IU，2～3次/周		
	注射用血促性素	母畜催情和促进卵泡发育、超数排卵	皮下、肌肉注射，一次量，催情，1000～2000IU；超排，2000～4000IU		
	注射用垂体促卵泡素	卵巢静止、持久黄体与卵泡发育停滞等	肌注，一次量，100～150IU，隔2日1次，连用2～3次		
	注射用垂体促黄体素	排卵延迟、卵巢囊肿和习惯性流产等	肌注，一次量，100～200IU		
	氯前列醇注射液	控制母牛同期发情	肌注，一次量，2～4mL	1	
	氯前列醇钠注射液	控制母牛同期发情	肌注，一次量，0.4～0.6mg，11d后再用药1次	1	

续表

系统	药物名称	临床应用	用法用量	休药期/d	弃奶期
解热镇痛抗炎药物	对乙酰氨基酚片、注射液	发热、肌肉痛和风湿症	内服，一次量，10～20g；肌注，一次量，5～10g		
	安乃近片	肌肉痛、疝痛、风湿症及发热性疾病等	内服，一次量，4～12g	28	7d
	安乃近注射液	肌肉痛、疝痛、风湿症及发热性疾病等	肌注，一次量，3～10g	28	7d
	阿司匹林片	发热性疾病、肌肉痛、关节痛	内服，一次量，15～30g		
	安痛定注射液或复方氨基比林	发热性疾病、关节痛或风湿症	肌注、皮下注射，一次量，20～50mL		
	水杨酸钠注射液	风湿症	静注，一次量，10～30g	0	48h
	复方水杨酸钠注射液	风湿症、关节痛和肌肉痛等	静注，一次量，100～200mL		
	氟尼辛葡甲胺注射液	发热性炎症性疾病，肌肉痛和软组织痛等	以氟尼辛计，肌注、静注，一次量，2mg/kg体重，1～2次/d，连用不超过5d		
	氢化可的松注射液	炎症性、过敏性疾病，酮血症等	静注，一次量，200～500mg		
	醋酸可的松注射液	炎症性、过敏性疾病，酮血症等	滑囊、腱鞘或关节囊内注射，一次量，50～250mg		
	醋酸氢化可的松注射液	关节炎、腱鞘炎、急慢性挫伤、肌腱劳损等	滑囊、腱鞘或关节囊内注射，一次量，50～250mg		
	地塞米松磷酸钠注射液	炎症性、过敏性疾病，牛酮血症等	肌注、静注，一日量，5～20mg	21	72h
抗过敏药物	盐酸苯海拉明注射液	变态反应性疾病，如荨麻疹、过敏性皮炎、血清病等	肌注，一次量，100～500mg		
	盐酸异丙嗪注射液	变态反应性疾病，如荨麻疹、过敏性皮炎、血清病等	肌注，一次量，200～500mg	28	7d

续表

系统	药物名称	临床应用	用法用量	休药期/d	弃奶期
抗过敏药物	马来酸氯苯那敏注射液	变态反应性疾病，如荨麻疹、过敏性皮炎、血清病等	肌注，一次量，60～100mg		
体液补充药与电解质、酸碱平衡调节药	右旋糖酐40（70）葡萄糖注射液	补充和维持血容量，治疗失血、创伤、烧伤及中毒性休克	静注，一次量，500～1000mL		
	葡萄糖注射液	5%等渗溶液用于补充营养和水分；10%高渗溶液用于提高血液渗透压和利尿脱水	静注，一次量，500～1000mL		
	葡萄糖氯化钠注射液	脱水症	静注，一次量，1000～3000mL		
	（复方）氯化钠注射液	脱水症	静注，一次量，1000～3000mL		
	氯化钾注射液	低血钾症	静注，一次量，2～5g。使用时必须用5%葡萄糖注射液稀释成0.3%以下的溶液		
	碳酸氢钠注射液	代谢性酸中毒，高血钾症	静注，一次量，200～400mL		
调节组织代谢药物	维生素AD油	维生素A、维生素D缺乏症；局部应用能促进创伤、溃疡愈合	内服，一次量，20～60mL		
	维生素AD注射液	维生素A、维生素D缺乏症；局部应用能促进创伤、溃疡愈合	内服，一次量，犊牛，2～4mL		
	维生素D_2胶性钙注射液	维生素D缺乏症，如佝偻病、软骨症等	皮下、肌肉注射，一次量，5～20mL		
	维生素D_3注射液	维生素D缺乏症，如佝偻病、软骨症等	肌注，一次量，1500～3000IU/kg体重		
	维生素E注射液	维生素E缺乏所致不孕症、白肌病	皮下、肌肉注射，一次量，0.5～1.5g		

续表

系统	药物名称	临床应用	用法用量	休药期/d	弃奶期
调节组织代谢药物	维生素B_1片、注射液	维生素B_1缺乏症，如多发性神经炎、胃肠弛缓	内服，皮下、肌肉注射，一次量，100～500mg		
	维生素B_2片、注射液	维生素B_2缺乏症，如口炎、皮炎、角膜炎等	内服，皮下、肌肉注射，一次量，100～150mg		
	复合维生素B注射液	B族维生素缺乏所致的多发性神经炎、消化障碍、癞皮病、口腔炎等	肌注，一次量，10～20mL		
	维生素C注射液	维生素C缺乏症、发热、慢性消耗性疾病等	以维生素C计，肌注、静注，一次量，2～4g		
	氯化钙注射液	低血钙症以及毛细血管通透性增加所致疾病	静注，一次量，5～15g		
	葡萄糖酸钙注射液	钙缺乏症及过敏性疾病	静注，一次量，20～60g		
	磷酸氢钙	钙、磷缺乏症	内服，一次量，12g		
	乳酸钙	钙缺乏症	内服，一次量，10～30g		
	亚硒酸钠注射液	白肌病	肌注，一次量，30～50mg，犊牛5～8mg		
	亚硒酸钠维生素E注射液	白肌病	肌注，一次量，犊牛5～8mL		
解毒药	碘解磷定	有机磷农药中毒	静注，15～30mg/kg体重		
	氯磷定	有机磷农药中毒	静注，15～30mg/kg体重		
	阿托品	有机磷农药中毒	肌注或静注，1mg/kg体重		
	乙酰胺	用于解除氟乙酰胺中毒	肌注，0.05～0.1g/kg体重，2次/d，连用2～3d		
	亚甲蓝（美蓝）	小剂量亚硝酸盐中毒，大剂量氰化物中毒	静注，1～2mg/kg体重或2.5～10mg/kg体重		

续表

系统	药物名称	临床应用	用法用量	休药期/d	弃奶期
解毒药	亚硝酸钠	氰化物中毒	静注，一次量，0.1 ～ 0.2g		
	二巯基丙醇注射液	砷、汞、铋、锑等中毒	肌注，一次量，2.5 ～ 5mg/kg体重		
	乙酰胺注射液	氟乙酰胺等有机氟中毒	静注、肌注，一次量，50 ～ 100mg/kg体重		

五、奶牛常用的疫苗

奶牛常用疫苗的种类及用法用量，见表5-5。

表5–5　奶牛常用疫苗的种类及用法用量

疫苗名称	作用与用途	用法用量
牛副伤寒病灭活疫苗	用于预防牛副伤寒	肌注，1岁以下牛，每头1.0mL；1岁以上牛，每头2.0mL
牛多杀性巴氏杆菌病灭活疫苗	用于预防多杀性巴氏杆菌病，免疫期为9个月	皮下或肌注，100kg以下的牛，每头4.0mL；100kg以上的牛，每头6.0mL
布鲁氏杆菌病活疫苗（A19株）	用于预防布鲁氏杆菌病，免疫期为72个月	皮下注射，一般仅对3 ～ 8月龄牛接种，每头接种1头份，必要时，可在18 ～ 20月龄再接种1次减低剂量，以后可根据牛群布鲁氏杆菌病流行情况决定是否再进行接种
布鲁氏杆菌病活疫苗（S2株）	用于预防牛、羊布鲁氏杆菌病，免疫期为24个月	口服、皮下或肌注接种，口服每头5头份
口蹄疫（A型）灭活疫苗（AF/72株）	用于预防牛A型口蹄疫，免疫期为6个月	肌注，6月龄以上成年牛每头2.0mL，6月龄以下犊牛每头1.0mL
口蹄疫（O型、亚洲Ⅰ型）二价灭活疫苗	用于预防牛O型、亚洲Ⅰ型口蹄疫，免疫期4 ～ 6个月	肌注，每头2.0mL
牛口蹄疫O型灭活疫苗（OS/99株）	预防牛羊口蹄疫，大小牛均可使用，免疫期6个月	肌注，1岁以下犊牛每头注射1mL，成年牛注射2mL

续表

疫苗名称	作用与用途	用法用量
口蹄疫O型、亚洲Ⅰ型、A型三价灭活疫苗	用于预防牛、羊O型、亚洲Ⅰ型、A型口蹄疫，免疫期为6个月	肌注，每头牛1mL
无荚膜炭疽芽孢苗	用于预防马、牛、绵羊和猪的炭疽，免疫期为12个月	1岁以上皮下注射1mL；1岁以下皮下注射0.5mL
Ⅱ号炭疽芽孢疫苗	用于预防大动物、绵羊、山羊、猪的炭疽，免疫期12个月	不论大小一律皮下注射1.0mL或皮内注射0.2mL
气肿疽灭活疫苗	用于预防牛、羊气肿疽	不论年龄大小，皮下注射5mL。犊牛至6月龄时应再注射一次
牛流行热灭活疫苗	用于预防牛流行热，免疫期为4个月	颈部皮下注射，成年牛第1次注射4.0mL，间隔21d，再注射4.0mL；6月龄以下的犊牛，注射剂量减半

注：1.不同公司生产的疫苗，用法用量可能不同，所选用的毒株也不同，养殖户选择时应认真阅读使用说明书。2.奶牛疫苗分为活苗和灭活苗两大类。活苗保存温度为−15℃以下，置于冰柜或冰箱冷冻区保存；用灭菌生理盐水或适宜的稀释液稀释，稀释后应放冷暗处，必须在3～4h内用完；灭活苗保存温度为2～8℃，置于冰箱冷藏区保存，使用时，应先将疫苗恢复至常温，并充分摇匀。疫苗启封后，限当日用完，不能冻结。

六、奶牛常用的给药方法

1.经口给药法

（1）混饲给药　将药物均匀地混入饲料中，通过牛群采食进行治疗。该给药方式适用于不溶于水的药物。

（2）灌服法　适用于液体性药物或将药物用水溶解或调成稀粥样，以及中草药的煎剂。灌服的药物一般应无强的刺激性或异味。常用的灌药用具有灌角、竹筒、橡皮瓶或长颈酒瓶、药盆等。操作方法：一助手抓牢牛头，并让牛头紧贴自己的身体，紧拉鼻环或用手、鼻钳等握住鼻中隔使牛头抬起；术者左手从牛的一侧口角处伸入，打开口腔并用手轻压舌体；右手持盛满药液的药瓶或灌角伸入并送向舌的背部，此时术者可抬高药瓶或灌角后部并轻轻振动，使药液能流到病牛咽部，

待其吞咽后继续灌服直至灌完所有药液。

（3）口腔投服法　如果所投药物为片剂、丸剂或舔剂，常用直接经口投服的方法给药。站立保定，助手适当固定其头部，防止乱动；术者一只手从一侧口角伸入打开口腔，另一只手持药片、药丸或用竹片刮取舔剂从另一侧口角送入病牛舌背部，病牛即可自然闭合口腔，将药物咽下。若药物不易吞咽，也可在投药后给病牛灌饮少量水，以帮助吞咽。

2. 胃管投药法

患牛食欲废绝，或所用水剂药物量过多、带有特殊气味，经口不易灌服时，此时一般需要使用胃管投给。将牛保定好，胃管可从牛的口腔或鼻腔经咽部插入食道。经口插入时，应该先给牛戴上木质开口器，固定好头部，将涂布润滑油的胃管自开口器的孔内送入咽喉部，或持胃管经鼻腔送至咽喉部。当胃管尖端到达咽部，会感触到明显阻力，术者可轻微抽动胃管，促使其吞咽，此时随牛的吞咽动作顺势将胃管插入食道，确认胃管插入食道后才能投药。

3. 直肠给药法

多用于患牛肠内补液、肠阻塞以及直肠炎的治疗，也用于病牛采食及吞咽困难时直肠内人工营养。患牛保定好，尾巴向上或向侧吊起；术者立于患牛正后方，手持灌肠器的一端胶管，缓慢送入患牛直肠内部，此时可通过抽压灌肠器活塞将药液灌入直肠内，所灌注药液温度应接近患牛直肠温度，动作要缓慢，以免对肠壁造成大的刺激。如直肠内有宿粪，灌肠前应先把宿粪取出。药液注入后由于努责，很容易将药液排出，为防止药液的流出，可拍打尾根部、捏住肛门促使其收缩，或塞入肛门塞。常用的灌肠药液包括1%温生理盐水、葡萄糖溶液、0.1%高锰酸钾溶液等。

4. 阴道（子宫）给药法

多用于母牛阴道炎、子宫颈炎、子宫内膜炎等病的对症治疗，促进黏膜的修复，及早恢复生殖功能。常用药液包括温生理盐水、0.1%雷佛奴尔、0.1%高锰酸钾以及抗生素和磺胺类制剂。

（1）阴道内投药　将患牛保定好，通过一端连有漏斗的软胶管，将配好的接近动物体温的消毒液或收敛液冲入阴道内；待药液完全排

出后，术者再徒手或戴灭菌手套将消毒药剂涂在阴道内，或者直接放入浸有磺胺乳剂的棉塞。

（2）子宫内投药　将患牛保定好，把所需药液配制好，并且药液温度以接近动物体温为佳。可使用阴道开膣器及带回流支管的子宫导管或小动物灌肠器，其末端接以带漏斗的长橡胶管。术者从阴道或者通过直肠把握子宫颈的方法将导管送入子宫内，将药液倒入漏斗内让其自行缓慢流入子宫。当注入药液不顺利时，切不可施加压力，以免刺激子宫使子宫内炎性渗出物扩散。每次注入药液的数量不可过多，并且要等到液体排出后，才能再次注入。每次治疗所用的溶液总量不宜过大，一般为500～1000mL，并分次冲洗，直至排出的溶液变为透明为止。或者直接投入抗生素，为了防止注入子宫内的药液外流，所用的溶剂（生理盐水或注射用水）数量以20～40mL为宜。

5.注射法

（1）皮下注射　适用于药量少、刺激性小的药液。注射部位以皮肤较薄、皮下组织疏松处为宜，一般在牛颈部两侧。一般选用16号针头，注射时对注射部位剪毛消毒（用70%酒精或5%碘酊涂擦消毒）。一般用左手拇指和食指捏起注射部位皮肤，使皮肤与针刺角度呈45°角；右手持注射器，或用右手拇指、食指和中指单独捏住针头，将针头迅速刺入捏起的皮肤皱褶内，使针尖刺入皮肤皱褶内1.5～2.0cm深；然后松开左手，连接针头和针管，将药液徐徐注入皮下。

（2）肌肉注射　一般刺激性较强、较难吸收的药液都可以采用肌肉注射法。部位一般选择在肌肉层较厚的臀部或颈部。使用16号针头，注射时，对注射部位剪毛消毒。取下注射器上的针头（一次性塑料注射器不必取下），以右手拇指、食指和中指捏住针头座，对准消毒好的注射部位，将针头用力刺入肌肉内；然后连接吸好药液的针管，徐徐注入药液。注射完毕后，拔出针头，针眼涂以碘酊消毒。一般肌肉注射时，不要把针头全部刺入肌肉内，以防针头折断后不易取出。

（3）静脉注射　部位多选在颈静脉上1/3处。一般使用16号或20号针头。注射时，先保定好病牛，使病牛颈部向前上方伸直，注射部位剪毛消毒。用左手在注射部位下面约5cm处，以大拇指紧压在颈静脉沟中的静脉血管上，其余四指在右侧相应部位抵住，拦住血液回流，

使静脉血管鼓起。术者右手拇指、食指和中指紧握针头座，针尖朝下，使针头与颈静脉呈45°角，对准静脉血管猛力刺入；如果刺进血管，便有血液涌出，见到回血后，将药液徐徐注入静脉。注射完药液后，左手用酒精棉球压紧针眼，右手将针拔出，为防止针眼溢血或形成局部血肿，在拔出针头后，继续紧压针眼1～2min，然后松手。

（4）气管注射　主要用于治疗气管、支气管以及肺部疾病。病牛站立保定，头颈伸直并略抬高，沿颈下第三轮气管正中剪毛消毒。用16号针头向后上方刺入，当穿透气管壁时，针感无阻力；然后连接针管，将药液缓缓注入。气管注射时，为防止咳嗽，可先在气管内注入0.25%～0.5%普鲁卡因溶液5mL，再注入治疗用药液。

（5）瓣胃注射　病牛站立保定，在右侧第9肋间，肩关节水平线上下2cm处剪毛消毒。采用长15cm（16～18号）的针头，垂直刺入皮肤后，针头朝向左侧肘突（左前下方）方向刺入8～10cm（刺入瓣胃内时常有沙沙声感），以注射器注入20～50mL生理盐水后立即回抽，如见混有草屑等胃内容物，即可注入治疗药物。注射完迅速拔出针头，按照常规消毒法消毒。

（6）皱胃注射　病牛站立保定，消毒注射部位，皱胃位于右侧第12、13肋骨后下缘，若右侧肋骨弓或最后三个肋间显著膨大，呈现叩击钢管清朗的铿锵音，也可选此处作为注射点。局部剪毛消毒，取长15cm（16～18号）的针头，朝向对侧肘突刺入5～8cm，有坚实感即表明刺入皱胃，先注入生理盐水50～100mL，立即抽回，若其中混有胃内容物，即可注入事先备好的治疗药物。注完后，常规消毒注射点。

（7）瘤胃注射　注射部位在左侧腹部髋结节与最后肋间连线的中央，即肷窝部位。站立保定，术部剪毛、消毒。若选用套管针，术者右手持套管针对准穿刺点，呈45°角迅速用力刺入瘤胃10～20cm，左手固定套管针外套，拔出内芯，此时用手堵住针孔，频频间歇性放出气体，待气体排完后，再行注射。如中途堵塞，可用内芯疏通后再注射药液。无套管针时，可用手术刀在术部切开1cm的小口后，再用注射针头刺入。注射完毕，视情况套管针可暂时保留，以便下次重复注射用。反复注射时，应防止术部感染。拔针时以防瘤胃内容物漏入腹腔，导致腹膜炎的发生。

七、不同给药途径之间药物剂量的换算

1.各种畜禽与人用药剂量比例、给药途径与剂量比例关系（表5-6、表5-7）。

表5–6　畜禽与人用药剂量比例简表（均按成年）

畜禽种类	成年人	牛	羊	猪	马	鸡	猫	狗
比例	1	5 ～ 10	2	2	5 ～ 10	0.167	0.25	0.25 ～ 1

表5–7　给药途径与剂量比例关系表

途径	内服	直肠给药	气管注射	皮下注射	肌肉注射	静脉注射
比例	1	1.5 ～ 2	0.333 ～ 0.5	0.333 ～ 0.5	0.25 ～ 0.333	0.25 ～ 0.333

2.添加到饲料中的药物浓度一般为饮水中药物浓度的4 ～ 5倍（奶牛一天的饮水量一般是日粮干物质进食量的4 ～ 5倍，是产奶量的3 ～ 4倍）。

3.每千克体重内服用药的剂量与饲料、饮水中添加药量的换算
设d为个体内服剂量（mg/kg体重），W为每千克体重牛24h的采食量（mg/kg饲料）或饮水量（mg/L），t为24h内的给药次数，D为混饲或混饮剂量，则$D=d\times t/W$。

一般奶牛干物质采食量占体重的2% ～ 4%，或者更高，但是也随产奶量和奶牛的食欲而变化。干物质采食量（kg/d）=0.025×体重（kg）+0.1×日产奶量（kg）。

例如：四环素片，奶牛每千克体重内服剂量为20mg，2次/d，成年牛每千克体重奶牛24h采食20 ～ 40g，约0.02 ～ 0.04kg，饲料中药物添加浓度应为：20mg/（kg体重·次）×2次÷0.03kg饲料/kg体重=1333mg/kg饲料；每千克体重奶牛24h饮水约0.12L，饮水给药浓度应为：20mg/（kg体重·次）×2次÷0.12L水/kg体重=333mg/L水。

如果将静脉注射或肌内注射给药的剂量换算成饮水或饲料添加的给药浓度，不宜进行简单的剂量换算，应考虑内服给药的吸收、生物利用度等。

八、奶牛常用中兽药制剂的使用

奶牛常用中兽药制剂的种类、功能与主治、用法用量及注意事项，见表5-8。

表5-8　奶牛常用的中兽药制剂

方剂名称	功能主治	与西医对应疾病	注意事项	用法用量
二母冬花散	肺热咳嗽		风寒感冒咳嗽不宜	250～300g
二陈散	湿痰咳嗽，呕吐，腹胀	肺炎、急性支气管炎	肺阴虚所致燥咳忌用，不宜长期使用	150～200g
十黑散	膀胱积热、尿血、便血	牛血尿、血红蛋白尿		200～250g
七补散	劳伤，虚损，体弱	牛衰竭症		250～400g
八正散	湿热下注，热淋、血淋、石淋、尿血	牛淋症、膀胱炎		250～300g
三子散	三焦热盛，疮黄肿毒，脏腑实热			120～300g
三香散	胃肠臌气	瘤胃臌气、耕牛肚胀	血枯阴虚、热盛伤津者禁用	200～250g
大承气散	结症、便秘	瘤胃积食、瓣胃阻塞	气虚阴亏，或表证未解，或胃肠无热结，均不宜用；孕畜禁用	300～500g
大黄末（酊）	食欲不振，实热便秘，结症，疮黄疔毒，目赤肿痛，烧伤烫伤，跌打损伤	牛肠黄、便血、湿热下痢、胃热慢草、烫火伤	孕畜慎用	50～150g（末） 30～100mL（酊）
大黄碳酸氢钠片	食欲不振，消化不良	牛青树叶中毒	孕畜慎用或禁用	40～60片
大戟散	水草肚胀，宿草不转	前胃弛缓、百叶干等	体质素虚者，剂量不宜过大	150～300g
千金散	息风解痉	破伤风		250～400g

续表

方剂名称	功能主治	与西医对应疾病	注意事项	用法用量
小柴胡散	少阳证，寒热往来，不欲饮食，口津少，反胃呕吐	牛癫痫、产后发热、低热不退		100～250g
马钱子酊	脾虚不食，宿草不转，食欲不振	前胃弛缓、阴茎脱垂	不宜多服久服，孕畜禁用	10～30mL
木香槟榔散	痢疾腹痛，胃肠积滞，瘤胃臌气	瘤胃积食、瘤胃臌气		300～450g
木槟硝黄散	实热便秘，胃肠积滞	家畜结症、宿草不转		150～200g
五皮散	浮肿	妊娠水肿		120～240g
五苓散	水湿内停，排尿不利，泄泻，水肿，宿水停脐	水肿		150～250g
止咳散	肺热咳喘	家畜久咳		250～300g
公英散	乳痈初起，红肿热痛	乳腺炎		250～300g
乌梅散	幼畜奶泻	犊牛腹泻		30～60g
六味地黄散	肝肾阴虚，腰胯无力，盗汗，滑精，阴虚发热	阴虚便秘、犊牛多汗证	体实及阳虚者禁用，感冒者慎用	100～300g
龙胆泻肝散	目赤肿痛，淋浊，带下	子宫内膜炎、传染性角膜炎、胆囊术后不食	脾胃虚寒者禁用	250～350g
龙胆酊	食欲不振	伤食泻、黑斑病红薯中毒、前胃疾病		50～100mL
平胃散	脾胃不和，食少，粪稀软	牛胃寒、顽固性腹泻、不孕症、脾胃虚弱、前胃迟缓		200～250g
四君子散	脾胃气虚，食少，体瘦	牛胃寒、脾失健运、前胃弛缓等		200～300g
四逆汤	四肢厥冷，脉微欲绝，亡阳虚脱	低温症、生产瘫痪	湿热、阴虚、实热之证禁用；妊娠禁用	100～200g

续表

方剂名称	功能主治	与西医对应疾病	注意事项	用法用量
生乳散	气血不足的缺乳和乳少症	增乳		250～300g
白术散	胎动不安	妊娠浮肿、习惯性流产		250～350g
白头翁散	湿热泄泻，下痢脓血	犊牛慢性腹泻、大肠杆菌病	脾胃虚寒者禁用	150～200g
加减消黄散	清热泻火，消肿解毒	炎性水肿、喉风、乳腺炎和子宫内膜炎		250～400g
百合固金散	肺虚咳喘，阴虚火旺，咽喉肿痛	肺阴虚咳嗽	外感咳嗽，寒湿痰喘者忌用	250～300g
当归苁蓉散	老、弱、孕畜便秘	慢性瘤胃积食	脾虚有湿者慎用	350～500g
当归散	前肢痛，束步难行	牛前肢闪伤		250～400g
曲麦散	胃肠积滞，料伤五攒痛	瘤胃积食、前胃弛缓		250～500g
朱砂散	心热风邪，脑黄	牛心风狂		150～200g
多味健胃散	健胃理气，宽中除胀	食欲减退，消化不良，肚腹胀满		200～250g
决明散	肝经积热，云翳遮睛	传染性角膜炎		250～300g
防风散	腰胯风湿		风热湿痹禁用	250～300g
防腐生肌散	痈疽溃烂，疮疡流脓，外伤出血	腐蹄病		外用适量，撒布创面
杨树花口服液	化湿止痢	痢疾、肠炎		50～100mL
肝蛭散	杀虫，利水	肝片吸虫病		250～300g
补中益气散	脾胃气虚，久泻	脱肛，阴道脱、子宫脱、脾虚慢草		250～400g
驱虫散	驱虫	胃肠道寄生虫病		250～350g
青黛散	口舌生疮，咽喉肿痛			将药适量装入纱布袋内，噙于牛口中

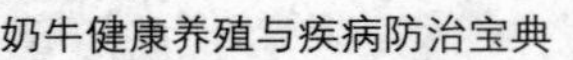

续表

方剂名称	功能主治	与西医对应疾病	注意事项	用法用量
板青颗粒	清热解毒，凉血	风热感冒，咽喉肿痛，热病发斑等温热性疾病		50g
板蓝根片	感冒发热，咽喉肿痛，肝胆湿热			20 ～ 30片
郁金散	肠黄，湿热泻痢	急性肠炎、犊牛腹泻		250 ～ 350g
拔云散	云翳遮睛	角膜炎		外用少许点眼
金锁固精散	肾虚滑精	滑精		250 ～ 350g
鱼腥草注射液	肺痈，痢疾，乳痈，淋浊	乳腺炎、肺热咳嗽、便血、乳痈		肌注，20 ～ 40mL
参苓白术散	脾胃虚弱，肺气不足	脾虚泄泻、前胃弛缓、下颌水肿		250 ～ 350g
荆防败毒散	风寒感冒，流感	牛流行热、家畜外感		250 ～ 400g
茵陈木通散	温热病初起	常用作春季调理剂		150 ～ 250g
茵陈蒿散	清热、利湿、退黄	湿热黄疸		200 ～ 300g
茴香散	暖腰肾，祛风湿	寒伤腰胯		300 ～ 300g
厚朴散	脾虚气滞，胃寒少食	肠痉挛、便秘、瘤胃积食等		200 ～ 350g
香薷散	伤热，中暑	中暑症		250 ～ 300g
保胎无忧散	养血，补气，安胎	胎动不安		200 ～ 300g
促孕灌注液	补肾壮阳，活血化瘀，催情促孕	卵巢静止和持久黄体性的不孕症		子宫内灌注，20 ～ 30mL
独活寄生散	痹症日久，肝肾两亏，气血不足	跛行、风湿证		250 ～ 300g
穿心莲注射液	清热解毒	肠炎，肺炎、乳腺炎		肌注，30 ～ 50mL
秦艽散	膀胱积热，努伤尿血	泌尿系统炎症		250 ～ 300g
泰山盘石散	气血两虚所致的胎动不安	习惯性流产		250 ～ 350g

续表

方剂名称	功能主治	与西医对应疾病	注意事项	用法用量
柴胡注射液	解热	感冒发热	无发热者不宜	肌注，20 ～ 40mL
柴葛解肌散	解肌清热	感冒发热		200 ～ 300g
健胃散	消食下气，开胃宽肠	伤食积滞，消化不良		150 ～ 200g
益母生化散	产后恶露不行，血瘀腹痛	产后腹痛、恶露不行、胎衣不下、子宫内膜炎	怀孕母畜慎用	250 ～ 300g
消疮散	疮痈肿毒初起，红肿热痛	乳腺炎	疮已破溃或阴证不用	250 ～ 400g
消黄散	三焦热盛，热毒，黄肿	乳腺炎、喉炎		250 ～ 350g
桑菊散	外感风热	牛流行热	体虚或气血不足的病畜慎用	200 ～ 300g
黄连解毒散	三焦实热，疮黄肿毒			150 ～ 250g
银翘散	风热感冒，咽喉肿痛，疮痈初起	流行性感冒	外感风寒者不宜使用	250 ～ 400g
麻杏石甘散	肺热咳喘	流行性感冒	风寒实喘不用	200 ～ 300g
清瘟败毒散	热毒发斑，高热神昏	流行性感冒	热毒证后期无实热证候者慎用	300 ～ 450g
普济消毒散	热毒上冲，头面、腮颊肿痛，疮黄疔毒	牛乳蛾、牛腮黄、毒邪上攻型牛吐草病		250 ～ 400g
槐花散	肠风下血	牛肠风下血、湿热便血、便血、出血性肠炎	药性寒凉，不宜久服	200 ～ 250g
催奶灵散	产后乳少，乳汁不下	缺乳		300 ～ 500g
催情散	催情	不发情		250 ～ 300g
藿香正气散	外感风寒，内伤食滞，泄泻腹胀	牛急性胃肠炎、寒湿泄泻、湿热证	热邪导致的霍乱、感冒、阴虚火旺者忌用	300 ～ 450g
奶牛反刍散	促反刍	瘤胃鼓气、前胃迟缓、积食、真胃炎、消化不良		250 ～ 400g

注：1.中兽药制剂的用量，参考兽药外包装的标签说明书，并在兽医指导下对症合理用药。2.表中中药的用法为煎汁灌服、自由饮用或混饲给药。

九、常用兽药配伍禁忌

奶牛常用兽药配伍禁忌，见表5-9。在临床中应用时，可根据实际情况和用药经验不断调整。

表5–9　奶牛常用兽药配伍禁忌

分类	药物	配伍药物	配伍结果
青霉素类	青霉素钠、钾盐；氨苄西林类；阿莫西林类	喹诺酮类、氨基糖苷类（庆大霉素除外）、多黏菌类	效果增强
		四环素类、头孢菌素类、大环内酯类、酰胺醇类、庆大霉素、利巴韦林	拮抗或疗效相抵或产生副作用，应分别使用、间隔给药
		维生素C、罗红霉素、磺胺类、氨茶碱、高锰酸钾、B族维生素、过氧化氢	沉淀、分解、失败
头孢菌素类	“头孢”系列	氨基糖苷类、喹诺酮类	疗效、毒性增强
		青霉素类、林可胺类、四环素类、磺胺类	拮抗或疗效相抵或产生副作用，应分别使用、间隔给药
		维生素C、B族维生素、磺胺类、罗红霉素、氨茶碱、氟苯尼考、甲砜霉素、强力霉素	沉淀、分解、失败
氨基糖苷类	卡那霉素、阿米卡星、妥布霉素、庆大霉素、大观霉素、新霉素、链霉素等	抗生素类	尽量避免与其他抗生素类药物联合应用，会增加毒性或降低疗效
	大观霉素	青霉素类、头孢菌素类、林可胺类、TMP	疗效增强
	卡那霉素、庆大霉素	碱性药物（如碳酸氢钠、氨茶碱等）	疗效增强，毒性增强
		维生素C、B族维生素	疗效减弱
		氨基糖苷类药物、头孢菌素类、万古霉素	毒性增强
		酰胺醇类、四环素	拮抗作用，疗效抵消
		其他抗菌药物	不可同时使用

续表

分类	药物	配伍药物	配伍结果
大环内酯类	红霉素、罗红霉素、硫氰酸红霉素、替米考星、吉他霉素（北里霉素）、泰乐菌素、乙酰螺旋霉素、阿奇霉素	林可胺类、麦迪霉素、螺旋霉素、阿司匹林	降低疗效
		青霉素类、无机盐类、四环素类	沉淀、降低疗效
		碱性物质	增强稳定性、增强疗效
		酸性物质	不稳定、易分解失效
四环素类	土霉素、四环素、金霉素、强力霉素、米诺环素	甲氧苄啶、三黄粉	稳效
		含钙、镁、铝、铁的中药如石类、壳贝类、骨类、矾类、脂类等，含碱类、含鞣质的中成药，含消化酶的中药如神曲、麦芽、豆豉等，含碱性成分较多的中药如硼砂等	不宜同用，如确需联用应至少间隔2h
		其他药物	四环素类药物不宜与绝大多数其他药物混合使用
酰胺醇类	甲砜霉素、氟苯尼考	喹诺酮类、磺胺类	毒性增强
		青霉素类、大环内酯类、四环素类、多黏菌素类、氨基糖苷类、林可胺类、头孢菌素类、B族维生素、铁制剂、利福平	拮抗作用，疗效抵消
		碱性药物（如碳酸氢钠、氨茶碱等）	分解、失效
喹诺酮类	“沙星”系列	青霉素类、链霉素、新霉素、庆大霉素	疗效增强
		林可胺类、氨茶碱、金属离子（如钙、镁、铝、铁等）	沉淀、失效
		四环素类、酰胺醇类、罗红霉素、利福平	疗效降低
		头孢菌素类	毒性增强

续表

分类	药物	配伍药物	配伍结果
磺胺类	磺胺嘧啶、磺胺二甲嘧啶、磺胺甲噁唑、磺胺对甲氧嘧啶、磺胺间甲氧嘧啶	青霉素类	沉淀、分解、失效
		头孢菌素类	疗效降低
		酰胺醇类、罗红霉素	毒性增强
		TMP、新霉素、庆大霉素、卡那霉素	疗效增强
	磺胺嘧啶	阿米卡星、头孢菌素类、氨基糖苷类、利卡多因、林可霉素、普鲁卡因、四环素类、青霉素类、红霉素	配伍后疗效降低或抵消或产生沉淀
抗菌增效剂	二甲氧苄啶、甲氧苄啶、三甲氧苄啶	参照磺胺药物	参照磺胺药物
		磺胺类、四环素类、红霉素、庆大霉素、多黏菌素	疗效增强
		青霉素类	沉淀、分解、失效
		其他抗菌药物	增效或协同作用
林可胺类	盐酸林可霉素、克林霉素	氨基糖苷类	协同作用
		大环内酯类、氟苯尼考	疗效降低
		喹诺酮类	沉淀、失效
多肽类	硫酸黏菌素	磺胺类、甲氧苄啶、利福平	疗效增强
	杆菌肽锌	青霉素类、链霉素、新霉素、金霉素、多黏菌素	协同作用、疗效增强
		吉他霉素、恩拉霉素	拮抗作用，疗效抵消，禁止并用
	恩拉霉素	四环素、吉他霉素、杆菌肽锌	
抗病毒类（农业部禁用，仅供参考）	利巴韦林、金刚烷胺、阿糖腺苷、阿昔洛韦、病毒灵、干扰素	抗菌类	无明显禁忌、协同增效作用。但有可能增加毒性，应防止滥用
抗寄生虫药	苯并咪唑类	长期使用	易产生耐药性
		联合使用	易产生耐药性并增加毒性，应避免同时使用

续表

分类	药物	配伍药物	配伍结果
抗寄生虫药	其它抗寄生虫药	长期使用	此类药物一般毒性较强，应避免长期使用
		同类药物	毒性增强，间隔用药，确需同用应减低用量
		其他药物	容易增加毒性或产生拮抗，应尽量避免合用
助消化与健胃药	乳酶生	酊剂、抗菌剂、鞣酸蛋白、铋制剂	疗效减弱
	胃蛋白酶	中药	能降低胃蛋白酶的疗效，应避免合用，确需与中药合用时应注意观察效果
		强酸、碱性、重金属盐、鞣酸溶液及高温	沉淀或灭活、失效
	干酵母	磺胺类	拮抗、降低疗效
	稀盐酸、稀醋酸	碱类、盐类、有机酸及洋地黄	沉淀、失效
	人工盐	酸类	中和、疗效减弱
	胰酶	强酸、碱性、重金属盐溶液及高温	沉淀或灭活、失效
	碳酸氢钠	镁盐、钙盐、鞣酸类、生物碱类等	疗效降低或分解或沉淀或失效
		酸性溶液	中和失效
平喘药	茶碱类（氨茶碱）	其他茶碱类、林可胺类、四环素类、喹诺酮类、禁用大环内酯类、酰胺醇类、利福平	毒副作用增强或失效
		药物酸碱度	酸性药物可增加氨茶碱排泄、碱性药物可减少氨茶碱排泄
维生素类	所有维生素	长期使用、大剂量使用	易中毒甚至致死
	B族维生素	碱性溶液	沉淀、破坏、失效
		氧化剂、还原剂、高温	分解、失效

续表

分类	药物	配伍药物	配伍结果
维生素类	B族维生素	青霉素类、头孢菌素类、四环素类、多黏菌素、氨基糖苷类、林可胺类、酰胺醇类	灭活、失效
	维生素C	碱性溶液、氧化剂	氧化、破坏、失效
		青霉素类、头孢菌素类、四环素类、多黏菌素、氨基糖苷类、林可胺类、酰胺醇类	灭活、失效
消毒防腐类	漂白粉	酸类	分解、失效
	酒精	氯化剂、无机盐等	氧化、失效
	硼酸	碱性物质、鞣酸	疗效降低
	碘类制剂	氨水、季铵盐类	生成爆炸性的碘化氮
		重金属盐	沉淀、失效
		生物碱类	析出生物碱沉淀
		淀粉类	溶液变蓝
		龙胆紫	疗效减弱
		挥发油	分解、失效
	高锰酸钾	氨及其制剂	沉淀
		甘油、酒精	失效
	过氧化氢（双氧水）	碘类制剂、高锰酸钾、碱类、药用炭	分解、失效
	过氧乙酸	碱类如氢氧化钠、氨溶液等	中和失效
	碱类（生石灰、氢氧化钠等）	酸性溶液	中和失效
	氨溶液	酸性溶液	中和失效
		碘类溶液	生成爆炸性的碘化氮

十、母牛孕期禁用或慎用的药物

母牛孕期慎用或禁用的药物，见表5-10。

表5-10 奶牛孕期禁用或慎用的药物及影响

药物类别		具体药物	对母牛的影响	禁用或慎用
拟胆碱药		氨甲酰胆碱、硝酸毛果芸香碱、新斯的明等	兴奋子宫壁平滑肌，引起流产	禁用
子宫收缩药		缩宫素、麦角新碱等	兴奋子宫壁平滑肌，引起流产	禁用
润肠通便药		巴豆油、蓖麻油	流产	禁用
麻醉药		氯胺酮、硫喷妥钠	（怀孕后期）胎儿死亡	慎用
解毒药、杀虫药		硫代硫酸钠、亚甲蓝、敌百虫等	致畸、胎儿死亡	禁用
解热镇痛抗风湿药		阿司匹林、水杨酸钠、奎宁	胎儿畸形、流产	禁用
激素类		生殖激素类药物、肾上腺皮质激素以及促肾上腺皮质激素	流产	禁用
利尿药		呋噻米（速尿）	子宫积水，胚胎脱离	禁用
驱虫剂		阿苯达唑、氟苯达唑、别丁等	可能致畸、流产	慎用
中药类	大毒大热药物	生南星、朱砂、雄黄、大戟、附子、商陆、斑蝥、蜈蚣、砒石、蟾酥、全蝎、轻粉、马钱子、生川乌等	胎儿流产	禁用
	活血化瘀药物	桃仁、红花、枳实、蒲黄、益母草、当归、三棱、水蛭、穿山甲、乳香、没药、莪术、川芎、牛膝等	胎儿流产	禁用
	滑利攻下药物	滑石、木通、牵牛子、冬葵子、薏苡仁（根）、巴豆、芫花、大戟、甘遂、瞿麦、车前子等	胎儿流产	禁用
	芳香走窜药物	丁香、降香、麝香、冰片等	胎儿流产	禁用

十一、奶牛禁止使用的兽药及其化合物

奶牛饲养禁止使用的兽药及其他化合物，见表5-11。

表5-11　奶牛饲养禁止使用的兽药及其他化合物

兽药及其他化合物名称	禁止用途	禁用动物
β-兴奋剂类：克仑特罗、沙丁胺醇、西马特罗及其盐、酯及制剂	所有用途	所有食品动物
性激素类：己烯雌酚及其盐、酯及制剂	所有用途	所有食品动物
具有雌激素样作用的物质：玉米赤霉醇、去甲雄三烯醇酮、醋酸甲孕酮及制剂	所有用途	所有食品动物
氯霉素及其盐、酯（包括琥珀氯霉素）及制剂	所有用途	所有食品动物
氨苯砜及制剂	所有用途	所有食品动物
硝基呋喃类：呋喃唑酮、呋喃它酮、呋喃苯烯酸钠及制剂	所有用途	所有食品动物
硝基化合物：硝基酚钠、硝呋烯腙及制剂	所有用途	所有食品动物
催眠、镇静类：安眠酮及制剂	所有用途	所有食品动物
林丹（丙体六六六）	杀虫剂	水生食品动物
毒杀芬（氯化烯）	杀虫剂	水生食品动物
呋喃丹（克百威）	杀虫剂	水生食品动物
杀虫脒（克死螨）	杀虫剂	水生食品动物
酒石酸锑钾	杀虫剂	水生食品动物
锥虫胂胺	杀虫剂	水生食品动物
孔雀石绿	抗菌、杀虫剂	水生食品动物
五氯酚酸钠	杀螺剂	水生食品动物
各种汞制剂包括：氯化亚汞（甘汞）、硝酸亚汞、醋酸汞、吡啶基醋酸汞	杀虫剂	动物
催眠、镇静类：氯丙嗪、地西泮（安定）及其盐、酯及制剂	促生长	所有食品动物
硝基咪唑类：甲硝唑、地美硝唑及其盐、酯及制剂	促生长	所有食品动物

续表

兽药及其他化合物名称	禁止用途	禁用动物
性激素类：甲基睾丸酮、丙酸睾酮、苯丙酸诺龙、苯甲酸雌二醇及其盐、酯及制剂	促生长	所有食品动物
洛美沙星、培氟沙星、氧氟沙星、诺氟沙星	所有用途	所有食品动物

注：来源于《食品动物禁用的兽药及其他化合物清单》农业部公告第193号和农业部公告第2292号。

十二、兽药真假鉴别

（1）登录中国兽药信息网（http://www.ivdc.org.cn/）、《国家兽药基础信息查询》系统（http://sysjk.ivdc.org.cn:8081/cx/）查询兽药生产企业是否取得“兽药生产许可证”和“GMP证”，并查询该产品是否取得产品批准文号，是否在有效期内。凡查询不到的均属于非法生产的假药。

（2）登录中国兽药信息网《兽药二维码专栏》（http://www.ivdc.org.cn/2wm/），下载兽药查询系统手机客户端，扫描兽药外包装上的二维码，若无企业及产品相关信息的属于假药；无二维码的也属假药（农业部规定：从2016年7月1日前，所有兽药产品赋二维码出厂、上市销售）。

（3）看外包装　一般真品兽药外包装印制清晰、包装袋厚、质量好、色彩鲜艳，而伪品则图案模糊不清，印制低劣。按照《兽药管理条例》的有关规定，兽药外包装必须有标签，并注明“兽用”、“处方药”或“非处方”字样，包装袋箱（内）应有说明书与合格证，证上应有企业质检专用章、质检员签章及装箱日期。

（4）看标签　按照《兽药管理条例》的有关规定，兽药包装必须贴有标签或说明书，且以中文注明兽药的通用名称、成分及其含量、规格、生产企业、产品批准文号（进口兽药注册证号）、产品批号、生产日期、有效期、适应证或者功能主治、用法、用量、休药期、禁忌、不良反应、注意事项、运输贮存保管条件及其他应当说明的内容。如果标签上缺少上述内容，或虽有但不全以及与事实不符者，则应对其质量提出质疑。

（5）看产品规格　看标签上标示的规格与药品的实际是否相符，主要看标示装量与实际装量是否相符。

（6）查兽药产品执行标准　从2013年9月1日起，兽药标准必须执行国家标准（中国兽药典、兽药国家标准汇编、兽药国家标准、农业部公告），如果兽药成分不符合国家标准，即为假药或劣药。

（7）看有效期　查兽药产品有效期标签说明书里标明的该兽药产品的有效期，超过有效期的即可判为劣药。

（8）看产品性状　如外观色泽、是否结块、气味、沉淀物、异物、霉变等。

（9）实验室检验　由专业机构如各省辖市、自治区畜牧局、高校、科研院所等，从性状、含量、鉴别等方面进行鉴定。

第六章　临床诊断

一、牛病诊断方法

1. 临床诊断

就是通过问诊、听诊、叩诊、触诊、嗅诊等方法，调查牛群发病的时间、数量、日龄、发病率、死亡率、病程经过、免疫接种、用药情况、饲料质量、饲喂方法及制度等。

（1）问诊　向畜主或饲养人员调查、了解病牛或牛群发病情况和经过。问诊采用交谈和启发式询问方法。一般在着手检查病畜之前进行，也可边检查边询问，以便尽可能全面地了解发病情况及经过。问诊内容主要包括现病史、既病史及饲养管理、使役情况等。

（2）视诊　通过观察病牛的临床症状对其疾病进行诊断。视诊所获得的临床第一手资料是诊断疾病的重要依据。视诊包括观察病牛的精神状态、营养状况、饮食欲情况、躯体结构、行为姿势、皮毛和可视黏膜（眼结膜、口腔黏膜、鼻镜、鼻黏膜）、呼吸动作和次数，以及采食、咀嚼、吞咽、反刍、排粪排尿等。

（3）触诊　检查者用手与牛体接触以检查疾病的一种方法。通过触诊可检查皮肤的温度、湿度、弹性，体表淋巴结（主要包括颌下淋巴结、肩前淋巴结、膝前淋巴结、腹股沟淋巴结）的大小、软硬度，心脏和脉搏的次数、强度，瘤胃的蠕动次数、强度和内容物的性状以及瓣胃与真胃的位置、内容物性状等。

（4）听诊　通过听取病牛的喘息、咳嗽、喷嚏、嗳气、反刍、咀嚼、呻吟的声音，以及肠鸣音、胃蠕动音、心音和呼吸音等对疾病作出诊断。听诊可分为直接听诊法与间接听诊法（听诊器听诊）两种。用听诊器听取和判断病理性声音具有一定的难度，检查者具有熟悉的兽医专业知识和技能才能得出确切的诊断。

（5）叩诊　根据对病牛体表某一部位叩击而产生音响的特性去判断被检查的组织或器官的病理状态的一种方法。叩诊时，用一个或数个并拢且呈屈曲的手指，向病牛体表的一定部位轻轻叩击（直接叩诊），或用叩诊板紧贴于叩诊部位，同时用叩诊锤叩击（间接叩诊），伴随叩击时产生的声音即叩诊音。叩诊音通常分为浊音、清音、鼓音三种。浊音由叩击致密组织产生，肌肉以及肝脏、心脏、肾脏、脾脏等实质器官与体表直接接触的部位呈浊音；肺脏正常叩诊呈清音；瘤胃上部1/3处呈鼓音，瘤胃臌气后叩诊瘤胃鼓音区扩大。气肿疽时，皮下和骨骼肌内产生气体，叩诊出现鼓音。叩诊时如叩诊区反应敏感，则表明该部位有疼痛。

（6）嗅诊　嗅闻、辨别牛呼出气、口腔气味以及病牛排泄物、分泌物及其他病理产物等有无异常气味。来自病畜皮肤、黏膜、呼吸道、胃肠道、呕吐物、排泄物、分泌物、脓液和血液等的气味，根据疾病的不同，其特点和性质也不一样。如病牛呼出气体及鼻液有特殊腐败臭味，多提示呼吸道及肺脏有坏疽性病变；呕吐物出现粪便味可见于长期剧烈呕吐或肠结石；尿液及呼出气息有烂苹果味，提示牛患有酮尿症。

2.病理学诊断

（1）病理解剖学诊断　应用病理解剖学的方法，对患病死亡的牛只进行剖检，查看其病理变化。在剖检时，作为兽医人员，一定要尽可能地做到认真细致，决不能马虎或妄下结论。剖检过程中应先从外到内，尽可能保持每个脏器的完好，力求通过剖检从中找出具有代表性的典型病变。此外，当出现群发性疾病时，由于不同个体间存在差异，病变表现有所不同，应增加剖检数量，根据不同病变，找出共同的、主要的、示病性的病理变化。

（2）病理组织学诊断　又称组织学诊断，是从微观的角度对病牛

的相关器官做组织学检查，多用组织器官的表现特点而命名，如肾小球性肾炎、纤维素性肺炎、化脓性淋巴结炎等。

3. 实验室诊断

主要包括血液常规检查、尿液检查、粪便检查、微生物检查、免疫学检查及寄生虫病检查等。

（1）血液常规检查　主要包括红细胞沉降速率（血沉）、血红蛋白含量、红细胞计数、白细胞计数和白细胞分类计数。通过颈静脉或尾静脉采血。采血前，要注意对采血部位剪毛、擦拭和消毒。采血后，要立即轻摇试管内的血液，以防止凝固。常用的抗凝剂有3.8%柠檬酸钠、EDTA二钠、肝素、双草酸盐等。检测可用动物全自动血液细胞分析仪、动物全自动生化分析仪（生化检测用）。

（2）尿液检查　主要包括尿比重、尿液pH、尿蛋白、酮体、红细胞、白细胞、尿沉渣、尿管型等的检查。尿液采集用清洁容器在牛排尿时采取尿液100 ～ 200mL，必要时可用导尿方法采取。采取的尿液要立即送检。

（3）粪便检查　包括一般性检验（粪便的数量、形状和硬度、颜色、气味及混合物检查）及显微镜检验（检查粪便中的虫卵或幼虫），必要时作粪便的潜血检验和酸碱度检验等。

（4）微生物检查　范围较广，有细菌、病毒、霉菌等检测。送验的材料可以是血、尿、粪便及其他体液成分，如脑脊液、胸水、腹水、关节囊液等。检测方法主要有涂片检查和分离培养。

① 细菌学检查　主要包括染色镜检（革兰氏染色法、瑞氏染色法、姬姆萨染色法等）、分离培养、生化试验和动物试验等。

② 病毒学检验　无菌采取病料组织，经磷酸缓冲液反复洗涤3次，然后将组织剪碎、研细，加磷酸缓冲液制成1 ∶ 10悬液，离心取出上清液，分装，−70℃保存备用。对分离到的病毒，用电子显微镜检查，并用血清学试验及动物实验等方法进行物理化学和生物学特性的鉴定。分离培养得到的病毒液，接种易感动物。

（5）免疫学检查　传染病的检验常采用免疫学方法。常用的方法有凝集反应、沉淀反应、补体结合反应、中和试验等血清学检验方法，以及用于某些传染病生前诊断的变态反应等。另外，也有其他免疫检测方法，如免疫扩散试验、荧光抗体技术、酶标记技术、单克隆抗体技术和PCR技术等。

（6）寄生虫检查　采样采用随机多点抽取，采样数量为牛只总数的10%，进行粪便检测。粪便采集在驱虫后7～10d，直肠采取粪便，每天采3次，早中晚各1次，连续采集3d。随机多点采取新鲜粪便50～100g，分别装入干净的塑料袋中，标号后进行粪便检测；不能及时进行检查的挤出袋内空气，置于4℃冰箱中保存备用。虫体的检测则分别收集每头牛的全粪，分别淘洗检测虫体。

虫卵、幼虫和卵囊检查常采用饱和盐水漂浮法（适用于线虫卵、绦虫卵和球虫卵囊的检查）、沉淀法（适用于吸虫卵的检查）和虫卵计数（常用麦克马斯特法计数法）进行。体表寄生虫常用肉眼直接检查，血样寄生虫常用血液涂片检测，内脏器官虫体检查常通过尸体剖检进行检查。

二、奶牛常见异常症状与临床意义

奶牛常见异常临床症状及提示意义，见表6-1。

表6-1　奶牛常见异常临床症状及提示意义

项目	正常表现	异常症状	临床意义
精神状态	反应迅速，行动敏捷，目光明亮有神，耳朵扇动灵活，鼻镜湿润，反刍节奏明显且有力，呼吸平稳，尾摆动自如，被毛光亮平顺，哞叫洪亮	精神沉郁	大多数疾病均会出现，意义不大
		精神抑制	热性病、重症及某些脑病与中毒
		精神兴奋	多见于脑病或中毒
营养状况和发育情况	体格健壮，躯体结构紧凑而匀称，肌肉丰满结实，被毛光亮，皮下脂肪适中	消瘦，骨骼外露，被毛粗乱无光泽，皮肤弹性降低	营养不良
		头骨膨大，胸骨扁平，腰背凸凹，四肢弯曲，关节粗大	软骨病或佝偻病

续表

项目	正常表现	异常症状	临床意义
姿势与行为	站立时常低头，饲喂后四肢集于腹下而伏卧，起立时先起后肢	全身僵直	破伤风
		站立时单肢抬起且蹄离地悬空或肢蹄不敢负重，两前肢后踏或两后肢前伸，甚至四肢集于腹下	蹄叶炎
		肘关节外展，选择前高后低的站立姿势	创伤性心包炎或心肌炎
		站立时躯体外斜或依墙站立或四肢叉开	神经功能障碍
		犬坐姿势，前肢能正常活动，而后躯拖地或两后肢向两侧叉开	脊髓损伤、侧性髋关节脱位或股骨骨折
		躺卧、不能站立	多发性关节疾病、脑脊髓及脑脊髓膜的重度疾病、产后瘫痪、严重的酮病等
		两后肢常向后伸直，用腹部着地	股神经麻痹
体温	正常体温37.5～39.5℃	升高	急性炎症、热性病、日射病、热射病及肿瘤病等
		下降	营养不良、重度衰竭、严重贫血以及低血钙症等
脉搏	正常脉搏数40～80次/min	加快	发热性疾病、心血管疾病、呼吸系统疾病、贫血、缺氧、剧烈疼痛、某些中毒病等
		减少	某些脑病和中毒等
呼吸数	正常呼吸次数10～25次/min	增多	支气管、肺脏和胸腔疾病，心血管系统疾病、贫血、发热性疾病、疼痛等
		减少	颅内压显著升高、某些中毒病与代谢病
鼻镜	鼻镜湿润，表面附着少量水珠，触之有凉感	干燥，严重时龟裂	热性病、前胃迟缓等
		形成水疱或出现糜烂和溃疡等	口蹄疫

续表

项目	正常表现	异常症状	临床意义
被毛	被毛平顺、有光泽，每年春秋两季脱换新毛	蓬松粗乱、失去光泽、易脱落或换毛季节推迟	营养不良和慢性消耗性疾病
		局部脱毛	疥癣、毛癣、湿疹、毛虱等
皮肤	主要包括皮肤的颜色、温度、湿度、弹性等	蓝紫色或紫红色	心力衰竭、呼吸困难和某些毒物中毒等
		苍白	贫血、营养不良等
		皮温升高	热性病
		皮温降低	心力衰竭、瘀血、重症、濒死期
		湿度增加	发热后期、高度呼吸困难、有机磷中毒、剧烈疼痛、破伤风等
		干燥	热性病、脱水
		弹性降低	营养不良、贫血、脱水等
		下颌间隙、颈下、胸下等部位水肿	肝片吸虫病、创伤性心包炎和心肌炎等
		肿胀部位界限不明显，触诊有捻发音，无热感和疼痛反应	气肿疽
		局部肿胀突起，触之有波动感	局部损伤或感染
眼结膜	正常眼结膜为淡粉红色	潮红	一侧潮红——局部炎症；两侧潮红——全身疾病，如传染病等
		苍白	大出血、附红细胞体病、血红蛋白尿病、严重营养不良等
		黄染	肝脏疾病、胆道阻塞、红细胞溶解等
		发绀	全身性瘀血、肺脏疾病和亚硝酸盐中毒等
		出血	出血性传染病、中毒病等

续表

项目	正常表现	异常症状	临床意义
淋巴结	主要检查淋巴结的大小、形状、质度、敏感性及在皮下的移动性	急性肿胀，触摸时淋巴结肿大、皮肤较硬或有时有波动感、有疼痛反应	急性淋巴结炎、败血症
		慢性肿胀，一定程度肿大，皮肤较坚硬，表面不平，与周围组织粘连不易活动，无明显痛感	慢性感染性疾病，如副结核病、结核病、布鲁氏杆菌病等，也见于淋巴细胞白血病等
心血管系统	包括心脏的触诊、叩诊和听诊	心搏动减弱	心力衰竭或心室收缩无力
		心搏动增强	心机能亢进
		叩诊浊音区缩小	主要提示肺气肿
		叩诊浊音区扩大	心肌肥大、心室扩张、渗出性或增生性心包炎、心包积水
		叩诊躲闪或回视	创伤性心包炎或心肌炎
		心率加快	缺氧、贫血、发热、脱水等
		心率减慢	某些脑病和中毒病
		听诊有心包拍水音	创伤性心包炎
		体表静脉过度充盈扩张	心包疾病、心脏疾病和胸腔疾病等
		颈静脉波高度超过颈下部的1/3	三尖瓣闭锁不全、心力衰竭等
呼吸系统	健康牛通常呈胸腹式呼吸，且每次呼吸的深度均匀、间隔时间均等	吸气性困难	上呼吸道狭窄
		呼气性困难	慢性肺气肿、弥漫性支气管炎
		混合性呼吸困难	支气管、肺脏、胸膜的疾病以及心功能障碍和贫血等
		呼出难闻的腐败臭味	呼吸道、肺脏或副鼻窦有化脓性炎症或腐败性炎症
		呼出气体有酮臭味	酮血症
		单侧鼻液	鼻腔、副鼻窦的单侧性病变
		双侧鼻液	多来源于气管、支气管和肺脏

续表

项目	正常表现	异常症状	临床意义
呼吸系统	健康牛通常呈胸腹式呼吸，且每次呼吸的深度均匀、间隔时间均等	咳嗽常发生在早上、饲喂后或运动后	呼吸器官慢性疾病，如结核病
		频繁、剧烈的连续性咳嗽	喉炎、支气管炎
		鼻面部肿胀、隆起变形	放线菌病
		胸廓异常，如狭胸	发育不良或软骨症
		桶状胸	慢性肺气肿
		胸廓左右不对称	单侧气胸
		胸壁触诊敏感，触诊时病牛回视、躲闪或反抗等	胸膜炎、胸壁肌肉损伤等
		肺泡呼吸音增强	呼吸加强
		肺泡呼吸音减弱或消失	肺组织中有渗出、增生、萎陷等，也见于胸壁增厚、胸腔积液等
		支气管呼吸音	间质性肺炎、肿瘤、肺肉变等
		干性啰音	气管黏膜增生、炎性产物渗出等导致气管狭窄
		湿性啰音	肺水肿、浆液性肺炎等
		摩擦音	纤维素性胸膜炎
消化系统	正常状态下，每昼夜排粪12～18次，成年牛每天排粪15～20kg；粪便较软呈叠层盘状	饮食量减少	各种严重的疾病
		啃食泥土、煤渣、墙砖等异物	某些矿物质、微量元素、维生素或氨基酸等缺乏
		咀嚼小心、缓慢而无力，有时将口中咀嚼的饲草料吐出	口腔炎症、牙齿疾病、软骨症等
		空嚼、磨牙	狂犬病、中枢神经疾病、胃肠道阻塞及剧烈疼痛等
		吞咽时伸颈、摇头，食物或饮水不能咽下，有时食物和饮水经鼻反流	食道阻塞、咽炎等
		反刍、嗳气障碍	前胃机能障碍

续表

项目	正常表现	异常症状	临床意义
消化系统	正常状态下，每昼夜排粪12～18次，成年牛每天排粪15～20kg；粪便较软呈叠层盘状	流涎	口蹄疫、某些中毒病及吞咽障碍等
		口腔黏膜充血肿胀	口腔炎
		口腔黏膜出现水疱、糜烂或溃疡等	口蹄疫、牛病毒性腹泻/黏膜病等
		牙齿不整	软骨病或氟中毒
		咽喉部及周围肿胀、热感、疼痛	咽炎或咽喉炎
		咽部周围硬性肿物	结核病、放线菌病及腮腺炎等
		触诊颈部食道局部肿大、有硬物，并常伴有疼痛感	食道阻塞
		食道呈较硬索状物，并呈敏感反应	食道痉挛
		腹围膨大	瘤胃臌气、瘤胃积食、腹腔积液等
		腹壁敏感	腹膜炎
		腹壁皮下浮肿	心功能障碍、肝脏疾病、肝片吸虫病等
		左肷部膨胀、紧张有弹性，叩诊鼓音明显	瘤胃膨胀
		触诊内容物硬实	瘤胃积食
		内容物稀软	前胃弛缓
		瘤胃蠕动增快、增强	瘤胃膨气早期
		瘤胃蠕动变慢、减弱甚至停止	瘤胃积食、前胃迟缓以及其他瘤胃功能障碍
		网胃区叩诊和触诊敏感	创伤性网胃炎、膈肌炎和心包炎
		瓣胃蠕动音消失和对叩诊敏感	瓣胃炎和瓣胃阻塞
		视诊发现右侧肋骨弓下向侧方隆起	真胃阻塞或真胃扩张

续表

项目	正常表现	异常症状	临床意义
消化系统	正常状态下，每昼夜排粪12～18次，成年牛每天排粪15～20kg；粪便较软呈叠层盘状	触诊真胃敏感	真胃炎
		真胃与肠音亢进	胃肠炎
		腹泻	胃肠炎
		便秘	胃肠阻塞
		排粪失禁	急性胃肠炎
		排粪疼痛	多见于腹膜炎
		里急后重	直肠炎、阴道炎、子宫炎等
		粪便有腐败酸臭味	消化不良或肠炎
		粪便干硬、颜色变深	便秘、瓣胃阻塞
		粪便呈黑色或带有血液	黑色表明胃或前部肠道出血引起，粪便中带血表明后部肠道出血
		粪便中有未消化的饲草料	消化不良
		粪便中混有黏液或伪膜	肠炎
		肝区触诊敏感，且在肋骨弓下可感知肝脏的边缘	肝肿大并伴有肝脏疼痛
		肝脏叩诊区扩大	肝脏肿大
泌尿生殖系统	观察排尿的行为与姿势；检查尿液的色泽、气味、透明度等；肾脏触诊和叩诊检查；触诊膀胱以判定其充盈度、敏感性等	多尿	使用利尿剂、慢性肾病或渗出性浆液性炎等吸收期
		尿频	膀胱炎、尿道炎
		少尿与无尿	发热早期、急性肾炎、尿道结石等
		尿失禁与尿淋漓	膀胱括约肌麻痹或中枢神经系统疾病
		排尿疼痛	膀胱炎、尿道炎、尿道结石等
		尿出现酮类气味	酮血症
		尿色泽变深呈深黄色	热性病或尿量减少，也见于肝病或胆管阻塞
		血红蛋白尿	血红蛋白尿症或血液原虫感染等

续表

项目	正常表现	异常症状	临床意义
泌尿生殖系统	观察排尿的行为与姿势；检查尿液的色泽、气味、透明度等；肾脏触诊和叩诊检查；触诊膀胱以判定其充盈度、敏感性等	血尿	肾脏、膀胱、尿路等部位出血
		肾区叩诊和触诊敏感、疼痛不安	肾炎等
		触诊膀胱区呈波动感	膀胱积尿
		压迫膀胱时，从尿道流出尿液	膀胱麻痹
		触诊膀胱有敏感反应	膀胱炎
		阴囊、阴筒肿胀，压迫时出现压痕	皮下浮肿
		阴囊肿胀，并有睾丸肿大、硬结、热痛反应	睾丸炎
		阴道流出脓性或腐败性分泌物	阴道炎或子宫炎
		乳房肿大、硬实、有热痛反应，乳汁异常	急性乳房炎
		乳房变小、变硬，无热痛反应，产乳减少或无乳	慢性乳房炎或乳房硬化
		乳头出现水疱、糜烂或溃疡	口蹄疫等
神经系统	观察动物精神状态和行为；感觉检查主要检查视觉、听觉和皮肤感觉等	兴奋狂躁	狂犬病、脑膜脑炎、脑包虫病、某些中毒病等
		昏迷	脑膜、脑组织严重充血，脑膜脑炎、某些中毒病等
		头部触诊敏感	头部损伤、脑肿瘤、脑包虫病等
		脊柱触诊敏感	脊柱挫伤、骨折等
		眼睑擦伤、眼睑肿胀	恶性卡他热等
		眼球震颤	脑炎
		角膜浑浊或视觉消失	恶性卡他热、泰勒梨形虫病、维生素A缺乏症及其他眼病
		对声音反应敏感	破伤风、酮血症、狂犬病等

续表

项目	正常表现	异常症状	临床意义
神经系统	观察动物精神状态和行为；感觉检查主要检查视觉、听觉和皮肤感觉等	对声音反应减弱	脑病
		皮肤痛觉减弱	脑干、脊髓或外周神经的损伤
		皮肤痛觉增强	局部炎症、脊髓膜炎等
		盲目运动、共济失调	脑炎、脑膜炎、多头蚴病、某些中毒病等
		痉挛	脑炎、脑膜炎、狂犬病、某些中毒病及某些代谢病等
		双侧性或躯体一侧性瘫痪	中枢神经麻痹，如脊髓损伤两后肢对称性瘫痪
		单侧性瘫痪	外周神经麻痹

三、奶牛尸体剖检方法

（1）剥皮和皮下检查　为了检查皮下病理变化并利用皮革的经济价值，在剖开体腔前应先剥皮，对于腹部臌气特别严重的尸体，可用采血针头插入臌气部，将大部分气体排出之后，再开始剥皮。方法：先将尸体仰卧，从下颌间正中线开始，经颈部、胸部、沿腹壁白线向后直至脐部切开皮肤，在乳房或阴茎部分为左右两线，然后又会合为一线，止于尾根部。尾部一般不剥皮，仅在尾根部切开腹侧皮肤，于第一尾椎或第三至第四尾椎处切断椎间软骨，使尾部连在皮上。四肢的剥皮可从系部开始作一轮状切线，沿屈腱切开皮肤，前肢至腕关节，后肢至飞节后切线转向四肢内侧，与腹正中线垂直相交。头部剥皮可先在口端、眼睑周围和基角周围作轮状切线，然后由颌间正中线开始向两侧剥开皮肤，外耳部连在皮上一并剥离。剥皮的顺序一般先从四肢开始，由两侧剥向背正中线。剥皮时要拉紧皮肤，刀刃切向皮肤与皮下组织结合处，只切割皮下组织，不要使过多的皮肌和皮下脂肪留在皮肤上，也不能割破皮肤。

为了便于采出脏器的操作，应将尸体右侧的前肢和后肢切离。前肢的切离可沿肩胛骨前缘、肩胛骨后缘、肩胛软骨部切断肌肉，再将前肢向上方牵引，由肩胛骨内侧切断肌肉、血管和神经等取下前肢。

后肢的切离可在股骨大转子部切断前后的肌肉，将后肢向背侧牵引，切断股内侧肌群、髋关节圆韧带，即可取下后肢。

（2）腹腔的剖开 反刍动物的腹腔左侧为瘤胃所占据。为便于腹腔器官的采出和检查，通常采取左侧卧位。先从肷窝部沿肋骨弓至剑状软骨部作第一切线，再从髋结节前至耻骨联合作第二切线，切开腹壁肌和脂肪层。然后用刀尖将腹膜切一小口，以左手食指和中指插入腹腔内，手指的背面向腹内弯曲，使肠管和腹膜之间有空隙，将刀尖夹于两指之间，刀刃向上，沿上述切线切开腹壁。此时右侧腹壁被切成楔形，左手保持三角形的顶点，徐徐向下翻开，露出腹腔。

（3）胸腔的剖开 剖开胸腔前，必须先剔除胸壁软组织。为检查胸腔的压力，可用尖刀在胸壁中央部刺一小孔，此时如听到空气进入胸腔的响声，且横膈膜向腹腔后退，即证明胸腔为负压（正常）。同时检查肋骨的高度、肋骨和肋软骨结合的状态。剖开胸腔的方法有两种：一种是将横膈的右半部从右季肋部切下，在肋骨上下两端切离肌肉并作二切线，用锯沿切线锯断肋骨两端，即可将左侧胸腔全部暴露；另一种是用骨剪剪断近胸骨处的肋软骨，用刀逐一切断肋间肌肉，分别将肋骨向背侧扭转，使肋骨小头周围的关节韧带扭断，一根一根地分离，最后使右侧胸腔露出。

（4）腹腔脏器的采出 腹腔脏器的采出与检查，可以同时进行，也可以先后进行。为了采出腹腔脏器，应先将网膜切除，然后依次采出小肠、大肠、胃和其他器官。

（5）胸腔脏器的采出 为使咽喉头、气管、食道和肺脏联系起来，以观察其病变的互相联系，可将口腔、颈部器官和肺脏一同采出。但在大动物一般采用口腔与颈部器官和胸腔器官分别采出。

（6）口腔和颈部器官的采出 采出前先检查颈部动静脉、甲状腺、唾液腺及其导管，颌下和颈部淋巴结有无病变。采出时先在第一臼齿前下方锯断下颌支，再将刀插入口腔，由口角向耳根，沿上下臼齿间切断颊部肌肉。将刀尖伸入颌间，切断下颌支内面的肌肉和后缘的腮腺等。最后切断冠状突周围的肌肉与下颌关节的囊状韧带。握住下颌骨断端用力向后上方提举，下颌骨即可分离取出，口腔显露。此时以左手牵引舌尖，切断与其联系的软组织、舌骨支、检查喉囊。然后分离喉头、气管、食道周围的肌肉和结缔组织，即可将口腔和颈部的器官一并采出。对仰卧的尸体，口腔器官的采出也可由两下颌支内侧切断肌肉，将舌从下颌间隙拉出，再分离其周围的联系，切断舌骨支、即可将口腔器官整个分离。

（7）骨盆腔脏器的采出　一种是不打开骨盆腔，只伸入长刀，将骨盆中各器官各自其周壁分离后取出。另一种则先打开骨盆腔，即先锯开骨盆联合，再锯断上侧髂骨体，将骨盆腔的右壁分离后，再用刀切离直肠与骨盆腔上壁的组织。母牛还要切离子宫和卵巢，再由骨盆腔下壁切离膀胱和阴道，在肛门、阴门作圆形切离，即可取出骨盆腔脏器。

（8）鼻腔的剖开　将头骨于距正中线0.5cm处纵行锯开，把头骨分成两半，其中的一半带有鼻中隔。用刀将鼻中隔沿其附着部切断取下。

四、病料采集、运送和包装

1.病料采集与处理

包括供微生物学检查、寄生虫检查、血清学检查及病理组织学检查等。

（1）微生物学检验材料的采取　需在病牛死亡后立即进行（或在濒死时进行扑杀）。选择病检材料的病牛要有代表性，生前最好未用过抗生素等药物（如系病毒性感染或中毒性疾病，可不受此限）。取材的种类可根据疾病的表现而定。例如：急性败血症死亡的牛，应采取心血、脾、肝、肾和淋巴结；有神经症状的，可采取脑、脊髓或脊髓液；其他慢性或局部疾病，可采取病变部分的材料，如坏死组织脓液、结节、局部淋巴结、渗出液等。取材时要注意无菌操作，用来采取材料的刀剪应事先消毒或临用时火焰烧灼，盛放病料的容器也应灭菌。容器要求密闭不透水，外面用塑料纸包裹，再装入冰瓶中送检。

如死亡者系犊牛，亦可把整个尸体包裹送检。

如送检肠腔内容物，最好将一段肠管之两端结扎后剪下，直接送检。

如怀疑系病毒性疾病的病料，可将病料浸入50%的甘油生理盐水溶液内。

如系血液涂片或组织触片，可待玻片自然干燥后，每张玻片涂面

向内，片子间用火柴棒隔开，再用细线扎紧包好送检。

如送检材料系血液、脓液或渗出液，可以吸在毛细玻璃管内，两端火焰封固，或用灭菌棉签蘸取后塞入灭菌玻璃管内。

（2）病理组织材料的采取　选取具有典型病变的器官组织，无死后变化。组织块厚度一般不超过5mm，面积在1.5～3cm^{2}左右，置入10%福尔马林溶液或95%酒精固定。送检时应附上详细的记录单（包括临床资料、尸体剖检记录、组织采取部位等），供检验单位诊断时参考。

2. 包装

（1）容器可选择玻璃或塑料制品，运输时的外包装可用木箱、保温瓶、保温箱、泡沫箱、纸箱（但需加内衬）等，所有容器必须完整无损，密封性能良好，清洁无污染。

（2）供病原学检查的容器，必须无菌，清洗后经干热灭菌或高压灭菌或煮沸消毒并烘干。生产实践中常用塑料袋或自封袋。

（3）一种材料一个容器，不可将多种病料或多只牛的病料混装在一起。

（4）装入样品的容器必须加塞、加盖。液体病料，如血液，可用胶布缠结固定。

3. 运送

置于保温容器（保温瓶或保温箱）中运输。血液样品要单独存放在保温瓶中，不能和其他样品混合。对冷藏样品，若能在4h内送到实验室，在保温瓶或泡沫箱中加入冰块或冰袋，冷藏运输；否则，先将样品进行冷冻处理。对冻结的样品，必须在24h内冷藏送到实验室。若在24h内不能送到实验室，要冷冻运输，即在运输过程中样品的环境温度应保持在−20℃以下。各种样品到达实验室后，若暂时不进行实验，则应在−70℃或−70℃以下保存。不要反复冻融。

五、牛场建化验室需要的仪器及耗材

（1）仪器设备　包括恒温培养箱、电热干燥箱、生化培养箱、高压灭菌锅、离心机（最高：5000r/min）、电冰箱、显微镜、电磁炉、移液枪（0.005～0.05mL、0.1～1mL、2～10mL等）、微型震荡器等。

注：高级实验室可配备生物显微镜、荧光显微镜、倒置显微镜、二氧化碳培养箱、水浴锅、超净工作台、电子分析天平、药物天平、组织切片机、组织捣碎机、电泳仪、酶标仪、可见紫外光分光光度计、电炉、普通离心机、除菌过滤装置、真空泵等。

（2）试验耗材　包括96孔板、平皿、烧杯、接种环、酒精灯、试管、具盖离心管（10mL）、刻度吸管、定量移液管、三角瓶、量筒、玻璃棒、吸头盒、吸头、普通托盘天平、试管架、搪瓷盘、电炉、脱脂棉、染色缸、染色盒架、手术刀、镊子、注射器（5mL、10mL、20mL）及针头、指型离心管（1.5mL）、载玻片、盖玻片、香柏油、毛刷、纱布、脱脂棉、pH试纸、滤纸、擦镜纸等。可根据实际检验工作的需要随时选择性购买。

（3）药品试剂　如标准抗原、阳性血清、阴性血清、培养基、生化试剂、染色剂、药敏纸片、抗凝剂、酒精、生理盐水、蒸馏水、PBS液等。检验工作需要很多药品和试剂，可根据需要购置，药品和试剂的级别一般应为分析纯（AR）级别。细菌病诊断所需的培养基、药品、药敏纸片、生化发酵管及相关耗材，可在当地医药公司或化学类相关试剂批发市场购买，也可直接购自杭州天和微生物试剂有限公司。

（4）其他　如记号笔、pH试纸、喷雾器、电插板、自封袋、胶皮手套或一次性手套、消毒剂、实验动物、白大褂、一次性口罩、帽子、脸盘、毛巾、标签纸、棉签等。

（5）要求　实验室所需仪器、设备及相关试剂、药品的规格、数量、种类、型号等，以满足检测任务、节约和够用为原则，不必过于追求所谓高、精、尖。

六、奶牛体温、呼吸数和脉搏数测定

1.体温测定

（1）测定方法　通常测直肠温度。具体方法：首先检查体温计，甩动体温计使水银柱降至35℃以下，用酒精消毒体温计并涂润滑剂（液体石蜡等）；保定好动物后，检查者站在牛的左侧后方，用左手提起尾部并稍向对侧推，右手持体温计经肛门徐徐插入直肠中（插入部分一般是体温计全长的2/3），放下尾部，将系体温计线的夹子夹于尾毛上，3 ～ 5min后取出体温计读数。

（2）注意事项　体温计使用前要检查、校验，确定无明显误差时使用；测体温前，要使牛适当休息，待其安静后再测定；确保直肠中无太多粪便，以防将体温计插入粪便中影响测得的温度；测温时间不得少于3min。

2.脉搏数测定

（1）测定方法　通常在尾动脉测定。检查者站在牛的正后方，左手抬起牛尾，右手拇指放于尾根部的背面，用食指与中指在距离尾根10cm左右处的尾腹侧，检查1 ～ 2min，记录脉搏数。

（2）注意事项　待被测牛安静时测定；当脉搏微弱不易感觉时，可用心跳次数代替。

3.呼吸数测定

（1）测定方法　检查者站在牛的侧方，观察牛胸腹部的起伏，胸腹部一起一伏为一次呼吸；在寒冷季节也可通过观察其呼出的气流数测计呼吸次数。一般测1min的次数或测2min的次数取其平均数。

（2）注意事项　在牛安静时测定；通过观察测呼吸次数有困难时，可依据肺部呼吸音次数代替。

七、奶牛系统检查的方法

奶牛系统检查主要包括心血管系统、呼吸系统、消化系统、泌尿生殖系统及神经系统的检查。

1.心血管系统检查

（1）心脏检查　包括心脏的触诊、叩诊和听诊。

① 触诊　检查者一只手放于肩胛部做支撑，另一只手紧贴左侧肘后心区感知胸壁的振动，主要判断心跳的频率和强度。

② 叩诊　牛呈站立姿势，使其左前肢向前伸出半步，充分暴露心区，沿肩胛骨后角向下的垂线叩诊，直至心区即由清音区变为浊音区并标记变化点后，再沿与前一垂线约呈45°的斜线由心区向后方叩诊，标记由浊音变为清音的点，连接两变化点的弧线即为心脏浊音区后界。一般在左侧第三、第四肋间呈相对浊音区，其范围较小。

③ 听诊　牛呈站立姿势，使其左前肢向前伸出半步，充分暴露心

区，检查者一只手放于肩胛部做支撑，另一只手将听头放于左侧部位心区。

（2）血管检查

① 脉搏检查　多检查颌外动脉和尾动脉。颌外动脉检查：检查者位于动物的左侧，左手抓住笼头，右手的食指和中指放于下颌支内侧的血管切迹处，拇指放于下颌支外侧，食指和中指可感觉到颌外动脉的搏动；尾动脉检查：检查者位于动物臀部的后方，左手抓住牛的尾梢部，右手的食指和中指放于尾部腹侧正中的尾动脉部处，拇指放于尾部的背侧，食指和中指可感觉到尾动脉的搏动。

② 静脉检查　主要是检查牛的体表静脉。检查方法：主要观察牛体表静脉的充盈状态和颈静脉波。正常状态：营养良好的牛体表静脉不明显，较瘦或被毛较少时体表静脉较明显。颈静脉波不超过颈部的下三分之一。

2.呼吸系统检查

（1）呼吸运动观察　主要观察呼吸次数、呼吸类型和呼吸节律，以判断有无呼吸困难。

① 呼吸类型和呼吸节律　根据呼吸过程中胸壁和腹壁的起伏判断呼吸类型，观察每次呼吸的深度及间隔的时间以判断呼吸节律。

② 呼吸困难判断　检查者站于牛的侧方，观察牛的姿势和呼吸活动。

（2）呼出气体、鼻液和咳嗽的检查

① 呼出气体的检查　通过嗅诊以判断呼出气体的气味。

② 鼻液检查　通过观察判断鼻液的量、性状等。

③ 咳嗽　主要检查咳嗽的声音、强弱、频率、有无分泌物等。

（3）上呼吸道检查　包括鼻腔、副鼻窦、喉、气管的检查。

① 鼻面部检查　观察鼻面部及副鼻窦的外形，触诊和叩诊副鼻窦有无敏感反应及叩诊音的变化。

② 鼻腔检查　主要观察鼻腔黏膜的颜色，以及有无肿胀、溃疡、糜烂或疤痕等。

③ 喉和气管检查　检查者站在牛的侧方，分别用两手自喉部两侧触诊，感知局部的温度、硬度和敏感度，同时触诊气管有无变形、弯曲和周围组织肿胀。

（4）胸廓及胸壁检查　观察胸廓的外形，触诊胸壁。

（5）肺部检查　主要包括肺部的听诊和叩诊。

① 听诊　一般用听诊器间接听诊，听诊要在动物处于安静状态时进行。对两侧肺部听诊，每一听诊点距离为2～3cm，每一听诊点连续听3～4次呼吸周期。正常状态：肺泡呼吸音较清楚，肺区的中部最明显。

② 叩诊　叩诊区：前界为肩胛骨后角向下引垂线，其下终于肘头上方；髋结节水平线与第11肋骨交点和肩关节与第8肋骨交点的连线，其下端终于第4肋骨。

3.消化系统检查

（1）采食、饮水及反刍和嗳气检查

① 饮食检查　在牛采食和饮水时，观察其活动与表现，必要时做试验性的饲喂或饮水。在观察过程中，要注意其采食和饮水的量、咀嚼状态、吞咽活动等行为。

② 反刍和嗳气检查　注意观察反刍出现的时间、每次反刍持续的时间、每次食团再咀嚼情况及嗳气的情况等。

（2）口腔、咽和食道检查

① 口腔检查　检查者位于牛头侧方，一手握住牛鼻并紧捏鼻中隔，将牛鼻向上提起，另一只手从口角处伸入抓住舌体向侧后方拉出，口腔即可打开，注意观察口腔黏膜、舌、牙齿的变化。口腔检查也可用开口器开口后检查。

② 咽的检查　可通过视诊和触诊检查。视诊要注意头颈的姿势和咽周围是否有肿胀等变化；触诊时，检查者站在牛的侧方，分别用两手自咽部两侧加压并向周围滑动，感知局部的温度、硬度和敏感度等。

③ 食道检查　可进行视诊、触诊，必要时可探诊。视诊时，要注意采食或饮水时食物和饮水通过食道的情况；触诊时，检查者用两手分别沿颈部食道沟两侧从前向后滑动感知食道有无硬物、肿胀及敏感性等变化。

（3）腹部及胃肠检查

① 腹部检查　可视诊腹围的大小、形状；触诊腹壁的敏感性和紧张度。

② 瘤胃检查　主要通过叩诊、触诊和听诊检查。叩诊检查瘤胃内容物的性状，触诊检查瘤胃的蠕动次数及感知内容物的形状，听诊可判断瘤胃蠕动音的强度、次数、性质和持续的时间等。

③ 网胃检查　主要通过叩诊、触诊检查。通过在左侧心区后方的网胃区叩诊，以观察动物的反应。触诊时，在左侧用拳顶压网胃区，同时观察动物的敏感性。

④ 瓣胃检查　瓣胃位于第7～9肋间肩关节水平线上、下3cm的区域，在此区域内进行听诊和叩诊。

⑤ 真胃与肠的检查　在右侧第9～10肋间、肋骨弓下检查真胃，于右腹侧听诊肠蠕动音。

（4）排粪动作及粪便的感官检查

① 排粪动作　观察牛的排粪动作和姿势有无异常。

② 粪便感官检查　主要检查粪便的数量、味道、形状、颜色及混有物。

（5）肝脏检查　在右侧肋骨弓下深部触诊和叩诊肝脏。

（6）直肠检查　将手伸入直肠内，隔着肠壁对骨盆腔器官（子宫、卵巢等）和腹腔后部器官（胃、肠、肾脏等）的触诊。直肠检查对腹腔和骨盆腔某些疾病的诊断与妊娠诊断具有重要意义。

4.泌尿、生殖器官检查

（1）排尿动作检查　观察排尿的行为与姿势。

（2）尿液感官检查　主要检查尿液的色泽、气味、透明度等。

（3）肾脏、膀胱检查

① 肾脏检查　在肾区通过触诊和叩诊检查。

② 膀胱检查　触诊膀胱以判定其充盈度、敏感性等。

（4）外生殖器官与乳房检查

① 外生殖器官检查　对公牛要注意观察阴囊、阴筒和阴茎有无变化；母牛要检查外阴部有无分泌物及病变、阴道黏膜的颜色及有无糜烂、溃疡、疱疹等病变。

② 乳房检查　观察乳房和乳头的大小、形状，有无疱疹、溃疡、结节等病变；触诊乳房，判断其温度、质度和敏感性等，必要时挤出少量乳汁进行检查。

5. 神经系统检查

（1）中枢神经检查

① 精神状态检查　观察动物精神状态和行为。

② 头和脊柱检查　视诊、触诊头部和脊柱。

（2）感觉检查　主要检查视觉、听觉和皮肤感觉等。

① 视觉检查　观察眼睑、眼球、角膜、瞳孔的状态，通过用手指在动物眼前晃动观察闭眼反应以检查视力。

② 听觉检查　通过吆喝或其他声音刺激检查动物对声音的反应。

③ 皮肤痛觉检查　可用针头由臀部开始向前沿脊柱两侧直到颈侧刺激，观察动物反应。

（3）运动机能的检查　观察运动的姿势和行为。

第七章　疾病防治

一、当前牛病流行的特点

（1）牛疫病种类增多，发病率升高，危害严重　近年来，随着养牛业特别是奶牛业的快速发展，奶牛饲养数量不断增多、国际贸易频繁、牛群流动广泛、疫病监测和控制不力等众多因素，使得牛疫病尤其病毒性传染病旧病未除，如口蹄疫、轮状病毒感染、冠状病毒感染、恶性卡他热、牛流行热等；新病不断出现和流行，如心水病、中山病、赤羽病、病毒性腹泻/黏膜病、茨城病、传染性鼻气管炎等。其中牛病毒性腹泻/黏膜病和牛传染性鼻气管炎已成为危害我国养牛业的重要疫病，并且无商品化疫苗和有效检测方法，给控制和消灭本病带来极大困难。

（2）牛源性人畜共患病明显上升，公共卫生问题日益严峻　当前，随着社会经济的迅猛发展，人类对肉、奶的需求猛增，养牛的规模越来越大、密度越来越高，集中饲养使疫病传播的机会增多。一些常见的牛源性人畜共患病如布鲁氏杆菌病、结核病、炭疽、弯曲杆菌性腹泻、沙门氏菌病、钩端螺旋体病、Q热等严重威胁人类的健康和食品安全。在人结核病中13%病原菌来自牛分枝杆菌。人、牛结核病的交叉传播是造成我国结核病流行的重要原因之一。近年我国布鲁氏标菌病流行较广泛，个别牛群阳性率高达60%以上。

（3）混合感染增多，细菌耐药性增强　目前，在养牛生产中，多

病原的多重感染或混合感染已成为牛群中普遍存在的问题。其中犊牛腹泻、子宫内膜炎和乳房炎是典型代表。引起犊牛腹泻的常见病原有大肠杆菌、沙门氏菌、轮状病毒和冠状病毒等；引起乳房炎和子宫内膜炎的病原更多，有细菌、真菌、病毒等，较常见的有27种，其中细菌14种，支原体2种，真菌和病毒7种。当疾病发生时，常常是两种以上的病原共同作用。在多病原感染中，既有病毒与病毒、细菌与细菌的混合感染，也有病毒与细菌的混合感染，加上细菌耐药性增强，耐药性菌株的增多，越来越多的菌株产生多重耐药，造成病牛的诊断和防治难度加大。因此，犊牛腹泻、乳房炎和子宫内膜炎的发生率一直居高不下，成为困扰世界养牛业的难题。

（4）牛梭菌性疾病和猝死症的发病率增高　在洪水泛滥、降雨量增多的季节，一些在低洼湿地放牧的牛群中患炭疽、恶性水肿、肠毒血症的病例明显增加。其中炭疽的发生严重威胁人类的健康。

（5）繁殖障碍和肢蹄病发病率高，危害加重　迄今为止，繁殖障碍（如不孕症、胎衣不下等）一直是困扰养牛生产的一大难题。牛繁殖障碍的病因复杂，可分为传染性因素和非传染性因素。传染性因素曾是繁殖障碍的重要因素，而现在非传染性因素已成为繁殖障碍的主要病因。非传染性因素主要包括饲养管理不当（占30%～50%）、生殖器官疾病（占20%～40%）、繁殖技术失误（占10%～30%）。此外，肢蹄病已成为仅次于乳房炎和繁殖系统疾病而引起奶牛被迫淘汰的第三大疾病。我国每年因肢蹄病被迫过早淘汰的奶牛占淘汰总数的15%～30%，给奶牛业造成的经济损失达2250万元。

（6）营养代谢病日趋严重　在我国，随着奶牛产奶量提高，营养代谢性疾病的危害也日益突出，其中酮病、生产瘫痪、卧地不起综合征、瘤胃酸中毒、真胃移位、硒缺乏等对奶牛影响最大。据调查，奶牛产后瘫痪发病率为13.2%，有时可高达30%以上，病牛淘汰率65%。临床酮病的发病率占泌乳牛的2%～20%，发病母牛产乳量下降10%～15%；而亚临床型酮病的发病率更高，给生产带来较大的经济损失，轻者引起泌乳量减少30%～50%，重者引起牛只死亡淘汰。硒缺乏可使胎衣不下、乳房炎、卵巢疾病等的发病率升高；碘缺乏可引起母牛性周期紊乱、生殖机能障碍，发生流产、死胎和产后胎衣不下。锌缺乏的奶牛有47%出现蹄部软组织损伤，繁殖率降低、产奶量下降，普通病的发生率增加30%；由此可见，营养代谢疾病对奶牛健康的影响巨大。

二、降低奶牛发病率的措施

奶牛常见病包括传染病、寄生虫病和普通病（营养代谢病、中毒病、内科病、外科病及产科病等）。由于集约化饲养奶牛相对比较集中，一旦发病不易控制，因此，必须认真执行“预防为主，防重于治”的方针。加强日常饲养管理，消灭传染源，切断传播途径，增强易感牛的抗病力，减少疾病的发生率。

（1）生物安全　核心是科学选择场址，合理规划布局。实行全进全出的饲养制度，隔离饲养，规范日常的饲养管理；加强对饲养人员、外来人员、车辆及用具的管理；加强饲料、饮水管理；做好牛场粪便及尸体等废弃物的无害化处理，做好灭蚊、灭蝇、灭鼠等工作，以减少疫病的传播。

（2）饲养管理　就是要根据奶牛不同阶段对饲料营养、温度、湿度、密度、光照、通风及免疫的要求，提供适合其生产性能充分发挥和保持健康体质的环境条件，实行精细化管理。

（3）饲料营养　奶牛的生产性能、机体抵抗力及免疫水平等与营养水平密切相关，因此，在生产实践中，一定要根据奶牛的品种、类型、阶段、用途等喂以适合的饲料，以满足其营养需求。

（4）胃肠健康　胃肠道是奶牛消化、吸收营养的主要部位，是其生长发育、饲料消化利用的根本。必须加强饲养管理，保证营养供给；控制细菌、病毒、寄生虫的感染程度；添加维生素，进行营养调控，合理用药，减少应激，以保证牛的胃肠道健康。

（5）免疫接种　根据本地区和本场实际，对牛群进行有计划、有步骤地预防接种，对发病率和致死率高的疫病进行重点防治。

（6）严格消毒　消毒环节主要包括牛场环境、牛舍、设备及用具、人员的消毒等，是保证牛群安全健康生长的重要措施。首先对牛场彻底清扫，保证牛场干净、整洁，不留死角；其次对消毒设备和消毒液的浓度进行合理选择，百毒杀、生石灰乳等是最常用的消毒药品，可以采用直接喷洒的方式进行消毒。

（7）规范用药 抗生素对牛群疫病的治疗有着重大作用，但在使用过程中出现的严重副作用也给牛群带来了极大的负面影响。因此，在牛群疫病治疗过程中必须科学地使用抗生素，杜绝滥用抗生素，以防对进一步的治疗造成影响。要依从专业兽医的指导，合理选择抗生素，并严格控制使用的频率和药量，协助治疗。

（8）定期驱虫 各地区可以结合具体实际，在春秋季对牛群进行全面驱虫，严格根据医嘱使用有效的驱虫药物。

（9）减少应激 如热应激、运输应激综合征等，不仅可以导致牛的生产性能降低和免疫力下降，而且还诱发各种疾病甚至导致牛死亡，从而对养牛生产造成损失。因此，要创造适宜的环境，科学的饲养管理，搞好运输中的护理，使用抗应激药物，保持牛舍清洁，定期做好带牛消毒、饮水及环境的消毒，消除病原，做好疫病的防治，以减少应激对奶牛的不良影响。

（10）奶牛福利 动物福利是指动物有机体的身体及心理与其环境维持协调的状态。就奶牛而言，可以通过改善饲养环境，日粮搭配合理，饮水卫生，降低饲养密度，精心饲养管理，改善奶牛养殖中的饲养设备和运动设施，以提高奶牛在饲养中的福利。树立以牛为本的经营理念，养牛的核心是牛，因此，一切饲养管理要求都要从奶牛本身出发，站在牛的立场上去思考，通过对奶牛行为的观察和研究，真正了解奶牛需要什么就去满足什么，而不是站在人的立场上，让奶牛被动地接受。生产实践也证明了这一点。

三、奶牛场的消毒技术

牛场消毒是指采用物理、化学及生物方法杀灭环境、牛体表面的病原微生物的过程。其目的是防止外来病原体侵入牛群，减少环境中病原微生物的数量，切断传播途径。规模化奶牛养殖场除了做好疫苗接种、病牛隔离、杀虫灭鼠、粪便处理等防疫工作外，消毒是控制动物传染病发生的一项重要手段。

1.消毒设施

主要有生产区大门的大型消毒池、牛舍入口的小型消毒池及工作人员进入生产区的更衣消毒室、消毒通道、粪污发酵场、尸体处理坑和专用消毒工作服、帽、胶鞋等。

2.消毒对象

主要是进入牛场生产区的工作人员、交通工具、牛舍环境、饮水设备、挤奶台、挤奶设备等。

3.消毒设备

主要有紫外消毒灯、喷雾器、煮沸消毒器、高压清洗机、高压灭菌容器等。

4.消毒种类

根据消毒的目的及进行的时机，可分为以下几类。

（1）预防消毒　结合平时的饲养管理对奶牛圈舍、场地、用具和饮水等进行定期消毒，以达到预防一般传染病发生的目的。

（2）随时消毒　在发生传染病时，为了及时消灭刚从患病动物体内排出的病原微生物而进行的不定期消毒。消毒的对象包括患病奶牛所在的厩舍、隔离场地、患病奶牛的分泌物、排泄物以及可能被污染的一切场所、用具和物品。

（3）终末消毒　在患病奶牛解除隔离、转移、痊愈或死亡后，或者在疫区解除封锁之前，为了消灭疫区内可能残留的病原微生物所进行的全面彻底的大消毒。

5.消毒方法

（1）机械清除法　指用清扫、洗刷、通风、过滤等机械方法清除病原微生物，是最常用的一种消毒方法，也是日常的卫生工作之一。机械清除不能达到彻底消毒的目的，必须配合其他消毒方法进行。

（2）物理消毒法　指高温焚烧、紫外线照射及高压灭菌处理，物理消毒是牛场管理中的一项日常工作，应常抓不懈。

（3）化学消毒法　指采用化学消毒剂对牛舍环境、饲养用具以及牛体表进行杀灭病原的一种消毒方法。使用化学消毒法时，应考虑病原体对消毒剂的抵抗力及所用消毒剂的杀菌谱、有效浓度、作用时间、消毒对象、环境温度等。常用的消毒剂主要有氢氧化钠、福尔马林、高锰酸钾、碘制剂、过氧乙酸、百毒杀、氯制剂等。

（4）生物学消毒法　指对牛粪便及污水进行生物发酵消毒的技术。

主要是对生产中产生的大量粪便、污水、垃圾及杂草等进行生物发酵，利用热能杀灭病原体。有条件的可以将固体和液体分开处理，固体转化为高效有机肥，液体则用于水产养殖，从而做到高效利用。

6.消毒程序

（1）生产区大门　消毒的第一道关口，要建立消毒池和消毒室等设施。外来车辆、人员进入生产区必须经过消毒池，防止将病原菌带入生产区。消毒池的大小约为长5m，宽3m，深0.3m。消毒池内使用2%～4%氢氧化钠溶液或0.2%～0.5%过氧乙酸溶液，药液必须保持有效浓度。冬天结冰时，池内应铺撒一层厚度约为5mm的生石灰代替消毒液。消毒室内应设紫外线灯，进入牛场的人员除进行紫外线照射消毒外还要用0.2%次氯酸钠或0.1%过氧乙酸洗手。

（2）环境消毒　牛舍周围环境及运动场每周用2%氢氧化钠或生石灰消毒1次，场周围、场内污水池、下水道等每月用漂白粉消毒1次。生活区要整洁卫生，每月消毒1次；场区内无杂草、无垃圾，不堆放杂物，每月消毒场区地面1次。

（3）牛舍消毒

① 新建牛舍的消毒　进牛前，在舍内干燥后，应对屋顶、地面用消毒剂进行一次全面消毒。舍内一切用具应充分清洗消毒。

② 使用过的牛舍消毒　进牛前，彻底清洗一切物品，然后用高压水枪冲洗地面、墙面，要求无杂物和灰尘；待牛舍干燥后，再用消毒剂彻底喷雾消毒一次。若地面用2%氢氧化钠溶液消毒，要在消毒6h后用清水冲净。

③ 带牛环境消毒　定期进行带牛环境消毒，可减少环境中的病原微生物，特别是夏季还起到防暑降温的作用。消毒过程中，必须严格按照消毒药使用说明调制适宜浓度的药液，而且一定要注意消毒时不要触及奶牛的眼睛、乳房等敏感部位。

④ 牛体消毒　在挤奶、助产、配种、注射治疗等接触操作前，应先将奶牛乳房、乳头、阴道口和后躯等进行消毒擦拭。

⑤ 定期对饲喂用具、料槽和饲料车等进行消毒　可用0.1%新洁尔灭或0.2%～0.5%过氧乙酸消毒，对日常用具（如兽医用具、助产用具、配种用具、挤奶设备和奶罐车等）在使用前后应进行彻底消毒和清洗。

（4）人员消毒　要进行一系列的消毒工作方可进入生产区。牛场应备有专用消毒服、帽及胶靴、紫外线消毒间、喷淋消毒及消毒通道。紫外线消毒间室内使用悬吊式紫外线消毒灯，安装数量为每立方米空间不少于1.5W，吊装高度距离地面1.8 ～ 2.2m，连续照射时间不少于30min（室内应无可见光进入）。紫外线消毒主要用于空气消毒，不适合人员体表消毒。进入牛场人员在紫外线消毒间更换衣服、帽及胶靴后进入专门消毒鞋底的消毒通道，通道地面铺设草垫或塑料胶垫，内加0.5%次氯酸钠，消毒液的量以药液能浸满鞋底为准，有条件的牛场在人员进入生产区前最好做一次体表喷雾消毒，所用药液为0.1%百毒杀。

（5）挤奶台的消毒

① 操作人员消毒　挤奶员工作时须穿戴工作服、鞋帽，工作服、鞋帽应当经常清洗、消毒。挤奶员工作时不得佩戴饰物和涂抹化妆品。挤奶前应先清除牛床上的粪便，奶牛进入牛舍后必须先冲、刷牛体，固定牛尾，然后使用40 ～ 45℃温水清洗、擦干、按摩乳房。挤奶后应对奶牛乳头逐个进行药浴消毒或用消毒液喷淋乳头消毒。

② 挤奶设备的消毒　用35 ～ 46℃温水及70 ～ 75℃的氢氧化钠溶液清洗挤奶机器管道，以除去管道内的残留矿物质。奶具使用前后必须彻底清洗、消毒。奶桶及胶垫处必须清洗干净。洗涤时应先用冷水冲洗，后用温水冲洗，再用 0.5%温氢氧化钠溶液（45℃）刷洗干净。橡胶制品清洗后用消毒液消毒。

（6）卧床消毒

① 沙土卧床　主要使用河沙、黄沙，要求无石子或大的硬块，铺前晾晒、消毒。铺设厚度为15 ～ 30cm，每天2次清除卧床及通道上的粪尿并平整床面。选用含氯消毒剂（84消毒液）、含碘消毒剂（聚维酮碘）和醛制剂（戊二醛），采取喷淋消毒方式。春季（10 ～ 22℃）每6d翻整、消毒1次；夏季（22 ～ 25℃）每4d翻整、消毒1次；冬季（−15 ～ 10℃）每7d翻整、消毒1次。

② 牛粪卧床　牛粪卧床垫料一般铺设30 ～ 40cm，铺平卧床。在日常管理中，牛粪固液分离后必须充分发酵、消毒并晾干。每天2次清除卧床及通道上的粪尿并平整床面。春季每5d翻整、消毒1次；夏

季每3d翻整、消毒1次；冬季每6d翻整、消毒1次。消毒剂同前。

③ 橡胶垫卧床 下层铺设3～4cm厚的海绵，上层铺设1cm厚的耐磨橡胶；也可采取在厚的聚丙烯材料中添加松软材料（如橡胶屑）制作方法，做成类似"三明治"一样的复合体橡胶垫，直接铺设到卧床上即可。每天2次清除卧床及通道上的粪尿。采取喷淋消毒方式，春季每6d清洗、消毒1次；夏季每5d清洗、消毒1次；冬季每9d清洗、消毒1次。5年更换1次橡胶垫。消毒剂同前。

（7）空栏消毒 当牛群转出后，对牛舍进行一次全面清扫，彻底的消毒。消毒程序可分为清扫、高压水冲洗、火焰消毒、熏蒸、通风，空置7d后再转入新的牛群。

四、奶牛场粪污的处理与利用

近年来，随着规模化奶牛养殖快速兴起，养殖过程中产生的大量废弃物和废水造成的环境污染问题日益突显。据测定，一头500～600kg的成年奶牛，每天排粪量30～50kg，排尿量15～25kg，污水15～20L。不仅影响奶牛的生产环境，易造成乳房炎、肢蹄病等健康问题，同时也严重影响周边环境及长期的生态平衡。目前粪污处理的新技术和途径很多，大体分为农田消纳型、牛粪生产产品型、减量排放型与达标排放型，关键是在实际应用中要选择运营成本低、便于管理维护、适合当地特点的处理模式。目前，处理粪污的方式有：

1.生产沼气

采用液固分离技术分离粪渣和污水，粪液经净化处理达标排放或用于生产沼气，沼气供生活使用或发电，沼液供农业灌溉、浸种、杀虫或养鱼；粪渣经发酵、加工制成有机肥。处理过程中粪污采用中温两步厌氧发酵工艺，产气效果好，资源利用率高。

2.堆肥发酵

（1）粪污收集与贮存 挤奶厅通常采用水冲清粪，泌乳牛舍、青年牛舍、育成牛舍通常采用机械清粪，犊牛和断奶犊牛舍采用人力清粪。粪污收集的原则：无论采用机械清粪还是人工清粪，当天产生的粪、尿、污水必须当天清走，超过12h，粪便就会因发酵产生不良气味。需要注意的是水冲清粪虽然节省人力，清粪效果好，但是按照

“减量化生产”的原则，应尽量减少污水的产生量，倡导干清粪方式。自动刮粪装置在寒冷地区容易冻住，需要进行电机拆除、清理粪便、热水解冻等处理，维护比较麻烦。固体牛粪可以先清除至舍外的贮粪场，进行日晒等干燥处理，这样可降低发酵池的建造体积和成本。

（2）堆肥关键技术　分为静态堆肥和装置堆肥。静态堆肥不需特殊设备，腐熟时间一般为60～90d；装置堆肥需有专门的堆肥设备，如翻转搅拌设备，以利于水分蒸发和调节温度，腐熟所需时间较短，一般为30～60d。技术要点：①堆肥前处理。调整含水率为40%～50%，堆肥前进行晾晒干燥，或添加废旧的干草、木屑等，也可添加已经发酵的堆肥，使堆肥保持良好的通气度。②调整碳氮比。牛粪的氮碳比为1∶（20～23），可适量加入杂草、秸秆等，将氮碳比提高到1∶（25～35）。③调整pH值。堆肥微生物喜微碱性，贮藏时间久，降低pH值时可用石灰调整。为提高堆肥质量和效率，必须保持良好的好氧环境，以利于好氧菌的活动；可添加高温嗜粪菌，以缩短堆肥时间；堆肥发酵过程产热，一般应控制在50～60℃，超过70℃会造成过熟。

（3）堆肥腐熟的判断依据　除采用实验室方法外，也可采用感官判定。制作良好的堆肥，呈黑褐色，形态呈干燥细末状，无粪尿臭味，质地蓬松，吸附性好，具有抗潮保温性能，可用作牛床垫料，也可用作肥料，增加地力。

3.循环利用

将牛粪与猪、鸡粪按一定比例制成优质蘑菇栽培料，种植蘑菇，再将蘑菇废渣加工成富有营养价值的生物菌糠饲料，饲喂牛、羊、猪等牲畜。牛场粪污多次重复循环利用，不仅治理了各类养殖场的环境污染，还充分利用了资源，产生更高的经济效益。

4.生态处理

利用低等动物处理畜禽粪污等有机废弃物是一种发展方向。一般采用的低等动物有北京家蝇、太平2号蚯蚓和褐云玛瑙蜗牛等。通过封闭式培育蝇蛆，立体套养蚯蚓、玛瑙蜗牛，达到处理牛场粪污的目的。优点是经济、生态效益显著。但由于前期畜禽粪便灭菌、脱水处理和后期收蝇蛆、饲喂蚯蚓、蜗牛的技术难度较大，加之所需温度较高而难以全年生产，故尚未得到大范围的推广应用。随着有关技术的解决，预期该项技术具有良好的发展前景。

5.工业化处理模式

一种先进而复杂的处理方式，是将处理工业污水的技术应用于养殖场有机粪污的处理。优点是占地少，适应性广，不受地理位置限制，季节温度变化的影响较小。缺点是投资大，工程设备上百万元；效率低，能耗高；运转费用高；机械设备多，维护管理量大；细节多，难度大，需专门技术人员管理。

五、奶牛常用接种方法、免疫程序及驱虫方案

1.免疫方法

（1）口服法或饮水法　连续注射器连接1～1.5cm长乳胶管，将乳胶管插入口腔内注射即可，或直接饮用。适用于布鲁氏杆菌病的免疫。

（2）皮内注射　适合结核病免疫。消毒后左手捏皱皮肤，顺皱褶插针注于皮内。

（3）皮下注射　左手拇指与食指捏取颈侧下或肩胛骨后方皮肤，使其产生褶皱，右手持注射器针管在褶皱底部倾斜、快速刺入，缓缓推药，注射完毕，将针拔出，立即以药棉揉擦，使药液散开。

（4）肌肉注射　选择肌肉发达的部位，如颈侧、臀部等。左手固定注射部位，右手拿注射器，针头垂直刺入肌肉内，然后用左手固定注射器，将药慢慢注入。若动物不安或皮厚不易刺，可将针头取下，用右手拇指、食指和中指捏紧针尾，对准注射部位迅速刺入肌肉，然后接上注射器，注入药液。

2.免疫程序

仅供参考，见表7-1。

表7-1　奶牛参考免疫程序

疫苗名称	免疫时间	用法用量
口蹄疫O型、亚洲Ⅰ型二价灭活疫苗或口蹄疫O型、亚洲Ⅰ型、A型三价灭活疫苗、口蹄疫A型灭活苗	90日龄首免，间隔1个月后二免，以后每隔4～6个月免疫1次，必要时每年免疫4次	参照使用说明书

续表

疫苗名称	免疫时间	用法用量
视疫病流行和免疫监测情况确定以下疫苗的接种		
牛流行热灭活苗	每年7月份之前，3月龄首免，间隔21d二免，二免后再间隔21d三免	颈部皮下注射，成年牛4mL，犊牛3mL
气肿疽灭活苗	1～2月龄首免，6月龄再注射1次；成年牛每年春秋各注射1次	皮下注射5mL
布鲁氏杆菌病活疫苗（A19株、S2株）	3～8月龄接种1次即可，成年牛每年春季接种1次	口服免疫，活菌500亿，亦可肌肉注射、皮下注射
无毒炭疽芽孢苗或Ⅱ号炭疽芽孢苗	10月份进行免疫，3～4月龄犊牛；1周岁以上的牛，次年的3～4月份为补免期	（无毒）皮下注射，0.5～1mL；（Ⅱ号）皮下注射1mL
牛多杀性巴氏杆菌灭活疫苗	犊牛4月龄首免，15～30d后二免；成年牛每年免疫1次	皮下或肌肉注射，每头4～6mL
牛副伤寒灭活疫苗	（疫区）犊牛2～10日龄免疫；孕牛产前45～60d免疫，所产犊牛30～45d再注射1次	肌肉注射，每头1～2mL

3. 驱虫方案

仅供参考，见表7-2。

表7-2　奶牛场常用驱虫方案

阶段	月龄	方案	药品名称	用法	用量
犊牛	2～6	体外驱虫	伊维菌素/多拉菌素	皮下注射	1mL/50kg体重
		体内驱虫	阿苯达唑混悬液	口服	5mL/50kg体重
育成牛	7～14	体外驱虫	伊维菌素/多拉菌素	皮下注射	1mL/50kg体重
		体内驱虫①	芬苯达唑	TMR	10～15g/50kg混饲
干奶牛	产前2个月	体外驱虫	莫昔克丁/乙酰氨基阿维菌素	颈背部浇泼	1mL/10kg体重
		体内驱虫	芬苯达唑	TMR	10～15g/50kg混饲

① 南方牧场如有肝片吸虫感染，可增加一次吡喹酮驱虫，10～35mg/kg体重，口服。

六、口蹄疫

口蹄疫（FMD）俗称“口疮”、“蹄癀”，由口蹄疫病毒引起的主

要侵害牛、羊、猪等偶蹄动物的一种急性、热性、高度接触性传染病。临床特征为在口腔黏膜、蹄部及乳房皮肤上出现水疱和烂斑。传染性极强，广泛流行于世界各地，不仅直接造成巨大经济损失，而且影响经济贸易活动，危害极大，我国将其列为一类动物疫病。

【识病原】

口蹄疫病毒（FMDV），目前已知有7个亚型，分别为O型、A型、C型、南非1型（SAT1）、南非2型（SAT2）、南非3型（SAT3）和亚洲Ⅰ型（Asial），易变异，不同血清型之间缺乏交叉免疫保护力。我国流行的口蹄疫主要为O型（PanAsia毒株、Mya98毒株）、A型和亚洲Ⅰ型（江苏05谱系毒），特别是前两种类型。病毒主要存在于患病动物的水疱液以及淋巴液中。常用的消毒剂有2%～4%氢氧化钠溶液、20%～30%草木灰水、0.2%～0.5%过氧乙酸等。

【知规律】

① 传染源　病畜和潜伏期动物是最危险的传染源。发热期，病畜的血液中病毒含量高，而退热后在乳汁、口涎、泪液、粪便、尿液等分泌物中都含有一定量的病毒。

② 传播途径　主要是消化道，也可经呼吸道感染。

③ 流行特点　无明显季节性，但以春、秋、冬季多发。传播快、流行广、发病急、危害大，疫区发病率可达50%～100%；犊牛死亡率较高，其他则较低。一般呈良性经过，病死率1%～3%。

④ 易感动物　主要侵害偶蹄动物（牛、猪、羊、骆驼等），尤其是犊牛最易感。

【看症状】

① 潜伏期一般为2～4d，最长的可达7d左右，体温升高至40～41℃，精神委顿，食欲减退。

② 闭口流涎，开口时有吸吮声，1～2d后，齿龈、舌面及颊部黏膜出现蚕豆至核桃大小的水疱。口温升高，流涎增多，呈白色泡沫状，常常挂在嘴边，采食完全停止。水疱经24h破裂形成边缘整齐的红色糜烂，以后体温正常，糜烂部位逐渐愈合。

③ 蹄冠和趾间皮肤红肿、热痛，很快形成水疱并破溃出现糜烂，跛行，严重时蹄壳脱落。

④ 乳头皮肤有水疱，破裂、糜烂。奶牛挤奶时皮肤脱落，奶牛疼痛，表现挤奶反抗；时间长时，可引发乳房炎，泌乳量减少，有时泌乳量损失高达75%，严重时泌乳停止。怀孕牛伴有流产现象；产后母牛呈现难配、受孕不佳等情况。

⑤ 犊牛主要表现为出血性肠炎和心肌麻痹，死亡率较高。

【观病变】

① 除口腔、乳房和蹄部的水疱和烂斑外，在咽喉、气管、支气管和前胃黏膜可见圆形溃疡和烂斑，真胃和肠黏膜可见出血性炎症。

② 出血性胃肠炎，肺脏呈浆液性浸润。

③ 心包膜弥散性及点状出血，心肌变软，心肌表面和切面有灰白色或淡黄色斑点条纹，如同虎皮状斑纹，俗称“虎斑心”。

【防混淆】

口蹄疫与其他流涎性疾病的鉴别诊断，见表7-3。

表7–3　口蹄疫与其他流涎性疾病的鉴别诊断

鉴别要点	流行特点	临床症状	病理变化
口蹄疫	春秋多见，不同性别、年龄的牛均发	口腔黏膜、乳房皮肤、蹄部出现水疱和烂斑	乳房、口腔、蹄部及胃黏膜、支气管、气管、咽喉等出现溃疡或烂斑，出血性胃肠炎，虎斑心
牛流行热	多发于夏季（6～9月份），3～5岁奶牛	呼吸促迫、突发高热，运动障碍，流泪、流涎、流鼻	气管内有大量泡沫黏液，黏膜肿胀、充血或点状出血，肺气肿
牛病毒性腹泻	不同年龄、不同季节均可感染，冬春多见	高烧、腹泻，口腔及鼻镜黏膜表面糜烂	食道、肠道等消化道黏膜糜烂、溃疡
牛呼吸道合胞体病毒感染	山羊、绵羊、牛均可感染，秋冬多见	持续性呼吸困难，突发高热	肺气肿或水肿，表面有大小不一的肝变区
传染性鼻气管炎	主要侵害20日龄的犊牛	上呼吸道出现脓疱、充血，鼻腔流脓，呼吸困难，红鼻子	咽喉部黏膜有溃疡灶，支气管有坏死灶，鼻中隔黏膜出血或充血
水疱性口炎	只感染2岁以下的牛	上颚口唇充血灶中心部隆起形成丘疹	无明显病变

【重预防】

① 加强检疫，密切关注疫情动态。不从疫区进牛与其他易感动物的畜产品。

② 加强饲养管理，保持牛舍及周围环境清洁、卫生，并定期消毒，增强牛群的抵抗力。

③ 免疫接种，国家对口蹄疫实行强制免疫，免疫密度必须达到100%。预防免疫按农业部制定的免疫方案规定的程序进行。所用疫苗都必须采用农业部批准使用的产品，并由动物防疫监督机构统一组织、逐级供应。

目前使用的疫苗有口蹄疫O型、亚洲Ⅰ型二价灭活疫苗（OJMS株+JSL株），口蹄疫O型、亚洲Ⅰ型、A型三价灭活疫苗，牛口蹄疫O型灭活疫苗，口蹄疫A型灭活疫苗等。农业部推荐的免疫程序：犊牛90日龄左右进行初免，间隔1个月后二免，以后每隔4～6个月免疫1次。生产实践中现行的免疫程序为：初生犊牛90日龄左右注射口蹄疫O型、亚洲Ⅰ型二价灭活疫苗，间隔7d后注射A型口蹄疫疫苗；间隔1个月后第二次免疫口蹄疫O型、亚洲Ⅰ型二价灭活疫苗，间隔7d注射口蹄疫A型灭活疫苗。初配奶牛配种前1个月注射一次；经产奶牛在配种前1个月和配种后第5～6个月时各注射一次。母牛在产犊后2周内注射疫苗效果较好，不影响产奶量。用疫苗时可配合黄芪多糖10～15g/（头·d）灌服或自由饮用，可提高FMDV抗体水平和产奶量。口蹄疫疫苗在注射时，易产生过敏反应，急性过敏立即用0.1%肾上腺素皮下或肌注5mL，并进行对症治疗，症状严重者20min后再注射1次。呼吸困难时，可静注氢化可的松0.2～0.5g或氨茶碱1～2g，肌注盐酸异丙嗪500mg。

慢性过敏采用对症治疗。呼吸道过敏引起肺脏水肿时，除注射肾上腺素和抗组织胺药物外，可用速尿（0.5～1.0mg/kg，静注）、地塞米松40mg（怀孕母牛禁用）；静注维生素C、维生素B_1、10%葡萄糖酸钙（250～500mL）。注射适量的强心药，如20%安钠咖20mL。

【早治疗】

［**专家告诫**］ 口蹄疫属于我国规定的一类动物疫病，国家不允许治疗。一旦发病，应及时上报疫情，采取隔离、封锁、紧急免疫、扑

杀及无害化处理等措施，将损失降低到最低限度。

［**治疗原则**］ 抗病毒、防止继发感染和对症治疗（针对良性口蹄疫）。

［**治疗方案**］

方案1：患部先用0.1%高锰酸钾溶液或2%～3%硼酸溶液冲洗，然后口腔涂抹碘甘油，蹄部及乳房涂抹紫药水、鱼石脂软膏或消炎软膏，病情较重可强心补液。

方案2：可试用聚肌胞苷酸（肌注，10～40mg/次，1次/d）或黄芪多糖饮水等，饮水中添加抗生素，如阿莫西林、环丙沙星等防止继发感染。

方案3：黄连、栀子、金银花、连翘、黄药子、白药子、板蓝根各50g，黄芩40g、郁金40g、大黄40g、贝母40g、甘草50g，水煎，候温后灌服，1剂/d，连用3d。成年牛1次量，犊牛酌减。主要用于早期口蹄疫治疗（症见体温升高，口腔、舌面有水疱但不破裂，食欲不振但不废绝）。

七、病毒性腹泻/黏膜病

牛病毒性腹泻/黏膜病（BVD/MD）是由病毒性腹泻病毒（BVDV）感染引起的一种极为复杂、呈多临床类型表现的疾病，以发热、腹泻、持续性感染、免疫抑制、怀孕牛流产、死胎及致死性黏膜病为主要特征。病毒引起的急性疾病称为病毒性腹泻，引起的慢性持续性感染称为黏膜病。

【识病原】

牛病毒性腹泻/黏膜病毒（BVDV），属于黄病毒科瘟病毒属，与猪瘟病毒、羊边界病病毒具有高度亲缘关系。

【知规律】

① 传染源　患病牛、带毒牛的分泌物或排泄物，包括鼻液、唾液、精液、粪尿、泪液及乳汁等。

② 传播途径　直接接触或间接接触传播，主要传播途径是消化道和呼吸道，也可通过胎盘垂直传播。特别是妊娠后120d内感染，病毒可透过胎盘屏障而使犊牛感染。

③ 流行特点　无季节性，可常年发病，但多发生于冬、春季节。

④ 易感动物　各种年龄的奶牛均易感，尤以6～18月龄的犊牛发病较多。发病率一般为5%左右，犊牛中急性病例可高达25%，病死率为90%～100%。隐性感染率在50%以上。

⑤ 感染状况　据调查，河南省BVD抗体平均阳性率为58.6%；广西为3.41%；宁夏高达64.92%；内蒙古为88.9%；北京抗体、抗原阳性率分别为94.1%和95%；新疆、青海、宁夏、甘肃、四川等BVDV抗体阳性率为84.38%，可见BVDV已在我国奶牛群广泛感染。

【看症状】

（1）急性型　主要侵害犊牛和青年牛，是最严重的临床类型，发病率低，死亡率高。

① 潜伏期7～10d。常突然发病，体温升高达40～42℃，精神高度沉郁，厌食，有的可见臌气。

② 发病2～4d后，口腔黏膜出现糜烂，之后糜烂融合成大片坏死，常见于唇内、齿龈、齿垫、硬腭的后部、口角和舌上。大量流涎，呼气恶臭。

③ 腹泻，初期常呈水样，后期带有黏液及血液，粪便恶臭。鼻镜糜烂，其损害逐渐融合并覆以痂皮，鼻液呈黏液或脓性。部分患牛康复较快，黏膜损害可在10～14d内痊愈。如腹泻严重，呈急性进行性脱水及衰弱，常在症状出现后5～7d内死亡。

④ 妊娠90～120d感染时，常导致奶牛流产或出生犊牛先天性缺陷，如小脑发育不全，患犊呈现程度不同的共济失调或不能起立、角弓反张、眼球震颤等神经症状。

（2）慢性型

① 无明显发热症状，但也有少数病例体温高于正常。鼻镜糜烂，常连成一片。眼内有浆液性分泌物。口腔很少有糜烂，门齿通常发红。

② 因蹄叶炎及趾间皮肤糜烂坏死而有明显的跛行。

③ 皮肤常成皮屑状，在鬐甲、颈部和耳后最明显，间歇性腹泻。

【观病变】

① 食道黏膜、鼻镜、鼻孔、齿龈、上颚、舌面两侧及颊黏膜有糜烂及浅溃疡，重症病例在喉头黏膜有溃疡及弥散性坏死。

② 消化道黏膜充血、出血，尤以肠道变化最严重；小肠黏膜弥漫性充血、出血；盲肠和结肠黏膜充血、出血，有的形成溃疡。

③ 小脑发育不全及两侧脑室积水。

④ 蹄部趾间皮肤及蹄冠有急性糜烂炎症、溃疡和坏死。

⑤ 肠系膜淋巴结水肿。

【防混淆】

牛病毒性腹泻/黏膜病与其他腹泻性疾病的鉴别诊断，见表7-4。

表7–4　牛病毒性腹泻/黏膜病与其他腹泻病的鉴别诊断

鉴别要点	牛病毒性腹泻/黏膜病	犊牛沙门氏菌病	犊牛大肠杆菌病
发病日龄	6～18月龄最易感	6月龄以内，特别是4周龄感染后严重	2周龄以内（特别是3日龄）的犊牛
发病特点	发病率高，病死率高	发病率、死亡率较高	发病率较高
体温	升高	升高	不升高
腹泻	水样腹泻，内含黏液、纤维素絮状、血液	排恶臭黄色粪便、黏液、血液便	排灰白色粥样粪便，后呈水样，粪便中混有泡沫或者血凝块，有酸臭味
其他症状	眼鼻黏液性分泌物、流涎增多，口腔及周围黏膜糜烂，跛行，妊娠牛流产	肺炎、关节肿胀或神经症状	无
消化道	消化道黏膜充血、出血、糜烂或溃疡	脾脏充血肿大，肝脏、肾脏有坏死灶	真胃、小肠和直肠黏膜充血、出血等
抗生素治疗	无效	有效	有效

【重预防】

① 坚持自繁自养，不从疫区购牛；对新购牛用血清中和试验进行检测，呈阴性者方可引入。

② 定期对奶牛舍及周围环境进行消毒，保证有充足洁净的饮水。发病后，流产胎儿及其他排泄物、污染场地均需进行严格消毒处理。

③ 免疫接种，目前国内尚无商品化疫苗投入使用（处于中试阶段）。必要时可使用进口疫苗，在6～10月龄、初乳免疫力消失时接种疫苗。也可试用猪瘟兔化弱毒疫苗免疫接种，肌注，5～10头份/头。

参考免疫程序：公牛配种前1个月，母牛临产前1个月每头注射10头份，此后每隔10～12月注射一次；犊牛于1～3月龄首免（3头份），6～8月龄二免。

【早治疗】

［**治疗原则**］抗病毒，防止继发感染和对症治疗（补液、收敛）。

［**治疗方案**］

方案1：鼻黏膜、口腔及舌糜烂处涂擦碘甘油，3～4次/d，连用5d；紧急接种猪瘟脾淋苗20～30头份/头，黄芪多糖，肌注，10～20mL/头。控制继发感染，对症状严重者静注葡萄糖生理盐水、ATP、辅酶A、葡萄糖酸钙、碳酸氢钠、维生素C、维生素B_1、头孢噻呋钠等，另加清瘟败毒散煎水灌服，3次/d，连用5d。

方案2：黄芩20g、秦皮15g、栀子10g、大黄10g、丹皮10g、生地10g、诃子5g、石榴皮5g、厚朴7g、枳壳8g，煎汁灌服，1～2剂/d，连用3～5d。

方案3：白头翁60g、黄连30g、黄柏30g、秦皮60g、黄芩40g、金银花60g、连翘30g、地榆60g、侧柏叶60g，水煎灌服，1剂/d，连用3剂。

方案4：白头翁、黄连、黄芩、黄柏、秦皮、茵陈、苦参、穿心莲、白扁豆各80g，玄参、生地、泽泻、椿白皮、诃子、乌梅、木香、白术、陈皮各60g，共为细末，开水冲调，候温灌服，1剂/d，分早晚2次灌服，连用3剂。

方案5：将濒临死亡牛扑杀，采集血清，经过56℃、30min灭活后，制成高免血清用于治疗。制备的高免血清放置冰箱中低温保存备用。治疗时每头病牛取10mL自制高免血清，加入青霉素80万IU，颈部肌注，1次/d，连用3d。

方案6：（犊牛）磺胺脒、小苏打各4～6g，乳酶生2～3g，内服，2～3次/d，连用3～5d；新霉素、链霉素等1.5～3g，小苏打3～6g，内服，2次/d，连用3～5d。病重者肌注抗生素，静注复方生理盐水、葡萄糖等。

八、传染性鼻气管炎

牛传染性鼻气管炎（IBR）是由牛传染性鼻气管炎病毒引起的牛

的一种急性、热性、接触性呼吸道传染病。临床表现复杂，如呼吸道感染、生殖道感染、结膜炎、脑膜脑炎、流产、乳房炎等。其中以呼吸道型最常见。IBR属于免疫抑制性疾病，病毒感染机体后还可继发细菌感染，导致更严重的呼吸道疾病，引起牛呼吸道疾病综合征。

【识病原】

牛传染性鼻气管炎病毒，只有一个血清型。对外界抵抗力较弱，对热比较敏感。

【知规律】

① 传染源　病牛和带毒牛，病毒主要存在于病牛鼻腔、气管和眼睛及流产胎儿等组织内。

② 传播途径　主要通过呼吸道传播，也可经交配传播或胎盘传播。

③ 流行特点　多发生于寒冷季节。牛群过分拥挤，密切接触，可促进本病的传播。发病率一般为20%～30%，有时可达80%以上；死亡率一般为1%～5%，犊牛死亡率较高。

④ 易感动物　不同品种、年龄的牛均易感，以20～60日龄的犊牛最易感；肉用牛比乳用牛易感。

【看症状】

（1）呼吸道型　多发于寒冷季节。病程7～10d。犊牛症状急而重，常因窒息或继发感染而死。

① 体温升高至40℃以上，精神沉郁，食欲废绝，咳嗽，呼吸困难，流泪，流涎，流黏液、脓性鼻液。

② 鼻黏膜高度充血，有散在的灰黄色小脓疱或浅而小的溃疡。

③ 鼻镜发炎充血，呈火红色，故又称“红鼻子病”。

（2）结膜炎型　一般无明显全身反应，结膜充血、水肿，有灰色坏死膜形成，外观呈颗粒状，角膜则呈轻度云雾状，眼鼻部有浆液性脓性分泌物，精神沉郁，食欲减退，有时可与呼吸道型同时发生。

（3）生殖道型　主要见于性成熟的牛，多由交配传染。

① 精神沉郁，食欲减退，尾巴常举起，摇摆不定，频尿，有疼痛感。

② 阴门流黏性脓性分泌物，外阴和阴道黏膜充血、肿胀，散在有灰色粟粒大的脓疱，严重时黏膜表面被覆灰色假膜，并形成溃疡，甚至发生子宫内膜炎。

③ 公牛精神沉郁，不食，龟头、包皮内层和阴茎充血，形成小脓包或溃疡；严重时阴囊肿胀，但睾丸不发炎。

（4）脑膜炎型　多见于3～6月龄的犊牛。共济失调，转圈，沉郁和兴奋交替出现，口吐白沫，惊厥，最后卧倒，角弓反张，部分病牛失明，病程持续4～5d，发病率低，但病死率高。

（5）流产型　妊娠母牛在呼吸道和生殖道症状出现后的1～2个月内流产。一般见于初产母牛怀孕期的任何阶段。有时亦见于经产母牛。常于怀孕的第5～8个月流产。非妊娠母牛，则可因卵巢功能受损害导致短期内不孕。

（6）肠炎型　见于2～3周龄的犊牛，在发生呼吸道症状的同时出现腹泻，甚至排血便。病死率20%～80%。

【观病变】

① 呼吸道型　可见呼吸道黏膜有炎症及浅溃疡，口腔、鼻腔、气管、支气管充血肿胀，黏膜上覆盖纤维蛋白脓性分泌物。

② 结膜炎型　眼结膜形成灰色坏死膜，常伴有第四胃黏膜发炎及溃疡、卡他性肠炎。

③ 生殖道感染型　即阴道出现特征性的白色颗粒和脓疱。

④ 脑膜炎型　脑部呈现化脓性脑炎变化，口腔、齿龈、颊、咽喉等处坏死，肺炎，肝脏灶性坏死。

⑤ 流产型　流产胎儿皮肤水肿，浆膜腔积满浆液性渗出液，浆膜下出血，肝脏、肾脏、脾脏和淋巴结散布有坏死灶和白细胞浸润。

【重预防】

① 加强饲养管理，保证牛群合理的营养需要，环境适宜；加强运动，增强牛体免疫力和抗病能力。做好日常消毒，降低外环境的病原体数量。

② 防止传染源侵入牛群，引进牛只时，一定要先隔离检疫3周。对种公牛要采精检验，确认健康后方可混群或参加配种。

③ 免疫接种，目前国内尚无商品化IBR疫苗，所使用的疫苗大多都是引进国外的灭活疫苗或弱毒疫苗，不仅成本高，而且效果也欠佳，因此，大多数牛群缺乏疫苗免疫。

【早治疗】

方案1：发生IBR时，应采取隔离、封锁、消毒等综合性措施，最好扑杀或根据具体情况逐渐将其淘汰。目前对IBR治疗无特效药，可用抗生素防止细菌继发感染，结合对症治疗。

方案2：党参50g、茯苓50g、白术40g、当归40g、川芎40g、白芍40g、熟地50g、黄芪50g、山楂50g、神曲40g、牛膝40g、板蓝根60g、大枣50g、甘草15g，另加黑豆500g，加入5000mL水中煎煮，三次灌服（早晚各1次、最后1次把中药及黑豆打烂去渣后一起灌服）。

方案3：荆芥45g、防风40g、羌活25g、独活25g、柴胡25g、前胡25g、枳壳25g、桔梗25g、茯苓30g、川芎25g、甘草20g、党参30g、薄荷15g，粉碎，开水冲调候温1次灌服，连用2～3剂。该剂量为体重400kg左右用量，体轻者减量。病牛发热、鼻镜干燥、流脓性分泌物者加金银花、连翘各35g。口干、舌燥，饮欲增加者加芦根、地骨皮各25g。食欲不振、反刍减少者去枳壳加枳实25g、炒山楂60g、神曲60g。

九、轮状病毒病

牛轮状病毒病是由牛轮状病毒（BRV）引起的犊牛的急性胃肠道传染病，临床特征为精神沉郁、食欲废绝、水样腹泻、严重脱水和酸中毒。

【识病原】

牛轮状病毒，分为7个群（A～G），目前发现D、E、F和G群轮状病毒只能感染动物。A群是引起犊牛腹泻的主要病原，我国流行的主要是A群的G_6和G_{10}型。

【知规律】

① 传播途径　主要经消化道感染。

② 易感动物　主要发生于1月龄以内的犊牛，以1～10日龄最易感；死亡率与是否有细菌混合感染密切相关。

③ 感染状况　李鑫等（2010）对我国12个不同地区收集的1760份牛血清中抗A群BRV抗体检测结果显示，其中强阳性血清225份（12.8%）；中等阳性血清1240份（70.4%）；弱阳性血清279份（15.9%）；阴性血清

16份（1%），总抗体阳性率高达99%。表明A群 BRV 在我国牛群中的感染和流行不但非常广泛，而且极为严重。

【看症状】

① 突然发病，前期症状不明显。潜伏期很短，人工感染为43～48h。

② 精神沉郁，食欲减少或废绝，体温正常或轻微升高。

③ 严重腹泻，粪便呈水样，色呈淡黄色，有时混有黏液和血液；脱水，眼凹陷，四肢无力，卧地不起，常因严重脱水，体重可减少10%～25%，酸碱平衡紊乱，心脏衰竭而死亡。

④ 若伴发细菌（大肠杆菌和沙门氏杆菌）感染时，发病更急，病程更短，死亡更快。

【观病变】

① 小肠壁变薄，肠内容物变稀，呈黄褐色或红色，肠黏膜脱落。

② 空肠和回肠部绒毛萎缩，肠系膜淋巴结肿大。

【重预防】

① 加强饲养管理，搞好清洁卫生　新生犊牛及早吃到初乳。实行全进全出制，圈舍应彻底清洁、消毒。不同年龄的牛只不能混养。

② 免疫接种　目前，我国尚无牛轮状病毒病商品化疫苗。1973年美国农业部（USDA）批准生产第一个G_6型单价BRV减毒疫苗，也是目前世界上唯一被商品化的BRV疫苗。实际应用中，可口服接种新生犊牛，也可经肌注接种怀孕母牛（产前1～2个月接种）。

【早治疗】

目前尚无治疗轮状病毒感染的特效药。发病后除采取一般防疫措施外，可对病牛进行对症治疗，如投用收敛止泻剂，使用抗菌药物以防止细菌的继发感染，静注葡萄糖盐水和碳酸氢钠溶液缓解、防止脱水和酸中毒等，一般都可获得良好效果。

十、冠状病毒病

牛冠状病毒病又称新生犊牛腹泻，是由牛冠状病毒（BCV）引起的犊牛的传染病。临床以出血性腹泻为主要特征。本病还可引起牛呼吸道感染和成年奶牛冬季血痢。

【识病原】

BCV属于冠状病毒科冠状病毒属，只有一个血清型。耐低温不耐热。

【知规律】

① 传播途径　主要经呼吸道感染，也可经过口腔、眼结膜感染。

② 易感动物　1～90日龄犊牛最易感，而腹泻常发生于1～2周龄，在冬季流行严重。发病率可达50%～100%，死亡率较低。

【看症状】

① 腹泻，脱水，食欲下降或吸吮反应降低，精神沉郁，肌肉无力。有时粪便中带有血块，轻微的呼吸道症状。

② 2～6周龄犊牛常见亚临床症状，如打喷嚏或咳嗽。

③ 成年牛主要表现冬痢，严重水样腹泻（有时伴有血液和黏液），粪便呈黑褐色或墨绿色，恶臭，产奶量降低，精神沉郁，食欲减退。

【观病变】

小肠黏膜充血水肿，黏膜上皮坏死脱落，绒毛缩短，结肠绒毛萎缩。

【重预防】

加强饲养管理，增强奶牛抵抗力，饲料配合合理、稳定，禁止饲喂发霉变质的饲料。制定严格的消毒制度，禁止非场内人员进入牛舍，做好保暖防寒工作。发病后，隔离病牛群，加强消毒，粪尿和垫料经无害化处理后再利用。

【早治疗】

方案1：黄芩、黄柏、黄连、大黄各250g，加水5000mL煎煮至1000mL，使药液浓度为每毫升相当生药1g。灌服，每头犊牛每次30mL，1次/d，连用3d。

方案2：对症治疗。抑菌消炎可选用磺胺脒（0.2g/kg体重，分2～3次内服，连用3d）、链霉素等药物；收敛药物进行止泻，如活性炭、鞣酸蛋白、次碳酸铋等药物。对严重病例者，应纠正水和电解质平衡紊乱与酸中毒，进行强心、补液（静注生理盐水或自由饮用口服补液盐）。

附：奶牛冬痢　目前对于本病的确切病因尚不清楚。有人认为是弯曲杆菌，有人认为是病毒感染，如冠状病毒、轮状病毒等。但大多数学者认为冠状病毒是奶牛冬痢的主要病原。

十一、恶性卡他热

牛恶性卡他热是由恶性卡他热病毒引起的一种急性、热性、非接触性传染病。临床特征是持续发热，口鼻流脓性鼻液，眼结膜炎，角膜混浊，脑炎，病死率高。

【识病原】

牛恶性卡他热病毒，主要存在于病牛的血液和脑、脾等组织中。

【知规律】

① 传播途径　主要经吸血昆虫传播；健康牛不能通过接触病牛而感染本病；可通过胎盘感染犊牛。

② 易感动物　黄牛、水牛、奶牛易感，多发生于2～5岁的牛。

③ 流行特点　一般呈散发，有时呈地方性流行，全年均可发生，但在冬季和早春发生较多。病死率高，小牛可达100%。

【看症状】

① 头眼型　初结膜炎，羞明流泪；后角膜混浊，眼球萎缩、溃疡及失明。鼻腔、喉头、气管、支气管及额窦卡他性及伪膜性炎症，呼吸困难，炎症可蔓延到鼻窦、额窦。角根发热，严重者两角脱落。鼻镜及鼻黏膜先充血，后坏死、糜烂、结痂。口腔黏膜潮红肿胀，出现灰白色丘疹或糜烂。病死率较高。

② 肠型　初便秘，后下痢，粪便带血、恶臭。口腔黏膜充血，常在唇、齿龈、硬腭等部位出现伪膜，脱落后形成糜烂及溃疡。

③ 皮肤型　在颈部、肩胛部、背部、乳房、阴囊等处皮肤出现丘疹、水疱，结痂后脱落，有时形成脓肿。

④ 混合型　此型多见。病牛同时有头眼型症状、胃肠炎症状及皮肤丘疹等。有的病牛呈现肺炎症状。一般经5～14d死亡，病死率达60%。

【观病变】

① 鼻窦、喉、气管及支气管黏膜充血肿胀，有假膜及溃疡。

② 口、咽和食道糜烂、溃疡，第四胃充血水肿、斑状出血及溃疡。

③ 小肠黏膜充血、出血。

④ 头颈部淋巴结充血和水肿，脑膜充血。

⑤ 肾皮质有白色病灶。

【重预防】

加强饲养管理，增强机体抵抗力，注意栏舍卫生。牛、羊分开饲养，分群放牧。发现病牛后，扑杀病牛，对污染场所及用具进行消毒，防止疫情扩散。

【早治疗】

方案1：5%氯化钙注射液400mL，5%葡萄糖溶液1000mL，静注。同时用0.1%肾上腺素注射液3 ~ 8mL皮下注射，1次/d，连用3d。盐酸四环素5g，5%葡萄糖溶液1000 ~ 1500mL，静注，1次/d，连用3d。必要时，可用氢化可的松配合治疗。

方案2：洗涤眼、鼻、口腔黏膜，可用1%硼酸溶液、0.1%硫酸铜溶液、0.5% ~ 2%明矾溶液、0.1%高锰酸钾溶液、0.1%雷佛奴尔溶液。

方案3：龙胆60g、茵陈60g、黄芩60g、柴胡60g、地骨皮45g、薄荷45g、僵蚕45g、牛蒡子45g、栀子45g、连翘30g、玄参30g、生地36g、金银花30g或清瘟败毒散250 ~ 400g，研末，开水冲调，候温灌服，1剂/d，连用2 ~ 3剂。配合双黄连40 ~ 80mL或清开灵30 ~ 40mL、青霉素2万~3万IU/kg体重，加入5%葡萄糖，滴注，连用2 ~ 3d。

十二、结核病

牛结核病是由牛型结核分枝杆菌引起的一种人畜共患的慢性传染病，世界动物卫生组织（OIE）将其列为B类动物传染病，我国将其列为二类动物疫病。

【识病原】

病原为牛型结核分枝杆菌。牛结核病与人结核病可相互传播，人型结核分枝杆菌可感染牛，牛型分枝杆菌也可感染人、绵羊、山羊、猪和犬等其他动物。对外界环境的抵抗力强，在干燥的环境中可存活6～8个月；对低温的抵抗力较强，在0℃下可存活4～5个月；62～63℃下15min或煮沸即可使其灭活；对紫外线敏感，在日光直射下2h死亡。

【知规律】

① 传染源　病牛和带菌牛是主要传染源。牛奶或奶制品是人类感

染牛结核病的重要途径，其次是被结核分枝杆菌污染的环境、水源等。

② 传播途径　经飞沫通过呼吸道、消化道传播。无明显季节性，一年四季均可发生。

③ 易感动物　牛最易感，其中奶牛最易感，水牛易感性也很高，黄牛和牦牛次之。

【看症状】

潜伏期一般为3～6周，有的可长达数月或数年。通常为慢性经过，以肺结核、乳房结核和肠结核最为常见。

① 肺结核　以长期顽固性干咳为主要特征。患牛易疲劳，逐渐消瘦，严重者可见呼吸困难。

② 乳房结核　一般先是乳房淋巴结肿大，继而后方乳腺区发生局限性或弥漫性硬结，表面凹凸不平；泌乳量下降，乳汁变稀；严重时乳腺萎缩，泌乳停止。

③ 肠结核　消瘦，持续下痢与便秘交替出现，粪便常带血或脓汁。

④ 淋巴结核　肩前、股前、腹股沟、颌下、咽及颈部等淋巴结肿大，有时可能破溃形成溃疡。

⑤ 生殖器官结核　主要表现生殖功能紊乱，如流产、不孕、发情频繁等，病变部位发生结节并肿大或形成溃疡。从阴道内排出白色或微黄色絮片，间或混有带血丝的黏性脓性分泌液。公牛附睾及睾丸肿大，阴茎前部可发生结节、糜烂等。

【观病变】

① 肺脏、淋巴结、乳房和胃肠黏膜等处形成白色或黄白色增生性结核结节，切面干酪样坏死或钙化，有的形成空洞，最常见于肺脏。

② 胸腹腔浆膜上有许多粟粒至豌豆大的半透明或不透明的灰白色硬实的结节，形似珍珠，俗称“珍珠病”。

【重预防】

① 防止疫病传入，净化牛群，培育健康牛群。检疫阳性牛要予以扑杀，根绝传染源，同时加强消毒。外购牛时应严格检疫。

② 每年春秋两季用提纯牛型结核菌素做皮内变态反应试验各进行一次监测。初生犊牛，应于20日龄时进行第一次监测，100～120日龄时，进行第二次监测。

【早治疗】

在发病早期，可以用链霉素、异烟肼、对氨基水杨酸钠及利福平等进行治疗，但不能彻底根治，因此，一旦发现病牛，应立即淘汰。采取严格的检疫、隔离、消毒措施，加强饲养管理，培养健康牛群。

十三、副结核病

牛副结核病是由副结核分枝杆菌引起的以牛慢性增生性、顽固性肠炎和渐进性消瘦为特征的人畜共患病。临床特征为顽固性腹泻、渐进性消瘦、慢性肉芽肿回肠炎，肠黏膜增厚并形成皱褶。

【识病原】

副结核分枝杆菌，不形成荚膜和芽孢，革兰氏染色为阳性，抗酸染色为阳性。

【知规律】

① 传播途径　主要是消化道，也可通过精液和胎盘传播。

② 易感动物　奶牛最易感，多见于母牛和犊牛，尤其是在妊娠期以及泌乳期的母牛和1月龄内的犊牛最易感。

③ 流行特点　无明显季节性，但常发生于春秋两季。

【看症状】

① 初期间歇性腹泻，排软便；后期持续性水样下痢，呈喷射状，粪便恶臭，带泡沫。体温基本正常。

② 渐进性消瘦，贫血、产奶量下降，下颌与胸前水肿，后期眼窝凹陷、高度脱水，不能起立行走，最终至病牛死亡。体温一般正常。

【观病变】

① 空肠、回肠和结肠前段肠黏膜面覆盖大量灰黄色或黄白色糊状黏稠黏液，有些区域有出血，皱褶顶点充血、溢血。

② 回肠肠黏膜增厚并形成似脑回样皱褶的硬而弯曲的纵横皱褶。

③ 肠系膜淋巴结肿大，比正常淋巴结肿大2～3倍以上，切面可见乳白色水样液体。

【重预防】

① 对检出的阳性牛和有临床症状的病牛及时隔离或扑杀；对检测结果呈阳性的妊娠后期母牛，可在严格隔离条件下饲养至产犊后再扑

杀处理，所产犊牛在严格消毒后进行人工饲喂。

② 定期对牛群进行监测　在疫区，每年对牛群检疫 3 ～ 4次，检出的阳性牛严格隔离，确保病牛与健牛完全分离；检测出阳性个体或有临床症状的牛场要对圈舍进行连续性的彻底清理和消毒；检出的疑似病例应做好标记，单独组群饲养3个月后再进行检测，仍为可疑者可按阳性牛处理。

③ 培育健康犊牛群　疫区或疫群的犊牛出生后，立即与感染或患病病牛隔离，人工喂初乳3d后饲喂消毒奶至6月龄断奶，然后进行血清学检测，阴性犊牛归入假定健康群，再坚持每年做 3 ～ 4次检查至满4岁；历次检查均为阴性者可视为健康牛。

④ 对病牛舍及饲养场进行定期消毒，常用消毒药可用10% ～ 20%漂白粉溶液、5%甲醛溶液、5%来苏尔、3% ～ 5%石炭酸溶液等，药液加热消毒效果更佳。疫群牛奶须经80℃、1 ～ 3min的消毒处理方可使用。疫群清理出的粪便应堆积发酵。

【早治疗】

将严重病牛淘汰扑杀；全群牛用变态反应诊断方法进行普查，凡阳性者立即隔离，并根据临床表现作淘汰处理；对判为疑似阳性的，1个月后在该牛原注射部位的对侧相应部位再做一次诊断，如果仍为疑似即可定为阳性，并按阳性牛处理。

十四、巴氏杆菌病

牛巴氏杆菌病又称出血性败血症，是由多杀性巴氏杆菌引起的牛的一种高度致死性传染病。其特征为高热、肺炎、急性胃肠炎以及内脏器官广泛出血。

【识病原】

多杀性巴氏杆菌，革兰氏阴性菌，多单个或成对存在。瑞氏染色或美蓝染色菌体两极着色。

【知规律】

① 传播途径　主要是消化道和呼吸道，也可通过吸血昆虫和损伤的皮肤、黏膜感染。

② 易感动物　不同品种、年龄的牛均可感染，尤其多见于犊牛。

③ 流行特点　无明显季节性，但以冷热交替、气候剧变、闷热潮湿多雨的季节多发。一般呈散发或地方流行性。

④ 发病诱因　环境卫生不良，遭遇寒冷、闷热、气候剧变、潮湿、拥挤、阴雨连绵、营养缺乏、饲料突变、过度疲劳、长途运输等诱因时，致使机体抵抗力下降，导致内源性感染。

【看症状】

① 败血型　见于各种牛。最急性型常无任何症状突然倒地死亡；急性病例初高烧，体温升至41～42℃，精神沉郁，食欲废绝，鼻镜干燥，结膜潮红，脉搏加快，泌乳、反刍停止；继而腹痛、下痢，粪便中含有黏液及血液，恶臭，病程12～24h。

② 水肿型　多见于牦牛。除表现全身症状外，头、颈、咽喉及胸前皮下水肿，手指按压初感热、硬、痛，逐渐变凉，疼痛减轻；口腔黏膜潮红，舌及周围组织高度肿胀，流涎、流泪；呼吸高度困难，皮肤、黏膜发绀，最后窒息死亡，病程12～36h。

③ 肺炎型　主要表现纤维素性胸膜肺炎症状，干咳、流泡沫样或脓性鼻液，胸部听诊有支气管呼吸音和水泡音，严重时有胸膜摩擦音，叩诊有浊音区。便秘或下痢。病程3～7d。

【观病变】

（1）败血型

① 可视黏膜充血或瘀血呈紫红色，鼻孔流出黄绿色液体。

② 皮下组织、胸腹膜、呼吸道和消化道黏膜以及肺脏有点状或斑状出血。

③ 脾脏被膜密布有点状出血。

④ 心、肝、肾等实质器官变性，心包积液。

⑤ 全身淋巴结充血、水肿。

（2）水肿型

① 颌下、咽喉部、颈部、胸前及两前肢皮下有不同程度的肿胀，大量橙黄色浆液浸润。

② 颌下、颈部及纵隔淋巴结呈急性肿胀，切面湿润，充血或出血。

③ 全身浆膜、黏膜有出血点。

④ 胃肠黏膜呈急性卡他性或出血性炎症。

（3）肺炎型　除伴有败血型典型病变外，主要表现为纤维素性肺炎和胸膜炎。

① 胸腔积液，肺脏表面密布有出血斑或被覆纤维素薄膜，质硬，呈暗红色或灰红色，气管内有大量的泡沫。

② 病程稍长，肺脏可见大小不等的灰黄色的坏死灶，周围形成结缔组织包囊，小叶间结缔组织水肿，切面呈大理石样。

【重预防】

① 加强饲养管理，均衡营养，改善养殖环境，提供适宜的温度、湿度、通风及饲养密度等，避免牛群过于拥挤，经常打扫圈舍，保持清洁卫生。

② 免疫接种，目前，普遍使用的是牛多杀性巴氏杆菌病灭活疫苗，皮下或肌肉注射，体重100kg以下的牛，每头4.0mL；体重100kg以上的牛，每头6.0mL。免疫期为9个月。成年牛每年春秋各1次，犊牛4.5～5月龄首免。

【早治疗】

［**治疗原则**］抗菌消炎，止咳平喘，消除水肿，退烧。

［**治疗方案**］

方案1：头孢噻呋、庆大霉素、丁胺卡那霉素、氨苄青霉素、氟苯尼考、替米考星、恩诺沙星、环丙沙星、四环素等任选一种或两种，配合银黄注射液或鱼腥草注射液、清开灵注射液，肌肉或静脉注射，配合对症治疗，2次/d，连用3～5d。

方案2：紧急接种多杀性巴氏杆菌灭活疫苗，用量为牛体重100kg以下4mL，体重100kg以上6mL。

方案3：青霉素800万～1200万IU、链霉素400万～500万IU、生理盐水500mL，静注，或10%磺胺嘧啶钠注射液40～60mL静注，首次加倍，连用3～4d。

方案4：金银花、连翘、射干、山豆根、天花粉、桔梗各60g，黄连、黄芩、栀子、茵陈、马勃各50g，牛蒡子30g，水煎取汁，1次灌服，1剂/d，连用3～5d。

十五、犊牛大肠杆菌病

犊牛大肠杆菌病是由致病性大肠杆菌引起的新生犊牛的一种急性传染病，因其主要临床症状是腹泻，排出灰白色稀便，故又称犊牛白痢。临床特征以急性腹泻、脱水和酸中毒为主。

【识病原】

大肠杆菌，革兰氏阴性菌。广泛地分布于自然界，动物出生后很短时间即可随乳汁或其他食物进入胃肠道，成为条件性致病菌；当新生犊牛抵抗力降低或发生消化障碍时，即可引发该病。

【知规律】

① 传播途径　主要经消化道感染，亦可经子宫内和脐带感染。

② 易感动物　主要发生于10日龄以内的犊牛，特别是1～3日龄的犊牛最易感。

③ 流行特点　一年四季均可发生，但以冬春两季多见，有时呈地方性流行。发病率和死亡率因有无继发和并发感染、饲养管理水平高低、环境卫生条件好坏、采取措施是否及时有效而差异较大。

【看症状】

① 败血型　多发生于3日龄以内的犊牛。精神沉郁，体温升高，间有腹泻，常于症状出现后数小时至1d内急性死亡。有的未出现临床症状突然死亡。

② 肠型　多见于出生后3d以上的犊牛。病初体温升高达40℃，出现下痢后体温降至正常。初期排出粥样黄色粪便，后期呈灰白色稀粪，混有未消化的凝乳块、凝血及泡沫，有酸败气味。后期肛门失禁，腹痛，常死于脱水和酸中毒。病程延长则出现肺炎、关节炎等症状。

③ 肠毒血型　较少见，多发生于吮过初乳的7日龄以内犊牛。常突然发病而死亡，病程稍长者可见精神沉郁、昏迷，死前剧烈腹泻；症状较轻的，表现轻度腹泻，可能自行康复。

④ 脑炎型　体温升高、食欲废绝、共济失调、头低耳耷、拱背、精神沉郁、消瘦，个别犊牛腹泻，死前角弓反张。

【观病变】

① 死于败血症及肠毒血症的犊牛，常无明显病理变化。

② 真胃内蓄积大量凝乳块，胃黏膜充血、水肿，间有出血，部分黏膜脱落，胃内容物呈血水样。

③ 肠内容物常混有血液和气泡，恶臭，小肠和直肠黏膜充血、水肿和出血，部分黏膜上皮脱落。

④ 肠系膜淋巴结肿大，切面多汁。

⑤ 肝脏、肾脏被膜下有出血点，胆囊充盈，心内、外膜有出血点，脾脏肿大。脑膜严重出血。

【防混淆】

犊牛大肠杆菌病与其他腹泻性疾病鉴别诊断，见表7-5。

表7-5　犊牛大肠杆菌病与其他腹泻性疾病鉴别诊断

鉴别要点	犊牛大肠杆菌病	沙门氏菌病	犊牛梭菌性肠炎	轮状病毒病	球虫病	奶牛冬痢
发病日龄	10日龄以内	1～2月龄	幼犊	1周龄以内	1月龄～2岁	大小牛
症状	排黄色或灰白色粪便	发热、下痢，粪便恶臭、带血	排血便	呕吐、腹泻、脱水	血痢	排水样棕色稀便和出血性下痢
病变	胃肠黏膜充血、出血	胃肠浆膜和黏膜有出血斑	小肠黏膜出血、坏死	小肠卡他性炎症	大肠黏膜出血、溃疡、坏死	小肠黏膜卡他性、出血性炎症及肠腔含有血液

【重预防】

① 妊娠母牛应给予足够的蛋白质、矿物质和维生素，并适当运动，牛舍产房保持清洁干燥温暖。搞好环境卫生，母牛乳房保持清洁，加强消毒。

② 对新生牛犊做到早补喂足够量的初乳。同时，可用抗生素和磺胺类药物预防。

【早治疗】

［**治疗原则**］　抗菌消炎，补充体液，防止脱水和酸中毒。

［**治疗方案**］

方案1：丁胺卡那霉素、庆大霉素、氟苯尼考、环丙沙星、恩诺沙星、新霉素、菌必治、卡那霉素等口服或注射，2次/d，连用3～5d。

方案2：乙酰甲喹注射液，0.1mL/kg体重，肌注，2次/d，连用1～2次。

方案3：土霉素10～25mg/kg体重、泻痢停6～8片、复方地芬诺酯片15～20片、维生素B_1 15～20片、多酶片30～50片，研末灌服，2次/d。

方案4：白头翁100g、秦皮25g、炒黄芩25g、甘草25g、木香10g、陈皮5g，水煎灌服，1剂/d，分2～3次灌服。

方案5：脱水严重的，按每千克体重口服补液盐：轻度脱水50～80mL，中度脱水80～100mL，重度脱水100～130mL，每日分2～3次口服或灌服。或静注生理盐水或葡萄糖盐水1000～2000mL，每天补液1～2次，必要时可加入碳酸氢钠以防酸中毒。

方案6：当犊牛病情有所好转时，可停止应用抗菌药，改为内服调整肠道微生态平衡的生态制剂。如促菌生6～12片，配合乳酶生5～10片，2次/d；或其他乳杆菌制剂。

十六、沙门氏菌病

牛沙门氏菌病又称副伤寒，是由沙门氏菌属细菌引起的人畜共患传染病。成年牛常以高热、精神委顿、食欲废绝，而后下痢，粪便恶臭、含有纤维素絮片为其特征；犊牛除以上症状外，还常见有关节炎、支气管炎和肺炎等症状。

【识病原】

主要是鼠伤寒沙门氏菌、都柏林沙门氏菌或纽波特沙门氏菌，革兰氏阴性菌。在自然界中分布极为广泛，寄居在人和动物肠道内。

【知规律】

① 传播途径　主要经消化道传染，也可经交配或人工授精感染。

② 易感动物　多发生于1月龄以内的犊牛；成年牛呈散发，且多为良性经过；母牛常发生流产。

③ 流行特点　一年四季均可发生，秋季至冬初发病较多。传播迅速，常呈地方性流行。

【看症状】

(1) 犊牛　多于出生10～14d后发病。

① 精神沉郁，食欲废绝，呼吸困难，体温升高至40～41℃，下痢，排出恶臭、黏稠的稀粪，混有血液和纤维素性絮片。腹痛明显，常用后肢踢腹。鼻镜干燥，严重时龟裂。下痢开始后体温降至正常或较正常略高。

② 病程稍长，脱水，眼球下陷，结膜潮红、黄染，同时伴有腕关节和跗关节肿大，或有支气管炎和肺炎症状。

（2）成年牛

① 精神沉郁，体温升高至40～41℃，食欲废绝，呼吸困难。

② 下痢，粪便恶臭，混有血液和纤维素絮片及坏死组织，脱水、消瘦，多于1～5d内死亡。

③ 孕牛流产。

【观病变】

（1）犊牛

① 心内、外膜有出血点，腹膜、胃和小肠有出血点或出血斑。肠系膜淋巴结肿大，切面有出血。

② 脾脏充血、肿大，有散在坏死灶，质地韧硬如橡皮样。肺脏充血、出血，表面有纤维素沉积。肾脏表面有坏死灶。

③ 肝脏色泽变淡，有坏死灶。胆汁浓稠而浑浊。

④ 有关节损害时，腱鞘和关节腔内有胶样液体。

（2）成年牛

① 急性出血性肠炎，肠黏膜潮红、出血，大肠黏膜脱落，有局限性坏死区。

② 肠系膜淋巴结肿大、出血。

③ 肝脏脂肪变性或局部性坏死，胆囊壁增厚，胆汁混浊呈黄褐色，脾稍肿。

【重预防】

① 加强饲养管理，提高犊牛抗病力，消除发病诱因。犊牛出生后应吃足初乳，注意产房卫生和保暖，保持饲料和饮水的清洁卫生。

② 免疫接种，可用牛副伤寒灭活疫苗，肌注，1岁以下牛，每头1.0mL；1岁以上牛，每头2.0mL。为提高免疫效果，对1岁以上的牛，在第一次接种后10d，可用相同剂量再注射一次。在已发生牛副伤寒

的牛群中可对2～10日龄的犊牛进行接种，每头1.0mL。孕牛在产前45～60d时接种，所产犊牛应在30～45日龄时再进行接种。

【早治疗】

［**治疗原则**］抗菌消炎，补充体液，防止脱水和酸中毒，止血。

［**治疗方案**］

方案1：头孢类（头孢噻肟、头孢曲松、头孢哌酮等）、丁胺卡那霉素（10mg/kg体重）、氟苯尼考（10～30mg/kg体重）、头孢噻呋（2.2mg/kg体重）环丙沙星、恩诺沙星、万古霉素、亚胺培南等口服或注射，2次/d，连用3～5d。病情严重者及时强心补液，调节电解质平衡。

方案2：地榆30g（焦炭）、黄连15g（酒炒）、黄芩60g（酒炒）、黄柏60g（酒炒）、知母30g（酒炒）、大黄30g（酒炒）、旋覆花15g、白矾30g、甘草15g，共研末，开水冲烫，温凉后灌服，1剂/d，连用3d。

方案3：黄连9g，地榆、赤芍、双花、诃子、白头翁各8g，研末温水灌服，1剂/d，连用3d。

方案4：白头翁10g、秦皮10g、葛根8g、黄连6g、乌梅6g、车前子6g、党参15g、肉桂10g、山楂15g、甘草6g，煎汁，候温灌服，1剂/d，连用3d。

十七、肠毒血症

牛肠毒血症又称牛产气荚膜梭菌病，是由产气荚膜梭菌引起的一种急性毒血症。临床上以病牛突然死亡，消化道和实质器官出血为特征。

【识病原】

产气荚膜梭菌，革兰染色阳性。分为A、B、C、D、E 5个型，引起牛发病的主要为C型和D型。广泛分布于自然界，也是肠道中的常在菌之一。能产生多种外毒素，目前至少已发现15种。

【知规律】

① 传播途径　主要经消化道感染。

② 易感动物　不同年龄、品种的奶牛均可发病，多发生于犊牛，特别是体格强壮膘情较好者，成年奶牛发病较少。

③ 流行特点　该病以农区和半农半牧区多发，常流行于低洼、潮湿地区，一年四季均可发生，但春末、秋初及气候突然变化时发病率明显升高。奶牛、犊牛以4～5月、10～11月发病较多。

【看症状】

（1）最急性型

① 常无任何前驱症状，在放牧中或拴系或使役时，突然发病，四肢无力，行走或站立不稳，喜卧地，强行驱赶时不愿行走或倒退或步态不稳，摇摆缓步。

② 精神沉郁，头触地呆立，肌肉发抖，尤以后躯为甚；起卧、跳跃后跌于地，四肢呈游泳状划动，头颈向后伸直，鸣叫数声不久死亡。病程最短的几分钟，最长的1～2h。也有的头天晚上正常，第2d发现死在厩舍中。

③ 死后腹部迅速膨大，口腔流出带有红色泡沫的液体，舌脱出口外，肛门外翻。

（2）急性型

① 体温升高或正常，呼吸急促，心跳加快，精神沉郁或狂躁不安，食欲不振甚至废绝，耳鼻、四肢发凉，全身颤抖，行走不稳。

② 倒地、四肢僵直，口腔黏膜发绀，大量流涎，腹胀、腹痛，全身肌肉抽搐震颤，口流白沫，倒地后四肢划动，头颈后仰，狂叫数声后死亡。

（3）亚急性

① 阵发性不安，发作时两耳竖直，两眼圆睁，高度紧张，后转为安静，如此性状反复发作，最终死亡。

② 腹泻，排出含有多量黏液、色呈酱红色并带有血腥异臭的粪便，有的排粪呈喷射状水样。频频努责，里急后重。

【观病变】

① 心包积液，心脏质软，心脏表面及心外膜有出血斑点。

② 肺气肿、有出血斑。

③ 肝脏肿大、质脆，脾脏边缘淤血，肾脏肿大、表面有出血点。

④ 皱胃黏膜坏死脱落、胃底出血严重，小肠黏膜有出血斑，肠内容物为暗红色的黏稠液体，淋巴结肿大出血，切面深褐色。

【重预防】

① 保持环境温度稳定和安静，搞好环境卫生，及时清理粪便，经常消毒。

② 加强饲养管理，不要突然更换饲料，可在饲料中添加微量元素硒，同时可以增加益生菌（乳酸杆菌、枯草芽孢杆菌、酵母菌等）以调整肠道菌群平衡。

【早治疗】

［**治疗方案**］ 排毒、抗菌消炎、强心、收敛止泻、补液和防止酸中毒。

牛肠毒血症用药物治疗效果不佳，因其发病急、死亡快，根本来不及治疗。对于一些亚急性病例可用产气荚膜梭菌高免血清紧急注射并结合其他抗生素（如5%恩诺沙星0.2mL/kg体重，肌注，2次/d；青霉素3万～5万IU/kg体重，肌注,4次/d；10%土霉素按0.8～1.0g/kg体重拌料；头孢噻呋等），结合强心、补液、补充机体能量等全身疗法。

参考方案：10%磺胺嘧啶钠注射液 70～100mg/kg体重，静注，2次/d，连用 3～5d；阿米卡星注射液 0.1mL/kg体重，肌注，2次/d，连用 3～5d；缓解酸中毒，静注5%碳酸氢钠注射100～200mL，同时灌服碳酸氢钠，30～100g/次，1次/d，连用5d。灌服抗菌及止泻收敛药物磺胺脒1g、土霉素10～25mg/kg体重和次硝酸铋0.5g、鞣酸蛋白1g，2次/d，连用3d。

十八、放线菌病

牛放线菌病又称大颌病，是由放线菌引起的一种非接触性慢性传染病。以头、颈、颌下和舌出现放线菌肿，形成特异性肉芽肿和慢性化脓灶，脓汁中含有特殊菌块为特征。

【识病原】

主要有牛放线菌、伊氏放线菌、林氏放线菌和猪放线菌等。致病菌在病灶脓汁中呈特殊结构，形成肉眼可见的帽针头大、黄色小菌块（或称“硫黄颗粒”）。组织压片经革兰氏染色，其中心菌体为紫色，周围放射状菌丝呈红色。

【知规律】

① 传播途径　经损伤的皮肤和口腔黏膜感染。

② 易感动物　2～5岁的牛最易感，常发生于换牙期。

③ 流行特点　无明显季节性，一般呈散发，偶尔呈地方流行性。

【看症状】

① 上下颌骨肿大，界限明显，极为坚硬，肿部初期疼痛，后期无疼痛感。

② 侵害软组织时，多见于颌下、头颈等部位；侵害舌肌时，舌组织肿胀变硬，触压如木板，故称木舌病。病牛流涎，咀嚼、吞咽、呼吸困难。

③ 乳房患病时，呈现弥漫性肿大或有局灶性硬结，乳汁里混有脓汁。

④ 骨组织侵害严重时，骨质疏松，骨表面高低不平。

【观病变】

下颌、淋巴结以及咽喉、食道、瘤胃、真胃、肝、肺等处形成脓肿。

【重预防】

① 避免用带刺、粗糙的饲草饲喂，以减少对牛黏膜及皮肤的损伤，有外伤时要及时处理伤口。

② 发现病牛应及时隔离，清除被污染的草料，污染的用具可煮沸或用0.1%氯化汞消毒。

【早治疗】

方案1：对于已经呈波动状的放线菌大脓肿，或病变部位发展到破溃时期，流出脓汁，形成瘘管，有血色颗粒和血液流出的肿胀，须及时用外科手术疗法治疗。方法：保定患牛，患部剪毛，手术部位常规消毒，从中心较柔软处棱形切开。按压周缘排出较黏稠的乳黄色脓汁，用10%浓盐水冲洗创腔后，再用1%碘伏溶液浸湿干纱布填塞创腔，注意外留1～2cm，以便引流排脓，隔1d更换1次。

方案2：碘化钾，内服，成年牛5～10g，犊牛2～4g，1次/d，连用2～4周；重者可静注10%碘化钠，每次50～100mL，隔天一次，连用3～5次，如出现中毒现象应停药。

方案3：青霉素2万～3万IU/kg体重，链霉素1万～2万IU/kg体重，患部周围做封闭注射，1次/d，连用5d。

十九、破伤风

破伤风又称强直症，俗称锁口风，是由破伤风梭菌经伤口感染引起的一种急性、中毒性人畜共患病。主要特征为骨骼肌持续性痉挛和神经反射兴奋性增高。

【识病原】

破伤风梭菌，呈细长或略弯曲、两端钝圆的杆菌。成熟的芽孢呈正圆形，位于菌体一端，呈鼓槌状或球拍状。革兰氏染色阳性。能产生溶血素和痉挛毒素两种外毒素。

【知规律】

① 易感动物　各种家畜均易感，单蹄兽最易感，其次牛、羊、猪。主要以犊牛多发。

② 传播途径　主要经各种创伤皮肤黏膜感染，如断脐、去势、手术、产后感染及各种外伤等。

③ 流行特点　无明显季节性，多呈散发。

【看症状】

① 潜伏期　1～3周。初期采食、咀嚼、吞咽迟缓，头、颈、腰、四肢转动灵活，眼神敏感，运步稍僵拘，体温正常。

② 中期　采食、吞咽困难，流涎，两耳竖立，尾直，四肢僵硬，粪便干燥。

③ 后期　牙关紧闭，流涎增多，呼吸急促，全身肌肉僵硬，腹肌紧缩，呈典型的“木马姿势”，瘤胃臌气，腰背弓起，体温升高，呼吸困难，终因窒息而死亡。

④ 犊牛病程4～5d，成年牛可存活10d以上，有的经数周至数月可恢复。

【重预防】

① 加强饲养管理和环境卫生，防止牛受伤。

② 免疫接种，在发病较多的地区，每年定期预防注射1次破伤风疫苗，成年牛注射1mL，注射后21d产生免疫力，免疫期为1年；第2年再加强免疫1次，免疫期为4年。犊牛出生后5～6周注射0.5mL。

【早治疗】

［**治疗原则**］ 清除病因、中和神经毒素和保持肌肉松弛。

［**治疗方案**］

方案1：病牛不能采食和饮水时，每天进行补糖补液；将病牛置于光线较暗、通风良好、干燥清洁的栏舍内；环境保持安静，避免声音刺激；给予易消化的饲草饲料。

方案2：对感染部位清创，彻底排除脓汁，清除异物和坏死组织，用3%双氧水、0.1%高锰酸钾溶液、5% ~ 10%碘酊冲洗伤口，并在创口周围用青霉素3万 ~ 5万IU、链霉素1 ~ 2g，肌注，2次/d，连用4 ~ 6d。

方案3：早期使用破伤风抗毒素，3岁以下，5万 ~ 10万IU/次；3岁以上，6万 ~ 30万IU/次，皮下、肌肉或静脉注射。

方案4：对症治疗，解除痉挛，25%硫酸镁50 ~ 100mL，缓慢静注或肌注；牙关紧闭，1%普鲁卡因40mL、0.1%肾上腺素0.5 ~ 1mL混合注入咬肌，1次/d。

方案5：（初期）蝉蜕30g、地肤子100g、乌头15g、白术30g、川芎25g、防风30g、白芷25g，研末冲服，加白酒60mL同调，1次灌服；（中期）天麻25g，乌蛇、蔓荆子、羌活、独活、防风、升麻、阿胶、何首乌、沙参各30g，天南星、僵蚕、蝉蜕、藿香、川芎、桑螵蛸、全蝎、旋覆花各20g，细辛15g、生姜30g，1次灌服；（后期）防风30g、荆芥25g、薄荷15g、生姜25g、大黄30g、栀子25g、滑石45g、半夏25g、黄芪25g、连翘25g、当归40g、川芎25g、白芍25g，白酒60mL共调，1次灌服，1剂/d，服至症状缓解。

二十、皮肤真菌病

皮肤真菌病俗称钱癣、脱毛癣、秃毛癣或匐行疹等，是由多种皮肤真菌引起的人和动物的一种真菌性皮肤传染病。临床上以脱毛、脱屑、渗出、痂块及痒感为主要特征。

【识病原】

主要为疣状毛癣菌，其次是须毛癣菌和马毛菌，主要侵害动物的被毛、指（趾）甲、蹄等角化组织。

【知规律】

① 传播途径　通过直接或间接接触传播，也可通过蚊虫叮咬等媒介传播。

② 易感动物　2个月以上至1岁育成牛最易感。

③ 流行特点　一年四季均可发生，冬春季节较多见。

【看症状】

① 常发生于头部，特别是眼周围、耳、鼻镜、颈部等，俗称“花斑脸”或“面团脸”，也可发生于颈部、躯干侧面等部位，甚至遍及全身。

② 初期仅为豌豆大小的小结节，以后向四周蔓延，脱毛形状像古钱币样，有时留有残毛。

③ 后期皮肤上出现界限明显的秃毛圆斑，形成灰白色、石棉状痂块，癣斑上有鳞屑、硬皮或小疱。癣痂小者如铜钱，大者如核桃或更大。

④ 初期不痒，中晚期痒感明显，触诊有痛感，瘙痒不安，常在墙壁、食槽等处摩擦，被毛杂乱，食欲下降，精神不振，贫血。病程轻者1个月，重者可达1年以上。

【重预防】

① 加强饲养管理，搞好栏圈及牛体皮肤卫生。挽具、鞍套等固定使用。

② 发现病牛应全群检查，患牛隔离治疗。圈舍可用2%热氢氧化钠溶液或0.5%过氧乙酸溶液消毒。饲养人员应注意防护，以免受到感染。

【早治疗】

方案1：先用温热肥皂水或3%来苏尔溶液、1%碘伏、0.5%次氯酸钠清洗患部，刮去痂皮，露出轻微带血的（创）伤面，然后涂抹以下药液（任选1种），如1%～2%来苏尔溶液或5%～10%碘酊，1～2次/d，连用3d；1%～2%敌百虫溶液，间隔5～7d再涂1次；克霉唑或双氯苯咪唑乳膏、硫黄软膏、硫酸铜凡士林软膏（比例1∶3，每5d一次，连用2～3次），1～2次/d。

方案2：局部剪毛，用肥皂水清洗后，以3∶2的比例将废机油与氯氰菊酯混合，直接涂抹在患处，1次/d，连用5～7d。对蔓延至全身、患处面积较大的病牛，要小区域分多次治疗。

方案3：将患部清洗干净后，用3% ~ 5%高锰酸钾溶液反复擦洗患部5min以上，直至患部成焦黑色；待患部干燥后再用克霉唑溶液涂抹患部3 ~ 4遍，每遍间隔以患部干燥为准；最后在患部涂布克霉唑乳膏，1次/d，连用5 ~ 7d。

方案4：局部用温肥皂水洗干净，刮去痂屑后，再用10%浓碘酊对患处进行消毒，最后用鱼石脂50g、硫黄400g、凡士林600g混合制成软膏涂擦患处，1次/d，直至痊愈。

方案5：严重感染者，灰黄霉素或克霉唑软膏涂擦，内服灰黄霉素，5 ~ 10mg/kg体重，连用7d。对于顽固性病例，可使用人用伊曲康唑、伏立康唑，内服或注射，用量是人的5 ~ 10倍。

二十一、布鲁氏杆菌病

布鲁氏杆菌病简称布病，是由布鲁氏杆菌引起的一种人畜共患传染病。主要侵害生殖器官，引起胎膜发炎、流产、不育、睾丸炎及各种组织的局部病灶。我国将其列为二类动物疫病。

【识病原】

布鲁氏菌属分为6个种19个生物型，牛种布鲁氏杆菌有1、2、3、4、5、6、7、9型。菌体呈球形、卵圆形、球杆状，革兰氏染色阴性，常寄生于细胞内。

【知规律】

① 传染源　发病及带菌的牛、羊、猪为主要传染源。患病动物的分泌物、排泄物、流产物及乳汁等含有大量病菌。

② 传播途径　主要经消化道、呼吸道、生殖系统黏膜、结膜、损伤甚至未损伤的完整皮肤和黏膜等多种途径感染，也可通过吸血昆虫进行传播。

③ 易感动物　牛、羊、猪易感，初产动物最易感，且流产率高。

④ 流行特点　一年四季均可发生，但以产仔季节较为多发。牧区发病率明显高于农区。

【看症状】

① 多为隐性感染。母牛流产，多发生于怀孕后6 ~ 8个月。流产前2 ~ 3d出现分娩征兆，阴道和阴唇潮红、肿胀，从阴道流出淡红色

透明无臭的分泌物；流产后常伴有胎衣不下或子宫内膜炎，2～3周后恢复；有的病愈后长期排菌，可成为再次流产的原因；有的经久不愈、屡配不孕而被淘汰。

② 流产、死胎，一般只发生一次流产，第2胎多正常。

③ 有的发生乳房炎、乳房肿大，乳汁呈初乳性质，乳量减少。

④ 有的膝关节或腕关节发炎，关节肿痛，跛行或卧床不起。

⑤ 公牛发生睾丸炎和附睾炎，睾丸肿大，触之疼痛。

【观病变】

① 胎膜水肿，覆盖有脓性分泌物，有些部位或全部呈苍黄色或覆有灰白色或黄绿色纤维蛋白或脓性分泌物。

② 流产胎儿脾、肝、淋巴结呈现不等程度的肿胀，有时散布着炎性坏死灶。

③ 胃、肠和膀胱黏膜有出血点，胃内有黄白色黏液性絮状物。

【重预防】

① 严格按照国家的有关规定和标准进行预防，应每年检查1～2次，坚决淘汰阳性牛，彻底根除病源，彻底消毒传染场地。引进奶牛必须检疫，经隔离观察，确定无病后方可与健康牛合群。

② 在常发病地区，分别在5～8月龄、第1次配种前免疫两次。接种过菌苗的牛，不再进行检疫。

【早治疗】

以预防为主。可采用抗生素（四环素、磺胺类等药物）结合维生素来治疗，但为了防止病原传播，应将患病奶牛全部扑杀，并进行焚烧、深埋。

二十二、新蛔虫病

牛新蛔虫病是由牛新蛔虫引起犊牛以下痢为主要特征的疾病。

【识病原】

牛新蛔虫，寄生于小肠内，呈黄白色，体表光滑，表面半透明，形如蚯蚓，状如两端尖细的圆柱。雄虫长11～26cm，直径5mm，尾部呈圆锥形，弯向腹面；雌虫长14～30cm，直径5mm。虫卵近似球形，淡黄色。

【知规律】

① 感染方式 一是母牛吞食侵袭性虫卵后，虫卵在母牛体内发育为幼虫，当母牛怀孕8个半月左右，体内的幼虫通过胎盘感染胎儿，小牛产出后10～42d，虫体在牛犊体内成熟并产卵；二是犊牛出生后，母体内的幼虫通过初乳或乳汁感染犊牛。

② 易感动物 4～5月龄以下犊牛均可发生，尤以2 月龄以下犊牛最易受感染。

【看症状】

① 轻者症状不明显，重者精神不振，食欲减退或废绝，胃肠臌胀，消瘦，被毛粗糙松乱、脱落。

② 便秘和腹泻交替发生，或持续性腹泻，排出灰白色腥臭稀粪或血便。幼虫移行到肺时，出现肺炎、咳嗽、呼吸困难等症状。严重时可导致死亡。

【观病变】

小肠黏膜受损，出血或溃疡。大量成虫寄生时，可见肠道阻塞或肠穿孔。由于幼虫的移行，可造成肠壁、肺脏、肝脏等组织的损伤、点状出血、发炎。

【重预防】

① 加强粪便管理，及时清除粪便，保持圈舍卫生；粪便应堆积发酵，彻底杀灭虫卵。母牛和犊牛分开饲养。

② 定期驱虫，犊牛1月龄（15～30日龄，成虫感染高峰期）和5月龄时各进行1次驱虫，常用的药物有丙硫苯咪唑、左旋咪唑等，用法用量参考治疗方案。

【早治疗】

方案1：左旋咪唑，8mg/kg体重，1次口服，或5mg/kg体重，肌注。

方案2：丙硫苯咪唑（阿苯达唑、抗蠕敏），10mg/kg体重，1次口服，配成悬浮液灌服。

方案3：枸橼酸哌嗪（驱蛔灵），250mg/kg体重，1次口服。

方案4：阿苯达唑伊维菌素，0.3mg/kg体重，1次口服。

方案5：神曲30g、使君子48g、苦陈皮48g、贯众30g、槟榔24g，共煎汁后放入雷丸24g，分2次灌服。

二十三、线虫病

1. 胃肠道线虫病

引起牛胃肠道线虫病的线虫种类很多，主要有捻转血矛线虫、仰口属线虫、食道口属线虫、辐射食道口线虫和毛首属线虫等，可单独感染，也可混合感染。临床表现为消瘦、贫血、水肿、下痢等。奶牛感染线虫后，每头奶牛的产奶量每天可降低1.68～2.35kg。

【识病原】

（1）捻转血矛线虫（又称捻转胃虫） 寄生于牛真胃，偶见于小肠。新鲜虫体呈浅红色，雄虫长15～19mm，雌虫长27～30mm，呈细线状。虫卵椭圆形。

（2）仰口属线虫（又称钩虫） 寄生于小肠，主要是十二指肠。虫体长10～30mm，灰褐色，头部常向背面弯曲成钩状。虫卵两端钝圆，卵细胞暗黑色。

（3）食道口属线虫（又称结节虫） 寄生于大肠（主要在结肠）。因幼虫寄生于肠黏膜形成结节，故名结节虫。成虫乳白色，头端弯曲，雄虫长12～16mm，雌虫长16～22mm。

（4）夏伯特线虫（又称阔口圆虫） 寄生于结肠及盲肠。长15～30mm，虫体前端略向腹面弯曲，呈淡黄色。

（5）毛首属线虫（又称鞭虫） 寄生于盲肠。长35～80mm，头端细如毛发，深深钻入肠黏膜中，尾端粗大，形似鞭子。虫卵呈长椭圆形，黄褐色，两端尖，各有一个卵塞，长70～80μm，宽30～40μm。

【看症状】

① 牛感染后由于体质强弱和感染程度不同而呈现不同症状。

② 严重感染时，精神不振，食欲减退，消瘦、贫血，腹泻与便秘交替出现。

③ 结节虫病则为顽固性下痢，粪便黑绿色或暗绿色，黏液多，有时带血，弓背，翘尾，频频痉挛性排尿。

④ 钩虫病则粪便黑色，蹄痒，下颌、颈下、前胸和腹下水肿，全身虚弱，可导致死亡。

【重预防】

① 粪便堆积发酵，消灭虫卵和幼虫，不到低洼地带放牧，实行轮牧，注意饲料和饮水卫生。

② 药物预防，每年春秋两季各进行一次定期驱虫，如丙硫苯咪唑、噻苯唑、左旋咪唑等。

【早治疗】

方案1：左旋咪唑，5 ~ 10mg/kg体重，1次口服。

方案2：丙硫苯咪唑，15 ~ 20mg/kg体重；甲硝唑，50mg/kg体重，1次口服或拌料。

方案3：盐酸噻嘧啶，25mg/kg体重，1次口服。

方案4：甲苯咪唑，10 ~ 15mg/kg体重，1次口服。

2.肺线虫病

又称网尾线虫病，主要由网尾线虫寄生于牛的气管和支气管中引起。临床以咳嗽、消瘦、贫血、呼吸困难为特征，常呈地方性流行。

【识病原】

主要是胎生网尾线虫和丝状网尾线虫，属于大型肺线虫，虫体呈乳白色粉丝状，长2.4 ～ 10cm。寄生于牛的气管和支气管内。

【知规律】

① 易感动物　对犊牛危害严重。

② 流行特点　多发生于潮湿多雨地区。常呈暴发性流行，造成大批死亡。

③ 生活史　大型肺线虫的发育不需中间宿主。

【看症状】

① 咳嗽，初为轻咳、干咳，后变为湿咳、频咳，尤以夜间和清晨出圈时明显，咳出的痰液中可含有虫卵、幼虫或成虫。

② 鼻流黏液，干后在鼻孔周围形成硬皮。

③ 精神不振，逐渐消瘦，被毛粗乱，食欲不振，消瘦，长期躺卧。

④ 后期呼吸困难，不能站立，吐白色泡沫，最后窒息死亡。

⑤ 发生肺炎时，体温升高到40.5 ～ 42℃，流黏液性鼻液，听诊肺部有干性啰音或湿性啰音及气管呼吸音。

【观病变】

在肺支气管和气管内可以发现虫体。

【重预防】

参考胃肠道线虫病。

【早治疗】

参考胃肠道线虫病。以丙硫苯咪唑、左旋咪唑效果较好。

3.眼虫病

又称吸吮线虫病，是由吸吮线虫寄生于牛的眼睛内所引起的一种眼病。其特征是呈现出结膜炎、角膜炎。

【识病原】

吸吮线虫，虫体较小，长10～20mm，新鲜虫体为乳白色线状，体表有锯齿状横纹。

【知规律】

① 易感动物　各种年龄的牛均可感染，以犊牛和放牧牛多见。

② 流行特点　有明显的季节性，5～6月份开始发病，8～9月份达到高峰。

【看症状】

① 患牛常将眼部就其他物体上摩擦，摇头不安，食欲减退。

② 初结膜潮红，羞明流泪，眼睑肿胀；后期从眼内流出黏性、脓性分泌物，角膜混浊，出现圆形或椭圆形的溃疡；严重时可致一眼或双眼失明；仔细观察眼部，有时可发现虫体。

【重预防】

在流行季节，全面灭蝇。在6月和7月上旬，以1%敌百虫溶液或2%噻苯唑溶液滴眼，进行全群性驱虫。

【早治疗】

方案1：左旋咪唑，8mg/kg体重，1次口服。

方案2：2%～3%硼酸溶液、0.067%碘溶液、0.5%来苏尔溶液冲洗结膜囊，以杀死或冲出虫体。

方案3：2%可卡因滴眼，虫体受刺激后由眼角爬出，然后用镊子将虫体取出；并发结膜炎和角膜炎时，应同时使用抗生素眼药水治疗。

方案4：2%盐酸普鲁卡因溶液上、下眼睑皮下注射，每侧注射

1mL；再用5%盐酸左旋咪唑缓慢滴眼，2～3min虫体麻痹后，翻开眼睑，用眼科球头镊子取出虫体；再用生理盐水冲洗眼睛，用脱脂棉擦干，滴上氧氟沙星眼药水，3次/d，连用2～3d。

二十四、绦虫病

【识病原】

莫尼茨绦虫、盖氏曲子宫绦虫和无卵黄腺属的绦虫，主要寄生于牛小肠。

【知规律】

对犊牛危害较大，主要通过被污染的草料和饮水传播。

【看症状】

消瘦，乏力，贫血，生长发育不良，腹泻。少数病牛出现抽搐、转圈等神经症状。粪便中有白色米粒状的单个孕节或成面条状的连续节片。

【重预防】

定期驱虫，减少和消灭带虫者。草地轮牧和深翻，农牧轮作。避开清晨和黄昏放牧，以减少感染。

【早治疗】

方案1：硫双二氯酚，40～60mg/kg体重，1次内服。

方案2：氯硝柳胺，60～100mg/kg体重，1次内服。

方案3：吡喹酮，10～15mg/kg体重，1次内服。

二十五、吸虫病

1.肝片吸虫病

又称肝蛭病，是由肝片吸虫或大片吸虫寄生于牛的肝脏和胆管引起的急性或慢性肝炎和胆管炎的寄生虫病。

【识病原】

①肝片吸虫　大小为（21～41）mm×（9～14）mm，雌雄同体，呈扁平片状，外观呈树叶状，新鲜时为灰红褐色，固定后变为灰白色。

②大片吸虫　呈长叶状，大小为（25～75）mm×（5～12）mm，虫体长与宽之比约为5∶1。虫体两侧缘较平行，后端钝圆，“肩”部

不明显。

【知规律】

① 中间宿主　主要为椎实螺。

② 易感动物　各种年龄、性别、品种的牛均可感染。犊牛发病后危害更严重。

③ 流行特点　呈地方性流行，多发生于低洼、沼泽及有河流和湖泊的放牧地区。多发生于春末夏秋季节，以6～9月份为高发季节。

【看症状】

① 轻度感染常无症状，严重感染时牛体质衰弱，被毛粗乱、易脱落、无光泽，食欲减退，消化紊乱，黏膜苍白，贫血，黄疸。

② 发病后期牛体下部出现水肿，最后极度衰弱而死亡。

③ 犊牛即使轻度感染也有临床表现，不但影响其生长发育，而且可以导致死亡。

【观病变】

肝脏、胆管扩张，胆管壁增厚，其中可见大量寄生的肝片吸虫。

【重预防】

① 药物驱虫，北方地区每年冬春季节各驱虫1次，南方因终年放牧，每年可进行3次驱虫；驱虫药物可选用丙硫苯咪唑、硝氯酚、肝蛭净、硫双二氯酚等。

② 驱虫后的粪便应堆积发酵杀死虫卵。

③ 消灭中间宿主，不到潮湿低洼地方放牧。

【早治疗】

方案1：肝蛭净（三氯苯唑），10～12mg/kg体重，1次口服，对成虫、童虫均有效。

方案2：硝氯酚，4～5mg/kg体重，1次口服，适用于慢性病例，对童虫无效。

方案3：丙硫苯咪唑，20～30mg/kg体重，1次口服，对成虫和童虫均有效。

方案4：硫双二氯酚，40～60mg/kg体重，1次口服。

方案5：氯氰碘柳胺钠注射液，4mg/kg，皮下注射；肝蛭净8mg/kg，经口投药。

2. 前后盘吸虫病

是由前后盘科各属的多种前后盘吸虫引起的一种寄生虫病。

【识病原】

前后盘吸虫种类繁多，虫体的大小、颜色、形状及内部构造均因种类不同而有差异。虫体长度从几毫米到20mm不等，颜色可呈深红色、粉红色或乳白色，在形状上亦有差异。成虫主要寄生于瘤胃壁上，危害不大；幼虫移行至真胃、小肠、胆管、胆囊等部位时，危害较大。

【知规律】

生活史类似于肝片吸虫。

【看症状】

① 贫血、消瘦、颌下水肿，黏膜苍白，卧地不起，最终因衰竭而死亡。

② 顽固性下痢，粪便呈粥样或水样，常有腥臭。

【观病变】

真胃和小肠黏膜水肿、出血，出血性胃肠炎。

【重预防】

参考肝片吸虫病。

【早治疗】

参考肝片吸虫病。

二十六、球虫病

牛球虫病是由艾美耳属球虫寄生于牛肠道上皮细胞引起的一种原虫病，以急性肠炎、血痢等为特征。

【识病原】

我国报道的牛球虫确定种有13种，均为艾美耳属球虫。其中致病力最强的艾美耳属球虫为邱氏艾美耳球虫、牛艾美耳球虫和椭圆艾美耳球虫。艾美耳球虫可寄生于牛的整个大肠和小肠。

【知规律】

① 传播途径　主要通过饲料、饮水经口感染。

② 易感动物　不同年龄和性别的牛均可发生，多发生于1岁以内的犊牛和育成牛。

③ 流行特点　一般发生于4～9月份，尤其是多雨潮湿的夏秋季节。

【看症状】

① 急性病例，下痢，排出黏液性血便，甚至带有红黑色的血凝块及脱落的肠黏膜，粪便恶臭，尾部、肛门及臀部被污染成褐色，在墙壁和牛床上可见到红褐色的粪便。弓腰努责，腹痛，常用后肢踢腹部。

② 慢性病例，长期下痢、贫血，最终因极度消瘦而死亡。

【观病变】

① 小肠出血、淋巴滤泡肿大突出，有白色和灰色的小病灶和溃疡，溃疡表面覆有凝乳样薄膜。

② 肠内容物呈褐色，带恶臭，有纤维性薄膜和黏膜碎片。肠系膜淋巴结肿大。

【重预防】

加强饲养管理，及时清除粪便，并堆积发酵处理。成年牛和犊牛分开饲养。

【早治疗】

［**治疗原则**］ 抗球虫，防继发感染，修复肠黏膜。

［**治疗方案**］

方案1：磺胺二甲嘧啶，0.1g/kg体重，内服，1次/d，连用3～5d。配合使用酞磺胺噻唑，0.18g/kg体重，内服。

方案2：（犊牛）氨丙啉2g（或55mg/kg体重）、土霉素1g，内服，2次/d，连用5～7d；或地克珠利，1mg/kg体重，内服，1次/d，连用5～7d；莫能菌素20～30g/1000kg饲料，混饲，连用7～10d。

方案3：修复肠黏膜可用维生素AD油饮水，止血可用维生素K_3。防止继发感染，可用硫酸新霉素、硫酸黏菌素、林可霉素等饮水。

二十七、血液原虫病

1.泰勒虫病

由泰勒科、泰勒属的环形泰勒虫或瑟氏泰勒虫寄生于牛红细胞和单核巨噬系统细胞内所引起。临床以高热、贫血、出血、消瘦和体表淋巴结肿胀为特征，发病率高，病死率高。

【识病原】

① 环形泰勒虫　寄生于红细胞内的虫体为血液型虫体，为环形，呈戒指状；寄生于单核巨噬系统细胞内，裂殖体呈圆形、椭圆形或肾形。

② 瑟氏泰勒虫　除有特别长的杆状虫体外，其他形态和大小与环形泰勒虫相似，也具有多形性。与环形泰勒虫的主要区别是各种虫体形态中以杆形和梨籽形为主，占67%～90%；且随着病程不同，这两种形态的虫体比例会发生变化。

【知规律】

① 传播媒介　环形泰勒虫病主要是残缘璃眼蜱，瑟氏泰勒虫病主要是长角血蜱和青海血蜱。

② 易感动物　以1～3岁的牛最易发病，外地牛、土种牛易感且发病严重。

③ 流行特点　多发生于6～8月份。主要流行于我国西北地区。

【看症状】

① 环形泰勒虫病常呈急性经过，初期体温升高达40～42℃，稽留热，濒死期体温下降，最终衰弱而死。

② 精神沉郁，行走无力，卧地不起，呼吸急促，眼结膜充血肿胀、贫血，布满绿豆大血斑。有的皮肤和黏膜苍白，有的出现黄疸症状，眼角膜和口腔黏膜黄染、大便变黄等。有的牛颌下、胸前、腹下及四肢发生水肿。

③ 可视黏膜、尾根、肛门、乳房、外阴等皮肤出现小米粒或扁豆大深红色结节状出血斑点。

④ 中后期食欲减退，异食癖，反刍减少至停止，磨牙，流涎，排粪少、干、色深黄变黑，并带黄色带血的黏液。排血尿。

⑤ 体表淋巴结肿胀，一侧肩前或腹股沟浅淋巴结肿大如鸭蛋，初为硬肿，疼痛，后渐变软，常不易推动。

⑥ 瑟氏泰勒虫病的症状基本与环形泰勒虫病相似，特点是病程长，症状缓和，死亡率较低。

【观病变】

① 血液稀薄如水，全身皮下、肌间、黏膜和浆膜有大量出血斑点。

② 全身淋巴结肿大，以肩前淋巴结、腹股沟淋巴结，肝、脾、

肾、胃淋巴结表现最为明显，切面多汁，有暗红色和灰白色大小不一的结节。

③ 真胃黏膜有高粱米到蚕豆大的溃疡斑，边缘隆起呈红色，中央凹陷呈灰色。严重者病变可达整个黏膜面的一半以上。

④ 肝、脾、肾肿大，有出血点或暗红色病灶。

【重预防】

预防的关键在于灭蜱，可根据流行地区蜱的活动规律，实施有组织、有计划的灭蜱措施。12月份至次年1月份用杀虫剂消灭在牛体上越冬的若蜱，4～5月份用泥土堵塞牛圈墙缝，以闷死在其中蜕皮的饱血若蜱，8～9月份可再用堵塞墙的办法消灭在其中产卵的雌蜱与新孵出的幼蜱。

【早治疗】

［**治疗原则**］ 杀灭虫体，降温消炎，防止继发感染。

［**治疗方案**］

方案1：贝尼尔（三氮脒），5～7mg/kg体重，配成5%溶液肌注，1次/d，连用3d。

方案2：硫酸喹啉脲，0.6～1mg/kg体重，配成5%溶液皮下注射，1次/d，连用3次。

方案3：0.2%～0.5%敌百虫溶液喷洒牛体，灭除牛体上的幼蜱或稚蜱，共2次，间隔15d。

方案4：苍术60g、槟榔30g、大黄40g、金银花60g、贯众60g、熟地黄60g、百部30g、山药50g、枳实20g、夏枯草60g、白头翁50g、茵陈30g、黄芪30g、甘草40g，1剂/d，连用3d。

2.巴贝斯虫病

由巴贝斯属的多种寄生虫寄生于牛红细胞内所引起的血液原虫病。临床上以高热、贫血、黄疸、血红蛋白尿、迅速消瘦和产奶量降低为其特征。

【识病原】

我国已报道的牛巴贝斯虫有3个种：双芽巴贝斯虫、牛巴贝斯虫和卵形巴贝斯虫。前两个种流行广泛，传播媒介为微小牛蜱和镰形扇头蜱，危害较大；后一个种只在河南局部地区发现，传播媒介为长角血蜱，危害较小。

【知规律】

呈地区性和季节性流行，多发生于7～9月份。以2岁内的牛发病最多，但症状轻，很少死亡；成年牛发病率低，但病情严重，死亡率高，特别是高产牛和妊娠牛。

【看症状】

① 突然发病，体温升高至40～42℃，鼻流清涕，鼻镜干燥，羞明流泪，食欲减少，精神沉郁，头低耳耷，眼半闭，呼吸加快，咳嗽。

② 听诊肺泡呼吸音加强，心音增强。脉搏增数，耳尖及鼻端发凉，眼结膜潮红，行走无力，反刍减少。后期反刍停止，呼吸加快，肌肉震颤，喜卧，食欲废绝，停止产奶。

③ 迅速消瘦、贫血、黏膜苍白和黄染；排血红蛋白尿，尿的颜色由淡红色变为棕红色乃至黑红色。

【观病变】

① 尸体消瘦、尸僵明显；体表淋巴结肿大；可视黏膜贫血、黄疸，血液稀薄凝固不全。

② 皮下组织、肌间、结缔组织和脂肪充血、黄染，呈黄色胶冻样水肿状。

③ 脾脏肿大2～3倍，髓质软化，被膜有少量出血点，胃及小肠有卡他性炎症。

④ 肝脏肿大，呈黄褐色；心肌软化，内外膜有小点出血；膀胱扩张，有大量红色尿液潴留。

【重预防】

① 阻断传播媒介蜱，消灭牛体上的幼蜱。在2～3月份，用0.05%蝇毒磷或0.5%敌百虫溶液喷洒牛体，隔7～15d再进行1次。也可肌注或口服伊维菌素、阿维菌素进行灭蜱。在10～11月份，用0.2%～0.5%敌百虫溶液喷洒圈舍的墙壁、牛栏和砖缝，消灭环境中的幼蜱。

② 加强检疫，禁止引入病牛和带蜱牛。外地调进的牛必须隔离观察并经过严格检查确认健康后方能混群饲养。若为疫区，应定期进行检疫，发现病牛隔离治疗，假定健康牛群则用药预防。疫区和受威胁区均应药物预防。一般从发病季节开始，每隔15d 用贝尼尔或咪唑苯

脲预防注射，剂量为2mg/kg，预防期为2～10周。

【早治疗】

方案1：贝尼尔（三氮脒、血虫净），3～5mg/kg体重，用生理盐水配成5%溶液，肌注，1次/d，连用3～5d。

方案2：对症治疗，防止继发感染。10%葡萄糖2000mL、安钠咖40mL、安乃近50mL、维生素C注射液4g、青霉素1600万，混合后1次静注，1次/d，连用3d。当反刍减弱或停止时用“促反刍液”（5%葡萄糖生理盐水1000mL、10%氯化钠200mL、5%氯化钙注射液300mL、20%苯甲酸钠咖啡因10mL），1次静注，并肌注维生素B_1。便秘者投以盐类泻剂缓泻或静注高渗盐水，温水灌肠等以改善胃肠机能。

二十八、外寄生虫病

1.牛皮蝇蛆病

由皮蝇科、皮蝇属的纹皮蝇和牛皮蝇的幼虫寄生于牛背部皮下组织所引起。

【识病原】

牛皮蝇和纹皮蝇外观很相似，但后者成蝇较大。

【知规律】

① 生活史　两种皮蝇生活史基本相似，属于完全变态，整个发育过程须经卵、幼虫、蛹和成虫四个阶段。

② 流行特点　皮蝇广泛分布于世界各地，成蝇出现的季节，随各地气候条件和皮蝇种类的不同而表现差异。在同一地区，纹皮蝇出现较牛皮蝇早，一般在4～6月份，牛皮蝇在6～8月份。一般多在夏季晴朗无风的白天侵袭牛只。我国主要流行于西北、东北和内蒙古牧区，尤其是少数民族聚集的西部地区，其感染率甚高，感染强度最高达到200条/头。

【看症状】

① 雌蝇飞翔产卵时，引起牛只惊恐、喷鼻、踢蹴，甚至狂奔，常引起流产和外伤，影响采食。

② 幼虫钻入皮肤时引起痒痛；在深部组织移行时，造成组织损伤；当移行到背部皮下时，引起结缔组织增生，皮肤穿孔、疼痛、肿

胀、流出血液或脓汁，病牛消瘦、贫血。

③ 当幼虫移行至中枢神经系统时，引起神经紊乱。

④ 由于幼虫能分泌毒素，可致血管壁损伤，出现呼吸急促，产奶量下降。

【重预防】

在该病流行地区，每逢皮蝇活动季节，可用0.5%敌百虫溶液对牛体进行喷洒，每隔10d喷洒一次；或用1000～1500mg/kg体重拟除虫菊酯类药物喷洒，每30d喷洒一次，可杀死产卵的雌蝇或由卵孵出的幼虫。

【早治疗】

方案1：在牛数不多和虫体寄生量少的情况下，用手指压迫皮孔周围，将幼虫挤出，并将其杀死。由于幼虫的成熟时间不同，故每隔10d需重复操作，但需注意勿将虫体挤破，以免引起过敏反应。发现牛背上刚刚出现尚未穿孔的硬结时，涂擦2%敌百虫溶液，每隔20d涂1次。

方案2：伊维菌素或阿维菌素，0.2mg/kg体重，皮下注射，5～7d后再注射1次。

方案3：有机磷类杀虫药，如倍硫磷乳剂、1%～2%敌百虫溶液等，给牛注射或浇泼。

2.螨病

由痒螨科或疥螨科的螨类寄生于各种牛的体表或表皮内所引起的慢性皮肤病，又叫疥癣、疥虫病、疥疮，俗称癞病。不同种的螨类可引起不同的螨病，以接触感染、患病牛剧痒及各种类型的皮肤炎症为主要特征，具有高度传染性。

【识病原】

① 疥螨　体形较小，肉眼不易见，体近圆形，背面隆起，腹面扁平，呈灰白色或略带黄色。雌螨比雄螨大。主要寄生于宿主皮肤的表皮层，在其内挖凿隧道，进行发育和繁殖，以宿主的皮肤组织和渗出液为食，整个发育过程为8～22d。

② 痒螨　虫体较前者大，呈长圆形，足呈细长圆锥形，后两对足伸出体缘之外，雄虫体后部有生殖吸盘和尾突。主要寄生于宿主皮肤表面，吸取渗出液为食，整个发育过程为10～12d。

【知规律】

① 传播途径　主要通过直接接触或与被螨及其卵污染的圈舍、用具、人的衣服或身体等的间接接触而传播。

② 流行特点　主要发生于春初、秋末、冬季。

③ 发病特点　疥螨病一般始发于毛少而皮肤柔软的部位，如面部、颈部、背部和尾根部，继而皮肤感染逐渐向周围蔓延。痒螨病则起始于毛密而长和温度、湿度比较恒定的部位，如颈部、角基底、尾根，蔓延至肉垂和肩胛两侧，严重时波及全身。

【看症状】

① 牛体剧痒，牛不停地啃咬患部或在其他物体上摩擦，使局部皮肤脱毛、出血，甚至感染，同时还向周围散布病原。

② 皮肤肥厚、结痂、失去弹性，甚至形成许多皱褶、龟裂，严重时流出恶臭分泌物。

③ 病牛长期不安，影响休息，消瘦，产奶量下降，甚至影响正常繁殖。

【防混淆】

螨病与湿疹、秃毛癣、虱和毛虱的鉴别诊断，见表7-6。

表7-6　螨病与湿疹、秃毛癣、虱和毛虱的鉴别诊断

疾病名称	螨病	湿疹	秃毛癣	虱和毛虱
鉴别要点	剧痒，皮屑内有虫体，有传染性	痒感不剧烈，且不受环境、温度影响，无传染性，皮屑内无虫体	患部呈圆形或椭圆形，界限明显，其上覆盖的浅黄色干痂易于剥落，痒感不明显，镜检可发现癣菌的孢子或菌丝	与螨病相似，但皮肤炎症、落屑及形成痂皮程度较轻，容易发现虱与虱卵，病料中找不到螨虫

【重预防】

在流行地区，控制本病除定期有计划地进行药物预防外，还要加强饲养管理，勤换垫草，保持圈舍干燥清洁，对圈舍定期消毒。

【早治疗】

方案1：伊维菌素或阿维菌素，0.2mg/kg体重，皮下注射，7 ~ 10d后再注射一次。

方案2：将奶牛患部的被毛剪去，用肥皂水洗净皮肤，以2%敌百虫溶液（或螨净）涂擦患部，每次用量以不超过10g敌百虫为准。每隔2～3d处理一次，患部周围也涂擦药液，注意防止牛舔食。

方案3：用肥皂水或来苏尔溶液彻底洗擦患部，再用0.5%～1%敌百虫溶液涂擦或喷洒患部，每周1次，连用2～3次；也可用5mL/kg体重溴氰菊酯溶液喷淋，以湿透皮毛为最佳用量，每5天1次，连用2～3次。

方案4：苦参60g、皂角40g、荆芥30g、椿皮30g、百部35g、花椒50g，煎水1000mL，每天加热清洗患部，连用1周。

方案5：1∶300的螨净溶液和2%敌百虫溶液对所有圈舍进行彻底消毒，每2d消毒1次，连用10d。

二十九、消化系统疾病

1.瘤胃积食

以牛瘤胃内食物积聚，造成食物性扩张、胃壁受压和腹痛为主要特征。

【识病因】

由于采食了大量难以消化的干燥饲料、运动不足、饥饿、突然更换饲料等各种不良因素的刺激，导致瘤胃消化和运动功能减弱，从而引发本病。也可继发于前胃弛缓、瓣胃阻塞、创伤性网胃炎及真胃变位等疾病。

【看症状】

① 精神沉郁，食欲、反刍、嗳气减少或停止；眼球凹陷，鼻镜干燥，口腔酸臭，口色暗红，口温偏高。

② 腹痛不安，反复起卧，回头观腹，后蹄踢腹。

③ 腹围增大，左侧瘤胃上部饱满，中下部向外突出，触诊瘤胃时表现疼痛不安，用手按压左侧肷部时瘤胃内容物黏且较硬，留压痕，瘤胃蠕动音消失，排出少量黑色粪便。

④ 后期呼吸困难，心跳不整，皮温不均，站立不稳，肌肉震颤，全身中毒加剧，衰竭，卧地不起，陷于昏迷。

【重预防】

按日粮标准定时定量饲喂，防止突然变换饲料或过食，严格控制

精饲料。

【早治疗】

［**治疗原则**］ 恢复瘤胃运动机能，促进内容物排出，防止脱水与酸中毒。

［**治疗方案**］

方案1：禁食，只给大量饮水并按摩瘤胃，10 ~ 20min/次，3 ~ 5次/d。

方案2：硫酸钠或硫酸镁500 ~ 800g、稀盐酸30mL、马钱子酊20mL，加常水5000 ~ 8000mL，用胃管一次灌服。同时用10%氯化钠溶液250 ~ 500mL、10%安钠咖10 ~ 20mL、10%氯化钙100mL、10%葡萄糖1000mL，混合一次静脉注射。

方案3：硫酸镁或硫酸钠500g，鱼石脂30g，液状石蜡或植物油1000 ~ 1500mL，1次灌服。

方案4：龙胆碳酸氢钠片（80片/次）、健胃散（250g/次），1次/d，连用2 ~ 4d；银黄注射液，按每100kg体重肌注10mL（即0.1mL/kg体重），1次/d，连用2 ~ 4d。

方案5：槟榔50 ~ 100g、枳实50g、香附30 ~ 50g、厚朴50g、青皮50g、大黄250g、陈皮50g、神曲30g、肉豆蔻20g、草果20g、牵牛子50g（孕畜忌用）、芒硝200 ~ 300g，研末，煎汁灌服，1剂/d，直至痊愈。小牛酌减。

方案6：常山60g、藜芦60g、槟榔60g、枳壳30g、神曲120g、大黄60g、芒硝120g、厚朴21g、木香24g，研末，开水冲药，候温灌服，1剂/d，直至痊愈。

2.瘤胃臌气

由于前胃神经反应性降低，收缩力减弱，采食易发酵的饲料，在瘤胃内菌群的作用下，异常发酵，产生大量气体，引起瘤胃和网胃过度膨胀。根据病因可分为原发性和继发性瘤胃臌气；按病程长短可分为急性和慢性；按性质分为泡沫性和非泡沫性瘤胃臌气。

【识病因】

① 原发性臌气　主要由于奶牛采食过量易发酵的饲料，如含有露水的青绿饲料（紫云英、苕菜、三叶草、苜蓿、花生藤、豆科植物、

马铃薯叶）、过多的块根类饲料、豆饼以及霉变的干草饲料；食入品质不良的或腐败、变质的发酵饲料。这些饲料在瘤胃内异常迅速地发酵，产生大量气体。

② 继发性臌气　常继发于食管阻塞、前胃迟缓、瘤胃麻痹或痉挛、创伤性网胃炎、瘤胃与腹膜粘连、慢性腹膜炎、网胃与膈肌粘连等疾病。此外，饲养管理模式及饲草突然改变也易诱发本病。

【看症状】

① 原发性臌气　常于采食中或采食后突然发病。病牛左肷部充气胀满，甚至高出脊背，反刍和嗳气停止，发出“吭吭”的呻吟声，呼吸困难，头颈伸展，舌伸出、流涎，叩诊呈鼓音，听诊瘤胃蠕动音减弱，触诊瘤胃紧张有弹性。后期精神沉郁，站立不稳，行走摇晃，张口流涎，眼球突出，呻吟，全身出汗，最后卧地不起，终因窒息和心脏麻痹而死亡。发病急，病程短，重者常于0.5～1h死亡。

② 继发性臌气　发病缓慢，症状时好时坏。对症治疗后，症状有时缓解，但如果原发性不愈，臌气呈周期性反复发作，病程可达数周，消瘦、衰竭，便秘和下痢交替发生。

【重预防】

① 加强饲养管理，精粗料合理搭配，防止牛只采食过量的多汁、幼嫩的青草和豆科植物（如苜蓿）以及易发酵的甘薯秧、甜菜等，青嫩饲草需日晒后再饲喂。

② 饲喂模式不要突然改变，做好饲料加工和保管工作，禁止饲喂发霉腐烂的饲料。

③ 做好牛群日常检查工作，早发现、早治疗，做好相关疾病的防治工作。

【早治疗】

［**治疗原则**］ 消除病因，及时排气减压，制止瘤胃内容物发酵，恢复瘤胃的正常生理功能。

［**治疗方案**］

方案1：用套管针进行瘤胃穿刺放气，排气速度不宜过快，以防脑贫血；同时通过套管针注射止酵剂（如鱼石脂、松节油等）、缓泻剂（如硫酸镁等）。

方案2：非泡沫性瘤胃臌气初期，用鱼石脂15～25g、松节油20～30mL、95%酒精100～200mL、常水1000mL，一次灌服或瘤胃注射；泡沫性臌气，放气效果不明显时，可通过胃管或套管针向瘤胃内注入二甲基硅油2.5g，或5%～10%石灰水1000～2000mL，或8%氧化镁溶液600～1000mL，或稀盐酸10～30mL，加适量水；在放气后，用0.25%普鲁卡因溶液50～100mL将200万～500万IU青霉素稀释，注入瘤胃，效果更为理想。

方案3：丁香25g、木香45g、藿香45g、青皮45g、陈皮45g、槟榔15g、炒牵牛子45g，水煎灌服，1次/d，连用3剂。

方案4：椿皮90g、常山30g、莱菔子90g、柴胡50g、枳壳90g、甘草25g、大黄100g、硫酸钠200g，1剂/d，直至痊愈。

3.瘤胃酸中毒

由于大量饲喂碳水化合物，在瘤胃内产生大量乳酸而使瘤胃pH值下降的一种全身代谢紊乱疾病。正常情况下，反刍动物瘤胃内pH值维持在6左右，当pH值低于5.5即发生瘤胃酸中毒，瘤胃内pH值在5.0～5.5之间属于亚临床型酸中毒；pH值低于5即发生急性酸中毒。

【识病因】

突然采食大量富含碳水化合物的饲料，如小麦、玉米、大麦、高粱等，在瘤胃微生物的作用下，产生大量乳酸而中毒；或过量采食甜菜或发酵不全的酸湿酒糟、嫩玉米等。

【看症状】

① 轻度　精神稍差，食欲减少，反刍无力，嗳气停止，腹围增大，瘤胃轻度臌气，排出恶臭褐色的稀软粪便，四肢无力，不灵活。

② 中度　精神沉郁，食欲废绝，饮欲增加，不愿走动，喜卧，步态不稳，后躯左右摇摆，目光呆滞，磨牙。眼结膜充血，心率加快，呼吸浅快，体温升高至39.2～40.0℃，左腹部膨大，排出较多酸臭、混有食入精料的稀便。

③ 重度　精神极度沉郁，对外界反应迟钝，闭目不睁，卧地不起，呈昏睡状，有的头颈歪向一侧贴地呻吟。按压瘤胃内容物较软，少尿或无尿，鼻镜发红，眼球塌陷，血液黏稠，口干黏，呈暗红色。有的排粪停止。

【重预防】

加强饲养管理，合理调制加工饲料，正确配制日粮，严格控制谷物精料的饲喂量，防止偷食精料。严格禁止患牛饮用污秽的水，不要过饲富含蛋白质的饲料以及腐败变质的豆科牧草等。

【早治疗】

［**治疗原则**］　抑制乳酸产生，保护瘤胃黏膜，排除瘤胃内容物，纠正酸中毒，防止脱水，兴奋瘤胃，恢复瘤胃运动机能。

［**治疗方案**］

方案1：先洗胃，见腹围明显缩小后再灌入石蜡油1000～1500mL，然后抽出胃管；防止脱水性休克，静注生理盐水2000～4000mL；纠酸和改善血液循环及供氧，静注5%碳酸氢钠溶液2500～5000mL，安钠咖5g；保护胃肠黏膜并促进瘤胃机能的恢复，灌服硫糖铝200片、吗丁啉100片。

方案2：（轻症）苍术80g、川厚朴50g、陈皮50g、甘草30g、生姜30g、大枣10枚，水煎后加碳酸氢钠60～100g灌服，1剂/d，连用3剂。

方案3：（较重）苍术80g、厚朴50g、陈皮50g、生地80g、玄参30g、麦冬30g、生姜30g、甘草20g、大枣10枚，煎后加小苏打100g灌服，1剂/d，连用3剂。同时10%葡萄糖1000mL、10%氯化钠500mL、5%碳酸氢钠注射液1000～1500mL、20%安钠咖20mL，一次静注。

方案4：槟榔50g、枳实30g、党参40g、白术50g、香附30g、川朴40g、青皮30g、神曲50g、甘草20g，共为细末，开水冲调，候温灌服。轻者1剂/d，重者每日分早晚各1剂，连用3～5d。

方案5：（严重）在采用洗胃、补液等措施的基础上，配合前述中药方剂治疗。

4.前胃弛缓

指前胃兴奋性降低，收缩力减弱，胃内容物运转缓慢，微生物区系失调，食欲、反刍减退，消化障碍，乃至全身机能紊乱的一种综合征。中兽医称为脾胃虚弱或宿草不转。

【识病因】

① 原发性　如长期饲喂粗硬、难以消化、营养差的粗饲料；长期喂以柔软、刺激性不足的粗饲料；饲喂发霉、冰冻和变质的饲料；精

饲料饲喂过多；突然改变饲草、精饲料种类，换料过急；蛋白质、矿物质、维生素缺乏和不足等。

② 继发性　主要是疾病，包括传染病、寄生虫病及营养代谢病与中毒病，如创伤性网胃炎、创伤性腹膜炎、血孢子虫病、肝片吸虫病、前后盘吸虫病、生产瘫痪、软骨症、有毒植物和化学药物中毒等。此外，长期内服大量磺胺类或抗生素类药物，使瘤胃内微生物区系共生关系遭到破坏，消化功能发生障碍而引起前胃弛缓的发生。

【看症状】

（1）急性前胃弛缓

① 食欲减少，或只吃干草，不吃精料，饮欲减退，口腔干燥，有口臭。

② 反刍减少短促、无力，时而嗳气并带酸臭味。

③ 瘤胃蠕动音减弱，次数减少，触诊瘤胃内容物常较坚硬或呈粥状。

④ 病初粪便变化不大，随后粪便坚硬，色暗，被覆黏液；继发肠炎时，排棕褐色粥状或水样粪便，全身症状增重，精神萎靡，呼吸和脉搏加快。

⑤ 重症病例，伴发前胃炎或酸中毒时，呻吟、磨牙，食欲反刍废绝，瘤胃蠕动消失，粪便呈糊状、棕褐色、恶臭。

⑥ 精神沉郁，皮温不整，体温下降，鼻镜干燥，眼球下陷，黏膜发绀，呼吸困难。

（2）慢性前胃弛缓

① 症状与急性类似，不同点是病程较长，症状时轻时重，而且较顽固，常常虚嚼、磨牙；发生异嗜，舔砖、吃土或采食被粪尿污染的褥草、污物；反刍减少，频发带恶臭的嗳气。触摸瘤胃内容物松软或黏硬如面团状，多数有间歇性轻度瘤胃臌胀。

② 网胃与瓣胃蠕动音微弱；腹部听诊肠蠕动音微弱；排粪多呈干稀交替，色暗、恶臭。

③ 逐渐消瘦、贫血，被毛粗乱，皮肤干燥，眼球凹陷。后期卧地不起，体温下降，四肢厥冷，磨牙，黏膜发绀，发生脱水和自体中毒。

【重预防】

加强对饲料的管理，选择合适的保管和调制场所，避免饲料发霉变质。同时要将粗、精饲料均匀搭配，并让牛定时饮水，适当运动等。

【早治疗】

［**治疗原则**］ 恢复前胃运动机能，制止腐败发酵及防止酸中毒，加速内容物的排除，促进食欲、反刍的恢复。

［**治疗方案**］

方案1：新斯的明15～20mg皮下注射，或氨甲酰胆碱15～20mg肌注，或毛果芸香碱30～60mg皮下注射，严格控制剂量，必要时1～2h后重复使用1次，孕畜禁用。同时用10%氯化钠溶液300～500mL、维生素B_1 30～50mL、10%安钠咖10～20mL、10%葡萄糖酸钙注射液500mL、维生素C 40mL、5%葡萄糖注射液500～1000mL，静注，1次/d。有酸中毒者加5%碳酸氢钠溶液300mL。

方案2：鱼石脂10～20g或松节油30mL加水适量灌服。同时用缓泻剂、盐类泻剂，如硫酸镁或硫酸钠300～500g，加温水6000～8000mL，一次性灌服，但胃肠炎症状严重者忌服盐类泻剂。若是泡沫性膨气用油类泻剂，如液体石蜡1000mL，一次性灌服；或氧化镁200～400g、碳酸氢钠50g，一次内服。

方案3：党参100g、白术75g、茯苓75g、炙甘草25g、陈皮40g、黄芪50g、当归50g、大枣200g，共为末，灌服，1剂/d，连服3剂。针对脾胃虚弱、水草迟细、消化不良的病牛。

方案4：党参、白术、当归、熟地、黄芪、山药、陈皮各50g，茯苓、白芍、川芎各40g，甘草、升麻、干姜各25g，大枣200g，共为末，灌服，1剂/d，连服3～5剂。针对久病虚弱、气血双亏的病牛。

方案5：厚朴、陈皮、茯苓、当归、茴香各50g，草豆蔻、干姜、桂心、苍术各40g，甘草、广木香、砂仁各25g，共为末，灌服，1剂/d，连用3～5剂。针对口色淡白、耳鼻俱冷、口流清涎、水泻病牛。

方案6：在恢复期给予健胃药，如龙胆粉、干姜粉、碳酸氢钠各15g，番木鳖粉2g，混合一次性内服，1次/d。晚期病例，如瘤胃积液，呈现脱水或自体中毒时，用25%葡萄糖注射液500～1000mL、40%乌洛托品注射液20～50mL、20%安钠咖注射液10～20mL静注。

5.创伤性网胃炎

临床以网胃区疼痛、消化障碍、间歇性臌气等为特征。

【识病因】

由于随草料吞咽尖锐的金属异物刺伤网胃而引起。

【看症状】

① 精神沉郁，食欲减退或废绝，反刍减少，鼻镜干燥，磨牙呻吟。

② 瘤胃蠕动音减弱，次数减少，常出现瘤胃臌气，磨牙，触诊瘤胃内容物黏硬；按前胃弛缓治疗，应用前胃兴奋剂后，病情不但不见好转，反而更加恶化。

③ 行动和姿势异常，站立时肘头外展，多采用前高后低姿势，运动时步态强拘，不愿走动，愿走上坡不愿走下坡，卧地时非常小心，起立时多先起前肢，网胃触诊疼痛不安，体温升高。

【重预防】

加强日常饲养管理，注意饲料选择和调理。防止尖锐金属异物混入饲草饲料。

【早治疗】

［**专家告诫**］ 如已确诊为创伤性网胃炎或创伤性心包炎而无法治疗者，应及早屠宰，减少经济损失。

［**治疗方案**］

方案1：让病牛安静休息，保持前高后低的姿势站立，同时大剂量应用抗生素（如青霉素和链霉素等）或磺胺类药物，以控制炎症的发展。

方案2：早期实行瘤胃切开术，取出异物。结合消炎，应用抗生素或磺胺类药物，控制炎症发展，同时采取对症治疗。多数病例，如不除去异物，最终都会死亡。

手术治疗：奶牛站立保定，静松灵1.5～2mL/头，镇静，2%～3%盐酸普鲁卡因腰旁麻醉，左侧肷部剃毛，清洗和常规消毒，创巾隔离。切口部浸润麻醉，在左侧腰椎横突下方8cm距最后肋弓5cm 处作一约15cm长与最后肋骨平行的切口，锐性切开皮肤、腹外斜肌、腹内斜肌，钝性分离腹横肌，小心切开腹膜，暴露出瘤胃，腹壁创口用大块纱布敷料进行隔离。

术者直接将手伸入到腹壁与瘤胃之间，通过腹腔徒手触摸的方法在膈肌和网胃间钝性分离粘连的网胃和膈肌，寻找金属异物，并小心取出。然后在粘连处和异物造成的损伤处涂抹油剂青霉素，完全闭合

腹腔前，经腹壁手术创口注入适量油剂青霉素，以防粘连，最后，常规关闭腹腔。

术后护理：术后抗菌消炎，强心、补液，补充葡萄糖和电解质，每天2次，连续5d，对腹壁创口每日涂擦碘酊棉球，8～10d后拆线。

6.瓣胃阻塞

【识病因】

① 原发性　长期饲喂刺激性小或缺乏刺激性的细粉状饲料，以及长期过多地饲喂粗、硬难消化的饲料，加上运动、饮水不足，导致瓣胃收缩力减弱，瓣胃内积滞干固食物而发生阻塞。

② 继发性　常继发于前胃弛缓、瘤胃积食、瓣胃炎、皱胃变位、寄生虫病及某些急性热性病例。

【看症状】

① 初期食欲减退，鼻镜干燥，后期龟裂，嗳气减少，反刍减慢或停止，瘤胃蠕动音减弱。

② 左侧腹部轻度膨胀，病牛回头观腹、踢腹、弓腰、频繁努责、摇尾、左侧横卧等。

③ 瓣胃蠕动音减弱或消失，触压右侧7～9肋间肩关节水平线上下，疼痛并躲避检查。

④ 初期粪便干少、色暗、球状，呈算盘珠样，有黏液；后期排粪停止。

⑤ 后期瓣胃叶发炎、坏死，继发败血症时体温升高、呼吸加快、脉搏增数、尿少或无尿症状，病程7～10d，出现并发症时多预后不良。

【重预防】

减少饲喂坚硬的粗纤维饲料，增加青饲料和多汁饲料，保证充足饮水，保证适当运动，避免长期饲喂糟粕类饲料。

【早治疗】

［治疗原则］ 增强瓣胃蠕动机能，促进瓣胃内容物排出。

［治疗方案］

方案1：(轻症)石蜡油1000～2000mL、或硫酸镁或硫酸钠500～800g，加水1000～1500mL，1次内服。排出粪便后用马钱子酊10～30mL、陈皮酊50～100mL、大黄酊50～100mL，1次内服，2次/d。

方案2：(重症) 硫酸钠300g、甘油500mL、水1500 ~ 2000mL，一次瓣胃注射。或石蜡油1000mL一次注入，次日或隔日可再注射1次。随后口服健胃药，如大黄片、食母生、人工盐等。

方案3：10%氯化钠注射液250 ~ 500mL、10%安钠咖20mL，一次静脉注射；10%葡萄糖1000 ~ 1500mL、复方氯化钠1000 ~ 1500mL、5%碳酸氢钠500 ~ 800mL，一次静脉注射。同时服用泻药（石蜡油）、健胃药。

方案4：大黄（酒蒸）110g、厚朴100g、枳壳60g、当归90g、甘草60g，柴胡、泽泻、茯苓各50g，加水3000mL煎煮、灌服，1剂/d，分早晚2次灌服；芒硝每天用量1200g，早晚各600g，用水化开后灌服，连用3d。

方案5：以上措施无效时，可施行瘤胃切开手术，通过瓣胃口插入导管，用水充分冲洗，使干固内容物变稀，便于内容物排出。若病牛治疗价值不大，不建议采用该疗法。

7.皱胃变位

指皱胃的正常解剖位置发生改变的疾病。分左方变位和右方变位。左方变位是皱胃通过瘤胃下方移行到左侧腹腔，嵌留在瘤胃与左腹壁之间。右方变位又叫皱胃扭转，可进一步分为前方变位和后方变位，前方变位是皱胃向前方（逆时针）扭转，嵌留在网胃与膈肌之间，后方变位是皱胃向后方（顺时针）扭转，嵌留在肝脏与右腹壁之间。

【识病因】

由于皱胃弛缓和皱胃机械性转移所致。

【看症状】

① 左方变位　多发生于高产奶牛，大多数发生在分娩之后，少数发生在产前3个月到分娩之前，病初呈现前胃弛缓症状，食欲不定，产奶量伴随采食量的变化而呈现波动性，可减少1/3 ～ 1/2。反刍和嗳气减少或停止，瘤胃蠕动音减弱或消失，有的腹痛和瘤胃臌胀，排粪迟滞或腹泻。

左腹壁最后3个肋弓区与右侧相对部位比较，明显膨大，在该区域内，听诊可以听到与瘤胃蠕动不一致的皱胃蠕动音。另外在左侧最后3个肋骨的上1/3处叩诊，同时用听诊器听诊，可听到明显的钢管

音。在膨大部位进行冲击式触诊可听到液体振荡音；在该部位穿刺，穿刺液为酸性反应，pH值1～4。直肠检查，瘤胃背囊右移，瘤胃与左腹壁之间出现间隙，对体型较小的牛，在其瘤胃左侧可摸到皱胃。大多数病牛，若无并发症，体温、呼吸、脉搏基本正常。

② 右方变位　多发生于产犊后3～6周。急性型，病牛突发剧烈腹痛，后肢踢腹，背腰下沉或呈蹲伏姿势，心跳加快，体温偏低或正常。常拒食贪饮，瘤胃蠕动音消失，粪便稀软，色深暗，乃至黑色，混有血液，有时腹泻。右侧腹部膨大，冲击式触诊可听到液体振荡音；叩打最后两个肋骨，同时进行听诊，可听到类似叩击钢管发出的音响。直肠检查，在右侧腹部可摸到膨满而紧张的皱胃。常伴发脱水、休克和碱中毒，在48～96h内死亡。

【重预防】

加强分娩前后的饲养管理，防止过食，及时治疗消化不良等原发病，防止皱胃迟缓。

【早治疗】

［**治疗原则**］促其复位或手术整复，配合强心、补液、纠正碱中毒。

［**治疗方案**］

方案1：保守疗法，①硫酸镁500～800g、滑石粉100～300g、鱼石脂30～50g，加水5000mL，一次灌服。②石蜡油1500～4000mL、滑石粉100～300g、鱼石脂30～50g，适量加水，一次灌服。③当归100g、川芎40g、枳壳100g、厚朴40g、香附40g、陈皮40g、柴胡40g、升麻40g、黄芪80g、莱菔子100g、黄芩50g、甘草20g，研细，开水冲服，1剂/d，连用3剂。

方案2：（保守治疗无效）手术疗法，切开腹壁，整复皱胃。

方案3：滚转疗法，先使病牛采取左侧横卧姿势，然后再转成仰卧姿势（背部着地，四肢朝上），随后以背部为轴，先向左滚转45°，回到正中，再向右滚转45°，再回到正中。如此反复左右摇晃3min，突然停止，使病牛仍呈左侧横卧姿势，再转成俯卧式（胸部着地），最后使之站立，检查复位情况。如尚未复位，可重复进行。该法对皱胃右方变位治愈率极低，对左方变位如运用巧妙可以治愈。应用此法时应事先让病牛饥饿数日，并适当限制饮水。瘤胃的体积越小，治疗效果越好。

三十、呼吸系统疾病

1. 犊牛肺炎

【识病因】

① 非传染性因素　如饲养管理不当，不良因素刺激、感冒、营养缺乏，长途运输，过度劳役等。

② 传染性因素　包括溶血性巴氏杆菌、多杀性巴氏杆菌、牛支原体、沙门氏菌、肺炎链球菌等病原菌感染；传染性鼻气管炎病毒、呼吸道牛合胞体病毒、牛流感病毒与副流感病毒等病毒感染。

【知规律】

以急性支气管炎和小叶性肺炎常见，多发于出生7～30d内的犊牛。冬季、早春多发。

【看症状】

① 精神沉郁，吃奶减少或废食，体温升高至39～42℃，心跳加快，呼吸加快（60～80次/min），独卧一角。

② 鼻镜干燥，口色红，苔黄白或白滑，咳嗽，呼吸困难，流蛋清样鼻液或白色泡沫状鼻液。

③ 当支气管炎与细支气管炎合并发生时，全身症状较重，张口喘息，结膜发绀，鼻镜干燥，流黏性黄色鼻液，若治疗延误，病牛往往出现死亡。

【重预防】

① 尽量减少犊牛的长途运输，加强护理，牛舍要通风良好，保持清洁干燥，保持适宜的饲养密度，寒冷和炎热季节做好防寒保暖和防暑降温。

② 防止牛将异物吸入肺内，对患咽、食道麻痹及呼吸困难的病牛，如需经口投服饲料和药物，要谨慎小心；灌药时，牛头不能抬得过高，不能强行灌药，遇咳嗽时，立即停灌并使牛低头；插胃管灌药一定要将其插入瘤胃后再灌。

【早治疗】

方案1：（轻症）安乃近10mL、卡那霉素20mL、青霉素800万IU、地塞米松5mL混合肌注，并肌注30%替米考星5～10mL，1次/d，连

用3 ~ 5d；同时口服盐酸林可霉素胶囊4粒，2次/d，连用3 ~ 5d。

方案2：（重症）三磷酸腺苷（ATP）6mL、肌苷6mL、维生素B_6 10mL、维生素C 30mL、头孢噻呋钠30 ~ 50mg/kg体重；丁胺卡那霉素10mL、氨茶碱6mL、生理盐水500 ~ 1000mL，分组静脉注射，1次/d，连用5 ~ 7d。

方案3：麻黄9g、杏仁9g、甘草6g、生石膏30g、葶苈子10g、大枣6个、桑白皮15g、连翘15g、蒲公英15g、鱼腥草30g、黄芩10g，1剂/d，日服2次。每次灌服中药2 ~ 3h后投喂盐酸林可霉素胶囊4粒。

方案4：林可霉素50万IU，一次肌注，2次/d，连用3 ~ 5d；青霉素160万IU、链霉素100万IU、生理盐水10mL，混合，气管注射，3mL/次，1次/d，连用3 ~ 5d；50%葡萄糖注射液80mL、头孢先锋4g、地塞米松注射液5mg、10%维生素C注射液20mL，一次静注，1次/d，连用3 ~ 5d。

方案5：麻黄15g、炙杏仁25g、贝母25g、桑白皮20g、陈皮25g、石膏25g、金银花20g、甘草10g，水煎，分3次灌服，1剂/d，连用3 ~ 5d。

2.感冒

【识病因】

气候骤变，环境温差过大，机体突受寒冷侵袭所致。

【知规律】

一年四季均可发生，常发生于早春、秋末。气候突变、温差过大，或环境忽冷忽热，或因管理不当等易引发本病。

【看症状】

① 突然发病，精神沉郁，低头耷耳，眼半闭，食欲减退或废绝，反刍减少或停止，眼结膜充血、肿胀、羞明流泪、鼻镜干燥，口干舌燥，耳尖、鼻端发凉，严重弓腰。

② 畏寒怕冷，体温升至40 ～ 42℃，脉搏增快，呼吸困难，腹式呼吸，咳嗽、流清涕或浓稠鼻涕，可听到湿性啰音。

③ 口色青白，舌质微红，薄层舌苔。瘤胃蠕动减弱，粪便干燥。

【重预防】

加强耐寒锻炼，增强机体抵抗力，注意气候变化，做好防寒保温，防止突然受凉。加强饲养管理，保证充足饮水。

【早治疗】

方案1：让病牛充分休息，保证饮水，喂给易消化的饲料，及时应用解热剂。

方案2：阿司匹林，内服，10 ~ 25g/次，30%安乃近5 ~ 10g或安痛定注射液20 ~ 40ml，肌注，2次/d。为防止继发感染，配合使用抗生素（青霉素、阿莫西林等）或磺胺类药物。

方案3：金银花45g、连翘40g、桔梗30g、黄芪76g、白芷24g、柴胡30g、薄荷24g、牛蒡子24g、荆芥30g、防风30g、川芎24g、贝母30g、石膏60g、甘草24g。研末，开水冲调，候温灌服，1剂/d，连用3 ~ 5剂。

方案4：风寒感冒可用荆防败毒散，风热感冒用银翘散，250 ~ 400g/头，1剂/d，连用3 ~ 5剂。

三十一、泌尿生殖系统疾病

1.血尿

由于泌尿系统各部位（肾脏、输尿管、膀胱或尿道）损伤而引起尿中混有血液或因其他疾病致使尿中含有血红蛋白等的现象。

【识病因】

使役不当，过度劳累，摔跌使牛的肾脏、膀胱、输尿管及尿道等受到损伤引起。此外，各种肾脏和膀胱疾病、某些传染病、血液寄生虫病、某些消化道急性病等，均可引起血尿或血红蛋白尿。饲料中缺乏碘、铜、磷或钙，尤其是缺碘更易引起本病。

【看症状】

① 血尿轻微，一般无明显症状；血尿严重，精神委顿，耳耷头低，食欲不振，可视黏膜苍白，倦怠，四肢无力，易疲劳，稍稍运动即大量出汗。

② 尿液呈红色，尿中混有血液、血丝或血块。

【防混淆】

引起牛血尿、排尿异常疾病的鉴别诊断，见表7-7。

表7–7 引起牛血尿、排尿异常疾病的鉴别诊断

鉴别要点	血尿	肾盂肾炎	膀胱炎	尿道炎	膀胱麻痹	尿结石
四肢、胸前和腹下水肿	无	有	无	无	无	无，腹痛
尿量	变化不大	少尿或无尿	频尿	频尿，排尿疼痛，尿液断续状流出	频尿，少尿或无尿	频尿或无尿、尿淋漓
尿色	红色	色深、比重增大、浑浊	含有黏液、血液、脓液	含有黏液、血液、脓液，浑浊	变化不大	变化不大
尿常规检查	含血液、血丝或血块	含蛋白质、红细胞、白细胞	含大量白细胞	含有肾、膀胱上皮细胞	无血液、脓液	变化不大
可视黏膜	苍白	无	无	无	无	无
触检	无变化	直肠检查左肾肿大	触诊敏感	触诊剧烈疼痛	触诊膀胱大量积尿	尿道有结石

【重预防】

加强饲养管理，合理使役，防止粗暴导尿，及时查明并积极治疗原发病。

【早治疗】

［专家告诫］ 治疗原发病是治疗本病的根本，应查明引起血尿的原因，针对不同的原发病，采取相应的治疗措施。可根据病因采取止血疗法。

［治疗方案］

方案1：1%维生素K_1注射液10～35mL，肌注，1～2次/d；安络血注射液或仙鹤草素，10～20mL，肌注，1～2次/d；0.1%盐酸肾上腺素注射液，3～5mL，皮下注射，1～2次/d。

方案2：食用醋1000mL，灌服，0.5h后用乌洛托品注射液，15～30g/头，一次静注，连用4d。同时用当归100g、川芎50g、赤芍50g、地榆50g、桃仁50g、红花20g、香附50g、木通50g、牛膝50g、生地50g、甘草100g，1剂/d，连用3剂。

2. 不孕症

指达到繁殖年龄的母牛经过一定次数交配或授精仍表现暂时性或永久性的不能怀孕，致使分娩间隔时间延长，产犊数减少。

【识病因】

① 先天性不孕　生殖器官发育不全、两性畸形、异性孪生及生殖道畸形等。

② 饲养性不孕　饲料数量不足，饲料品种单一和品质不良，或饲料中缺乏某种必需的营养物质（如蛋白质、矿物质和微量元素、维生素等）。

③ 管理性不孕　饲养环境条件恶劣、过度使役或泌乳过多使母牛生殖机能出现障碍而引起不孕。

④ 繁殖技术性不孕　由于繁殖技术不良所引起的不孕。

⑤ 疾病性不孕　由于母牛生殖器官和其他器官的疾病或机能异常而引起的不孕。

【看症状】

（1）先天性不孕　母牛达到配种年龄时不发情，或虽有发情但屡配不孕，或能受孕但难产。母牛阴道和阴门过于狭小或闭锁不通；缺乏子宫颈或子宫颈闭锁不通，或有两个子宫颈或两个子宫颈外口，子宫及子宫角特别细小；卵巢小似豌豆，或无卵巢。

（2）饲养性不孕　瘦弱引起的不孕，母牛生长停滞，消瘦，被毛粗乱或异嗜，达到性成熟年龄不发情或发情表现弱，直肠检查子宫和卵巢发育不良、体积小，无卵泡发育。过肥引起的不孕，母牛除肥胖外，不发情，直肠检查卵巢体积缩小，并无卵泡或黄体，有时也可发现子宫缩小、松软。

（3）管理性不孕　不发情不排卵，或只是安静发情，一侧或两侧卵巢体积缩小、较硬，无成熟卵泡，有持久黄体。

（4）繁殖技术性不孕　母牛生长发育正常，生殖器官正常，出现正常发情，但配种后仍不孕。

（5）疾病性不孕

① 卵巢机能紊乱　卵巢的发育或机能发生暂时性扰乱或永久衰退而出现不完全发情周期或不发情的疾病。根据卵泡发育及发情表现，

主要有以下几种类型：

a.卵泡发育异常　母牛发情或发情延长，卵巢中有成熟卵泡，但不排卵，或经过数日后才可能排卵，呈现排卵延迟。

b.安静发情　卵巢有卵泡发育，并能成熟排卵，但母牛无发情的外在表现。

c.卵巢发育不全　性成熟后不见发情，卵巢很小且无卵泡发育。

d.卵巢静止　长期不发情。卵巢的形状、大小、质地正常，但无卵泡和黄体。

e.卵巢萎缩　久不发情，卵巢体积明显缩小，似豌豆大小，质地变硬，甚至硬如石子。随着卵巢萎缩，子宫也发生萎缩。

② 持久黄体　发情周期停止，长时间不发情。阴道检查阴门收缩呈三角形，有明显皱纹，阴道黏膜较苍白。直肠检查子宫稍增大、松软，收缩反应微弱，一侧或两侧卵巢增大，表面有大小不同呈蘑菇状突起的黄体，质地比卵巢实质硬。

③ 卵巢囊肿　包括卵泡囊肿和黄体囊肿。

a.卵泡囊肿　一般发情不正常，发情周期短，发情期延长。或者出现持续而强烈的发情现象，成为慕雄狂。母牛极度不安，大声哞叫，食欲减退，频频排尿，经常追逐或爬跨其他母牛，有时攻击人畜。直肠检查卵巢增大，在卵巢上有一个或两个以上的大囊肿，略带波动。

b.黄体囊肿　不发情。直肠检查卵巢体积增大，可摸到带有波动的囊肿。

④ 慢性子宫内膜炎　一般全身症状不明显，奶牛发情周期正常，但屡配不孕。

【早治疗】

方案1：先天性不孕，生殖道发育不全的母牛，用绒毛膜促性腺激素（1000 ~ 5000mg/次，2 ~ 3次/d）、孕马血清（1000 ~ 2000IU/次）及雌二醇（5 ~ 20mg/次）肌注。如不能使其生殖器官发育完全则应育肥。两性畸形、异性孪生和生殖道畸形的母牛，不能繁殖，应育肥淘汰。

方案2：饲养性不孕，加强对母牛的饲养管理，保证青绿多汁饲料和精料的均衡供应。

方案3：管理性不孕，改善管理条件和合理利用，给母牛全价饲料，增强运动或放牧。同时，使用催情药物，包括激素如雌二醇、促排卵素3号及中药催情散等。

方案4：繁殖技术性不孕，提高繁殖技术水平，建立母牛繁殖技术档案，制订并严格遵守发情鉴定、怀孕检查、配种（人工授精）的制度和操作规程。对未孕母牛，发现再次发情时，及时补配。

方案5：疾病性不孕，应分析原因并做对应处理。

① 卵巢机能紊乱　卵巢静止和排卵延迟，促性腺激素释放激素类似物，200～400μg，肌注，1次/d，连用2～3次；卵巢静止或卵巢萎缩，绒毛膜促性腺激素，2500～5000IU，静注，或肌注1万～2万IU，必要时隔1～2d可重复注射1次；卵巢静止、卵泡发育停滞、卵泡交替发育和萎缩等症，促卵泡素，100～200IU，肌注，隔天1次，连用2～3次，或孕马血清，20～40mL，肌注，至出现发情为止；催情，肌注。也可第1d肌注促黄体素（200U/头），第7d肌注氯前列烯醇（2mg/支，2支/头），第10d如有发情则肌注促排卵素3号（25μg/支）。

② 持久黄体　前列腺素F2a5～10mg，或氯前列烯醇2.0mg，肌注，1次/d，连用3d。

③ 卵巢囊肿　第1d肌注促性腺激素释放激素（GnRH）（100μg/支），1次/d，连用3d；第7、10d大剂量使用GnRH 0.5～1.5mg可促进排卵。黄体酮，肌注60～100mg，1次/d，连用7d。

④ 慢性子宫内膜炎　治疗方案见子宫内膜炎所述。

3.胎衣不下

又称胎衣滞留，母牛分娩后，经过8～12h仍不排出胎衣，即为胎衣不下。正常情况下，胎衣排出时间不超过3～5h。

【识病因】

产后子宫收缩无力，胎儿胎盘与母体胎盘粘连，饲养管理不当，胎盘不成熟等。

【看症状】

① 精神较差，食欲减退或废绝，弓腰努责，泌乳减少，喜卧，体温升高，呼吸及脉搏增快。

② 胎衣滞留腐败时，从阴户流出污红色腐败恶臭的恶露，其中含有灰白色未腐败的胎衣碎片。

③ 全部胎衣不下时，部分胎衣从阴户垂露于后肢跗关节部。

【早治疗】

方案1：垂体后叶素60 ~ 100IU，肌注；或催产素100IU和麦角新碱注射液6 ~ 10mg，肌注，8 ~ 12h后胎衣一般会自然脱落。

方案2：手术剥离，先用温水灌肠，排出直肠中积粪或用手掏尽，再用0.1%高锰酸钾液冲洗外阴，后用左手握住外露的胎衣，右手伸入子宫，寻找子宫叶，找到胎盘连接处时用食指或拇指伸入其间，将其剥离分开。胎衣剥离后，如子宫内残留物较多，用0.1%高锰酸钾液冲洗，1次/d，连续3次。冲洗后，子宫内投放抗菌药物（如金霉素、土霉素），1次/d，连续2 ~ 3次，防止感染。

方案3：生化散、益母生化散、补益清宫散等任选一种，300 ~ 400g/头，水煎灌服或拌料，1剂/d，连用3剂。

4.子宫脱和阴道脱

子宫脱是子宫一部分翻转形成套叠或全部翻转脱出于阴门之外，多发生于分娩以后。阴道脱是阴道壁的一部分或全部突出于阴门之外，多发生在妊娠后期，但也有的在妊娠中期或产后发生。

【识病因】

怀孕期饲养管理不当，饲料单一，缺乏运动，过劳等致使会阴部组织松弛，无力固定子宫或阴道；助产不当、产道干燥强力而迅速拉出胎儿、胎衣不下及胎畜脐带粗短等亦可引起。此外，瘤胃臌气、瘤胃积食、便秘、腹泻等也能诱发本病。年老和经产母牛易发生。

【看症状】

（1）子宫脱

① 全部脱出　子宫角、子宫体及子宫颈部外翻于阴门外，下垂至跗关节。脱出的子宫黏膜上往往附有部分胎衣和子叶。子宫黏膜初为红色，以后变为紫红色，子宫水肿增厚，呈肉冻状，表面发裂，流出渗出液。

② 部分脱出　子宫角翻至子宫颈或阴道内而发生套叠，仅有不安、努责和类似疝痛症状，通过阴道检查才可发现。

（2）阴道脱

① 部分脱出　阴道壁部分从阴门中脱出。通过阴道检查才可发现。

② 全部脱出　阴道壁翻至阴门外呈球状，约有小足球样大，末端可看到子宫颈和黏稠的子宫颈塞。尿道外口往往被压在脱出阴道的底部，尿液可以排出但不畅流。脱出阴道的表面初呈粉红色，时间稍长则干裂、色紫红。

【早治疗】

方案1：将病牛保定，畜主站在牛身旁拿好牛尾巴。术者戴上手套，将病牛直肠内的粪便掏空，然后用0.1%高锰酸钾溶液清洗病牛外阴、肛门周围及子宫脱垂体，并清除各种杂物，以免手术时杂物跟随子宫一起进入患牛体内造成感染；清洗干净后，用肥皂水或洗洁精润滑子宫脱垂体，然后双手托起子宫脱垂体趁病牛收腹时顺力将子宫脱垂体送回病牛阴道内。

方案2：子宫脱出后复位的牛，一般需要阴道口缝合，以免子宫再次脱出。由于牛韧劲大，阵缩力强，缝合时要选择较粗且结实的缝合线，最好是钓鱼线或缝鞋线，在外阴周围采用荷包缝合法，下方留出尿道口。缝合时在每个针脚间窜上2 ~ 3cm长的点滴管，防止阴门缝合组织挣裂。

方案3：采用直肠把握子宫法，使用子宫洗涤器，探入子宫角内，用无菌空瓶盛1500 ~ 3000mL40℃温开水，加1600万IU青霉素反复冲洗子宫，冲洗液排净后向子宫内投放两只长效清宫消炎药。

5.乳房炎

母牛乳腺发生炎症，以乳房红、肿、热、痛为特征。多发生于泌乳期的母牛。

【识病因】

主要由病原微生物感染引起，病原微生物主要通过外伤、昆虫、挤奶员的手、洗乳房的毛巾、挤奶机等途径感染。病原菌以链球菌、大肠杆菌、金黄色葡萄球菌为主（目前分离出的有金黄色葡萄球菌、表皮葡萄球菌、停乳链球菌、大肠杆菌、乳房链球菌、无乳链球菌及白色念珠菌等），也有真菌和病毒感染。

【看症状】

（1）临床型乳房炎　乳房实质、间质或实质间质组织的炎症。特征是乳汁变性，乳房组织不同程度的肿胀、温热、疼痛。

① 最急性乳房炎　发病突然，发展快，多发生于1个乳区。患病乳区肿大、坚硬，皮肤发紫、龟裂，疼痛明显，健康乳区奶产量剧减，患病乳区仅能挤出1～2把黄水或淡的血水。有时伴有体温升高等全身症状。

② 急性乳房炎　乳房肿大，皮肤发红，疼痛明显，质地变硬，可摸到乳房内硬块，乳汁灰白色，乳内混有大小不等的絮状物，全身症状不明显。

③ 亚急性乳房炎　患区红、肿、热、痛不明显，乳汁稍稀薄，呈灰白色，最初几把奶中有絮状物或乳凝块，体细胞数增加，pH值偏高，氯化钠含量增多。

④ 慢性乳房炎　病程长，产奶量下降，前几把奶中有块状物，乳房有大小不等的硬结，由于反复经乳头管内注射药物，乳头管有硬结。

（2）隐性乳房炎　4胎及以上发病率最高，头胎发生率最低。无临床症状，肉眼观察乳房与乳汁无异常变化，但乳汁在理化特性及细菌学数上已发生变化：①pH值在7.0以上，偏碱性；②氯化钠含量在0.14%以上；③体细胞数在50万个/mL以上；④细菌数与导电值升高。

【重预防】

① 圈舍、运动场要清洁卫生；挤奶前应用温水清洗乳房，挤奶要定时，操作要规范；每次挤奶应将乳汁挤净，避免积蓄乳汁；防止乳房外伤和不良刺激。

② 挤奶后可用消毒药液药浴乳头；干奶时可向乳房中注入干奶乳剂。

【早治疗】

方案1：治疗时以抗生素（氨苄西林、丁胺卡那霉素、头孢噻肟、哌拉西林、头孢唑啉、庆大霉素、喹诺酮类药物、大环内酯类等）、磺胺类药物为主，进行乳房注射，同时采用40～50℃温水热敷乳房及局部按摩，对慢性病例可促进血液循环。对急性病例、发热或有血块、有疼痛感的病牛要用冷敷方法。对较重的乳房炎，除局部用药外，应肌注或静注广谱抗生素，同时给予强心、补液，并配合中药治疗。对乳区出现血乳、有血凝块的患牛，不能按摩，只能少量挤奶，并给予冷敷，应用止血剂，严重的可口服云南白药2～3支，效果更好。

方案2：挤净乳汁后，将青霉素和链霉素各100万～160万IU溶于40mL注射水中，或林可霉素10mL，或复方阿莫西林灌入剂（或其他灌入剂），用乳导管注入乳头内，然后按住乳头轻轻按摩乳房，2次/d，连用3～5d。

方案3：站立保定，用手从乳房前面向下压乳房，使乳房前侧与腹壁成直角，然后用封闭针头从腹壁与乳房基部之间，向对侧膝关节方向刺入8～10cm，注入含20万IU青霉素的0.5%普鲁卡因溶液100mL。在乳房后叶基部，距乳房中线旁2cm处刺入针头，向同侧腕关节方向刺入8～10cm，注入含20万IU青霉素的0.5%普鲁卡因溶液100mL。

方案4：瓜蒌60g、紫花地丁40g、蒲公英60g、乳香25g、路路通30g、皂角刺30g、川芎25g、王不留行30g、当归30g、香附30g、甘草30g，研末，开水冲服，1剂/d，连用3～5剂（适于急性乳房炎）。

方案5：党参40g、黄芪60g、炒白术50g、当归40g、蒲公英60g、金银花60g、连翘60g、黄芩40g、丝瓜络30g、浙贝母30g、紫花地丁30g、陈皮30g、茯苓40g、炙甘草30g，共研末，灌服，1剂/d，连用3剂。

方案6：乳房炎初期可给予冷敷，后期应给予热敷，也可用鱼石脂软膏涂抹患部。体温升高、全身症状明显者，可注射抗生素（如青霉素、链霉素、头孢类、阿莫西林、恩诺沙星等）。

6.难产

孕畜妊娠期满，胎儿不能顺利产下，称为难产。头胎的难产发生率大，2～4胎较低，5胎次以上又逐渐升高。

【识病因】

① 产道性难产　母牛发育未全，提早配种，骨盆和产道狭窄，加之胎儿过大，不能顺利产出。

② 产力性难产　饲养失调、营养不良、运动不足、体质虚弱，老龄或患有全身性疾病的母牛可引起子宫及腹壁收缩微弱和努责无力，胎儿难以产出。

③ 胎儿性难产　胎位、胎向不正，胎儿过大，羊水泡破裂过早。

【看症状】

阵痛，起卧不安，时常弓腰努责，回头看腹，阴门肿胀，从阴门流出红黄色浆液，有时露出部分胎衣，有时可见胎儿肢蹄或头，但胎儿长时间不能产下。

【早治疗】

方案1：当胎儿胎位和胎向正常，由于母牛体弱、年老，产后子宫收缩无力时，催产素75～100IU，肌注。也可以进行人工助产。

方案2：胎位不正时，术者手臂用药液消毒，并涂上润滑剂，如石蜡油，然后将手伸入产道，检查胎位、产道是否正常及胎儿的生死情况，然后再矫正胎位。当羊水流尽，产道干涩时，必须先向子宫内灌入适量的润滑剂，以润滑产道，便于矫正胎位及拉出胎儿，否则易造成子宫脱落或产道破伤。矫正胎位须在子宫内进行，先将胎儿露出部分推入子宫内，再矫正胎位。向内推时，需在母畜努责间歇期进行。

方案3：若胎儿过大而母牛骨盆过小，胎儿不能产出者，采用剖宫术或截胎术。

7.子宫内膜炎

我国该病的发病率高达10%～50%，且高产奶牛比低产奶牛更易患该病。由于患病奶牛的产后初次发情时间延迟和配种次数增加，致使产奶量和妊娠率显著下降，经济损失严重。

【识病因】

奶牛子宫内膜炎的发生与难产、双生、流产、胎衣不下、产后子宫感染、激素水平失调、人为因素、营养不均衡等因素相关。其中细菌感染是主要致病因素之一，主要的致病菌有化脓隐秘杆菌、大肠杆菌、坏死梭杆菌、拟杆菌属、普雷沃菌、消化链球菌属、葡萄球菌属、化脓棒状杆菌、少酸链球菌等。此外，还与病毒、真菌、支原体、寄生虫等相关。一般情况下，奶牛子宫内膜炎是由多种病原混合感染引起的，又因各地区环境的不同而感染程度各异。

【看症状】

（1）急性子宫内膜炎　多发生于产后，炎症往往扩散引起子宫肌和浆膜同时发炎。病牛有时努责，从阴门中排出黏性或黏脓性分泌物。严重者体温升高，食欲降低，反刍减弱，并有轻度臌气。阴道检查发现阴道、子宫颈口充血，子宫颈口开张并有脓汁附着。

（2）慢性子宫内膜炎　多由急性转来，临床上分为隐性、卡他性、卡他脓性和脓性子宫内膜炎，一般全身症状不明显。

① 隐性子宫内膜炎　发情周期正常，阴道检查和直肠检查子宫无异常，但屡配不孕，发情时子宫分泌物较多，但韧性较差，略微浑浊。

② 卡他性、卡他脓性和脓性子宫内膜炎　临床症状大致相同，只是程度上有所区别。轻者发情周期基本正常但屡配不孕，或有时发情但周期紊乱，或发情完全停止。从阴门流出黏性、黏脓性分泌物，发情时增多。阴道检查发现子宫颈口微张开，周围附着黏性、黏脓性分泌物。直肠检查，子宫颈及子宫体松软或增粗变硬；子宫角增粗，子宫壁增厚，厚薄不均，弹性减弱，收缩反应微弱。

【重预防】

加强饲养管理，提高牛体抗病力，注意环境卫生，在处理子宫、阴道脱出、难产及进行人工授精时应严格消毒，发生胎衣不下应及时给予治疗。

【早治疗】

方案1：子宫冲洗，常用冲洗液有10%氯化钠溶液1000 ~ 1500mL、0.1%雷佛奴尔溶液或10g/L明矾溶液2000 ~ 2500mL、生理盐水1000mL加20g/L碘酊20mL等。将冲洗液加温（37℃）后冲洗子宫，1次/d，连用2 ~ 4次。严重的，用0.1%高锰酸钾溶液1000 ~ 2000mL加温后冲洗子宫，冲洗后在子宫放入5 ~ 10g盐酸大观林可霉素粉，1次/d，连用2 ~ 4次。

方案2：子宫灌注，5 ~ 10g盐酸大观林可霉素粉生理盐水稀释后50mL或10%土霉素注射液50mL（加温至30℃）输至子宫角内，隔日1次，连用3次。多西环素泡腾片，每次子宫内放置一片，1次/d，连用3 ~ 5d。宫炎清溶液按1 ：25倍稀释，一次量200mL，间隔5d后重复使用1次。也可使用土霉素、盐酸多西环素、氟苯尼考、醋酸氯己定等子宫注入50mL，隔日1次。长效土霉素400万IU、0.9%生理盐水500mL或土霉素5 ~ 6g溶于40℃的500mL10%浓盐水中，混合后一次性子宫内灌注，1次/d，连用4次。慢性子宫内膜炎用3%碘甘油子宫内灌注，每次50mL，隔日1次，连用5次。

方案3：中药疗法

① 党参50g、白术50g、白芍30g、山药40g、苍术35g、车前子40g、柴胡30g、升麻20g、陈皮25g、甘草20g、生蒲黄35g，共研末，开水冲，温凉灌服，1剂/d，连用5剂（慢性子宫内膜炎），带下量多秽臭者，去生蒲黄，加薏苡仁60g、皂角刺50g；带下黏稠脓样者，加生山栀40g，龙胆草40g。

② 益母草200g，艾叶50g，当归、炒枳实、川芎、香附、瓜蒌、生地、赤芍、泽兰各30g，生桃仁20g，红花、生蒲黄各15g，共为细末，加红糖200g为引，开水冲调，1次灌服，1剂/d，连用2～3剂。

③ 没药45g、当归45g、川芎25g、桃仁30g、红花30g、丹参45g、益母草60g、三棱40g、元胡30g、香附45g、甘草20g，黄酒250mL为引，隔日1剂，连用3剂。

④ 中成药，如益母生化散、生化散等煎汁灌服，500g/头，1剂/d，连用5剂。

方案4：激素疗法，缩宫素（75～100IU/头，3～4次/d，连用2～3d）、雌二醇、氯前列烯醇（0.4mg/头，7～10d后重复1次，肌注）等，可增强子宫运动、改善血液循环、提高机体免疫力，加快子宫内炎症分泌物排出。也可肌注脑垂体后叶素50～80IU，隔日1次，连用2～3次。

方案5：全身疗法，对全身症状较明显或并发其他感染的患牛，可全身使用抗生素或磺胺类药物治疗，如注射环丙沙星、恩诺沙星、强力霉素、氟苯尼考、头孢类、庆大霉素、替加环素等。必要时配合强心、补液、纠正酸碱平衡，防止发生败血症，可用5%或10%葡萄糖1000～1500mL加维生素C、安钠咖，10%氯化钠1000mL。

三十二、营养代谢性疾病

1.生产瘫痪（产后瘫痪）

又称乳热症或低血钙症，是母牛分娩后突然发生的以全身肌肉无力、四肢麻痹、知觉丧失及血钙含量降低为特征的一种严重的代谢性疾病。多见于高产奶牛或分娩胎次较多的奶牛，多发于分娩后12～26h内。

【识病因】

① 饲养管理不当　奶牛分娩后，能量消耗很大，失水较多，加上大量钙质随初乳进入乳房，血钙浓度剧烈降低，此时奶牛不能充分将骨骼中的钙补充入血，若饲料搭配不合理、营养比例失调、钙摄入量不足，必将导致血钙低下而瘫痪。

② 挤乳不当　挤奶时将乳房中的奶全部挤净，使乳房内压显著下降，造成微血管渗漏现象加剧，血钙、血糖大量流失，最终导致奶牛瘫痪。

③ 运动不足　长期缺乏运动和光照，不仅会造成代谢机能紊乱，而且会影响骨中钙的溶解和释放，导致血钙含量降低。

④ 产后感染　产后母牛机体相对虚弱，若产犊过程消毒不严格，或助产时强行向外拖拉胎儿引起子宫内膜或阴道损伤，或产后人工剥离胎衣方法不当，均会造成严重的产道感染，从而引起瘫痪。

⑤ 产道损伤　分娩时过度努责或强行拖拉易造成母体神经、肌肉、韧带的损伤，是造成生产瘫痪的间接原因。

【看症状】

① 初期精神不振、目光凝视、食欲减退、不愿行走、四肢肌肉震颤、步态不稳、后躯摇摆，排粪、排尿停止，体温、呼吸、脉搏无大变化。

② 中期伏卧在地，四肢屈于躯干之下，头向后弯至一侧胸壁，呈“S”状，如强行拉直牛头，待松手后仍恢复弯曲状。

③ 后期侧卧于地，四肢伸直，呈昏睡状态，瞳孔散大，对光反射减弱或消失，针刺皮肤无反应，鼻镜干燥，体温下降，瘤胃蠕动音消失，心音强度减弱，心率加快，脉搏微弱，呼吸缓慢，可听到呼吸时的呻吟声。

【重预防】

① 满足营养需要　在奶牛饲养过程中，应根据不同生理时期的营养需要饲喂不同标准的全价饲料。预产前半个月，可喂高磷低钙饲料，同时饲喂酸性饲料，可减少此病的发生。在分娩的头几天，适当的减少精饲料和可口的饲草喂量，同时加强饲喂环境的卫生，给予一定的运动。产前3d和产后3d内静脉注射10%葡萄糖酸钙和10%葡萄糖各

500mL，1次/d，有良好的预防作用。

② 合理挤乳　母牛分娩后不应急于挤奶，一般产后3～4h进行初次挤奶，且每次挤奶时不要挤得太空，挤奶量应由少到多，到产后第3d才能完全挤掉。

③ 适当运动　怀孕期间应保证适当的运动，不仅有利于机体抗病能力的提高，还可促进顺利分娩，有效降低了生产瘫痪的发病率。

④ 增加光照　保证充足的日光照射，有助于维生素D的合成，促进肠道钙磷的吸收。

⑤ 及时助产　母牛若在分娩时难产，将会消耗大量的能量，有诱发生产瘫痪的可能。因此，兽医应提前做好助产的准备工作，一旦有难产现象发生，应及早治疗，保证母牛顺利分娩。

【早治疗】

方案1：10%葡萄糖酸钙300～500mL，静注，加入4%硼酸效果更好。或用10%氯化钙100～200mL静注。为防止低血钙、低血镁，可静注5%葡萄糖500mL，同时静注25%硫酸镁100～150mL。

方案2：10%葡萄糖酸钙600mL、10%安钠咖20～40mL、5%葡萄糖2500mL、0.5%地塞米松4mL，混合一次静注，另注0.2%亚硒酸钠50mL，一次多点肌注。

方案3：50%葡萄糖200～500mL、5%葡萄糖100mL、20%安钠咖20mL、10%葡萄糖酸钙400mL，混合一次静注。同时用硝酸士的宁5mL，作荐尾硬膜外腔注射。

方案4：乳房送风疗法，送风前将乳房内积奶挤干，用酒精棉球消毒乳头，并在金属过滤筒内放入消毒纱布或药棉，以过滤空气，防止乳房损伤和乳房炎的发生。送风时奶牛侧卧，将消毒好的乳导管插入乳头中，再接送风器分别向四个乳头内注入空气，注入空气量以乳房皮肤紧张、乳腺基部边缘变厚，轻敲乳房呈鼓响音为标准。送入空气后，为防止空气泄漏可用纱布条轻轻扎住乳头，2h后取下布条，将乳房内空气和乳汁排出。1次/d，连用3d。

2. 母牛卧倒不起综合征

又称母牛爬卧综合征，是指母牛分娩前后因不明原因而突发的以起立困难或站不起来为主征的一种临床综合征。它不是一种独立的疾病，而是某些疾病的一种临床综合征。广义上讲，凡是经1～2次钙剂治疗24h内无效或效果不明显的倒地不起母牛，都属这一综合征范畴。多见于高产奶牛、头胎牛和老龄牛，一年四季均可发生，尤以夏季与初春较为多见。

【识病因】

母牛分娩前后对营养需求较大，若饲养管理不当，常造成体内矿物质代谢紊乱，尤其是低磷酸盐血症、低钙血症、低钾血症和低镁血症等代谢紊乱易引起母牛卧倒不起综合征。或由于分娩前后补钙，母牛血钙迅速升高，血磷相对偏低，钙、磷之间的平衡被破坏，磷的吸收和利用障碍，导致奶牛卧倒不起。

饲料中维生素E及硒缺乏，饲喂高蛋白质、低能量日粮皆易引起本病。此外，酮病、乳房炎、胎盘滞留、消化道阻塞、脑炎、脑水肿或内出血、风湿、肾脏疾病、脂肪肝、肾上腺或脑垂体发育不全、闭孔神经麻痹都可能与本病的发生有关。

【看症状】

① 在分娩过程中或分娩后48h内突然卧倒不起，呈犬坐姿势或蛙腿姿势。精神沉郁，饮食欲基本正常，瘤胃蠕动功能稍减弱，粪便正常或稀软，体温正常或稍有升高，心率增加至80～100次/min，脉搏细弱，呼吸无明显变化，排粪和排尿正常。

② 后躯肌肉麻痹、松弛和乏力，站立困难，常爬起来后又摔倒。牛头弯向后方，呈侧卧姿势。

③ 严重病例感觉过敏，卧倒不起时四肢搐搦、食欲消失，在48～72h死亡。有的病牛卧地不起达1～2周。

④ 大多数病例血钙水平正常，血磷和血镁水平正常或偏低，出现低磷酸盐血症、低镁血症、高糖血症或低钾血症，有时有中度的酮尿症。许多病例有明显的蛋白尿。此外，伴发其他疾病时常出现相应的症状。

【重预防】

① 合理配制日粮，保证日粮中钙、磷水平能满足奶牛需要，分娩前后补充适量钙或维生素D。对高产和前胎发生过生产瘫痪的母牛，在产前2周饲喂低钙高磷日粮与低钾的饲草、饲料，围产期少用或不用含

钾高的苜蓿，多喂含钾低的玉米和玉米青贮饲料，可预防生产瘫痪。

② 药物预防，从分娩前2～8d开始，按500～1000IU/kg体重肌注维生素D_3注射液，1次/d，连用2～3d。或从分娩前3～5d开始，用10%葡萄糖酸钙注射液500mL和20%葡萄糖注射液1000mL，混合后一次静注，1次/d，用到分娩为止。产后72h内，用5%氯化钙注射液或10%葡萄糖酸钙注射液250～300mL，静注，预防性补钙1～2次，效果更好。春、秋季节大量饲喂青绿牧草时，应注意补镁。产前4周到产后1周，每天增喂30g镁盐，能预防瘫痪的发生。

③ 加强分娩前后的饲养管理，从分娩前1～2周起，将母牛饲养在宽敞的产房待产；减少蛋白质饲料喂量，增加谷物类饲料喂量；产房厚垫软草。分娩后灌服适量温热麦麸盐水汤，及时治疗产后瘫痪奶牛。分娩后3～5d不宜把奶挤净。有条件的奶牛场，定期检查血液中各种矿物质、血糖、血酮、血钾、血镁等含量，定期进行饲料成分分析，发现问题及时调整。

【早治疗】

根据诊断分析的结果，不同病因的卧倒不起综合征应采取不同的方法治疗。

方案1：低钙血症，以补钙为主，也可用乳房送风法。10%葡萄糖酸钙注射液或5%葡萄糖氯化钙注射液800～1200mL，静注。

方案2：低钾血症，以补钾为主。5%氯化钾注射液100mL、5%葡萄糖注射液1000～1500mL、氯化钠注射液1000～1500mL，混合后缓慢静注，注意防止心脏骤停。若奶牛饮欲正常，可用1%～2%氯化钾饮水，200～250mL/次。

方案3：低磷酸盐血症，以补磷为主。20%磷酸二氢钠注射液300～500mL、复方氯化钠注射液1000mL，静注。

方案4：低镁血症，以补镁为主，10%硫酸镁注射液100～200mL，静注或口服300～500g硫酸镁。

方案5：外伤性原因引起的肌肉和神经损伤，应视具体情况选择适宜治疗方案。确诊为永久性损伤时，宜尽早予以淘汰，以减少不必要的经济损失。诊断为可恢复的病牛要精心护理，对症治疗。为了加快损伤肌肉组织的修复，用0.1%亚硒酸钠注射液10～20mL，肌注，或

口服适量维生素E。还可用一些解热镇痛抗风湿类药物，如30%安乃近注射液10 ~ 20mL，肌注。

3.酮病

又称为酮血症、酮尿症，是奶牛产犊后几天至几周内因摄食不足、胎衣不下、大量泌乳及其他疾病继发等原因所引起的一种碳水化合物及脂质代谢紊乱性营养代谢病。主要多发生于泌乳性能良好的高产奶牛，不同季节、不同胎次均可发生，主要多发生于冬夏两季，且3 ~ 6胎的发病率最高。

【识病因】

日粮中碳水化合物和生糖物质不足，蛋白质饲料和脂肪饲料过多，致使脂肪代谢障碍、血糖含量减少、血中酮体异常增多而致病，此外，生产瘫痪、前胃弛缓、创伤性网胃炎、迷走神经性消化不良、真胃左方变位和真胃扭转、子宫炎、乳房炎等病也可继发酮病。

【看症状】

① 消化型（消瘦型） 体温正常或略低，呼吸浅表，心音亢进，尿液、乳和呼出气体有刺鼻的酮臭味（烂苹果味），加热后更明显。尿浅黄色，易形成泡沫。精神沉郁，迅速明显消瘦，步态蹒跚无力，乳汁易形成气泡，类似初乳状。食欲减退，初期吃些干草或青草，或喜食垫草和污物，最后拒食，反刍停止、前胃弛缓。初便秘，呈球状，外附黏液，后多数排出恶臭的稀粪，迅速消瘦。肝脏叩诊浊音界扩大，可超过第13根肋骨，并且敏感疼痛。

② 神经型 精神沉郁，凝视，步态不稳，伴有轻瘫、嗜睡，常处于半昏迷状态。但也有少数病牛狂躁和激动，无目的地吼叫，向前冲撞，空口虚嚼；部分牛的视力丧失，感觉过敏，眼球震颤，颈背部肌肉痉挛。有的兴奋和沉郁可交替发作。

③ 瘫痪型 许多症候除与生产瘫痪相似外，还会伴随出现酮病的一些主要症状，如食欲减退或拒食、前胃弛缓等消化型症候及对刺激过敏、肌肉震颤、痉挛、泌乳量急骤下降等。如与生产瘫痪同时发生，用钙剂疗效不好。

【重预防】

科学使用饲料，产前干奶母牛要控制精饲料的供给量，坚持适当运动，防止牛过肥；产后母牛，可在日粮中添加3% ～ 5%保护性脂肪或300g丙二醇以提高血糖水平；满足优质干草供应，以增加生糖物质。管理上要进行本病的监控，每日或隔日进行尿、乳、血清酮体的监测。

【早治疗】

方案1：每天灌服红糖或白糖300 ～ 500g，静脉注射25%葡萄糖500 ～ 1000mL，反复应用；内服碳酸氢钠50 ～ 100g，每隔3 ～ 4h一次。

方案2：促肾上腺皮质激素200 ～ 600IU，肌注，配合维生素B_1、维生素B_{12}。

方案3：水合氯醛，首次剂量30g加水灌服，然后改为每次7g，2次/d，连用5d；氯酸钾30g溶于250mL水中灌服，2次/d。

方案4：50%葡萄糖溶液500 ～ 1000mL，静注，2次/d。同时用乳酸铵拌料，250g/次，1次/d。

4.妊娠毒血症

又称肥胖母牛综合征或牛的脂肪肝病，是因母牛怀孕期间过度肥胖，常于分娩前或分娩后发生的一种以厌食、精神沉郁、虚弱为临床特征的代谢病。该病主要发生于围产期奶牛。

【识病因】

干奶期精料喂量大，牛只肥胖，产后进食量下降，致使能量负平衡，导致体脂肪分解。临床上表现为游离脂肪酸升高和体内酮体增加。

【知规律】

妊娠毒血症常在某地区、某些牛场内发生，呈地方流行性，病牛单个出现、散发。奶牛发病与胎次有关，其中 1 ～ 6 胎占78.9%，6 ～ 10胎占 2.1%，即年青牛、胎次低的牛发病较多。发病多见于产后7d。产量越高，发病越多。母牛在干奶期精料喂量越高，发病越多。该病的发生与牛的品种有关。娟姗牛发病率最高，其次是中国荷斯坦牛、更赛牛。常在分娩后的泌乳高峰期发病。

【看症状】

① 急性型　多随母牛分娩而发病。精神沉郁，食欲废绝，瘤胃蠕动微弱，少乳或无乳，可视黏膜发绀、黄染，体温初升高，可达39.5 ～ 40℃，步态强拘，呻吟，目光呆滞，对外界刺激反应微弱，头

颈部肌肉震颤。伴发腹泻者，粪便色黄且有恶臭。于2～3d死亡或卧地不起，最终昏迷死亡。

② 亚急性型　分娩3d后发病，病程达7～10d。主要表现为酮病症状，病牛食欲减退或废绝，产奶量下降，粪少而干，渐进性消瘦。有的伴发前胃弛缓、皱胃变位、乳房炎、难产、胎衣不下、子宫弛缓、产道内蓄积大量褐色腐臭恶露，药物治疗无效。后期卧地不起，呻吟、磨牙，最后衰竭死亡。伴发乳房炎时，可见乳房肿胀，乳汁呈脓性或极度稀薄的黄水样，乳汁酮体检验阳性。尿液偏酸性，pH值6以下，有酮味，酮体检验呈阳性。

【重预防】

干奶牛限制精料量，增加干草喂量。分群饲养，将干奶牛与泌乳牛分开饲喂。及时配种，不漏掉发情牛，提高母牛受胎率，防止奶牛干奶期过长而致肥。

【早治疗】

方案1：50%葡萄糖溶液500～1000mL，静注，或50%右旋糖酐注射液静注，首次1500mL，后改为500mL，2～3次/d。

方案2：丙酸钠114～228g或丙二醇117～342g，口服，2次/d，连服10d，喂前静注50%左旋糖酐注射液500mL，效果更好。尼克酰胺（烟酸），12～15g，内服，1次/d，连用3～5d；氯化钴或硫酸钴每天100mg，1次/d，连用3～5d；或氯化胆碱50g，内服，2次/d。

方案3：防止继发感染，可使用广谱抗生素，常选用金霉素或四环素200万～250万IU，1次静注，2次/d；防止氮血症，可用5%碳酸氢钠注射液500～1000mL，1次静注（注：以上方案同时使用）。

三十三、中毒病

1.尿素中毒

【识病因】

尿素使用不科学或滥用尿素，尿素保管不善被牛偷吃、误食或饲料中添加过量、搅拌不匀等。

【看症状】

① 一般在摄入过量尿素0.5～1h即出现中毒症状。

② 呼吸困难，呼出气体中带有氨味，神情不安，不时呻吟、流涎，有时口、鼻流出泡沫状液体。

③ 粪便呈黑绿色粥样、量少，尿少，肌肉颤抖、痉挛，行走如醉酒状，心动过速、脉搏增数、全身痉挛、惊厥等。

④ 后期大量出汗、流涎，肛门松弛，瘤胃臌气，反刍停止，肌肉颤抖、步态不稳，强直性痉挛，牙关紧闭，角弓反张，体温不均，排粪失禁，瞳孔放大，最后窒息而死。

【重预防】

① 严格控制用量　应控制在日粮干物质量的1%～1.5%，或按牛每100kg体重每日喂20～50g计算为宜。成年牛每日100g左右，1～1.5岁的青年牛每日50～80g，分2～3次喂给。犊牛不宜饲喂。

② 注意使用方式　在使用尿素喂牛时，应逐步增加喂量，适应期约需3～7d。尿素饲喂后不能立即让牛饮水，更不能将尿素直接溶于水中让牛饮用。

【早治疗】

［**治疗原则**］强心解毒、酸碱中和、排除毒素、恢复胃肠功能。

［**治疗方案**］

方案1：食醋1000～3000mL、白糖250g混合后，1次灌服，1次/d，连用2d；25%葡萄糖液500mL、5%葡萄糖生理盐水1000mL、5%碳酸氢钠液500mL、10%葡萄糖酸钙液500mL，静注，1次/d，连用3d。

方案2：甘草60g、当归40g、陈皮30g、枳壳30g、厚朴30g、黄连30g、山楂50g、麦芽50g，共为细末，1次灌服。同时灌服食醋500～1000mL。必要时可行瘤胃穿刺放气。

2.黑斑病甘薯中毒

【识病因】

牛采食被真菌污染的甘薯所致。

【看症状】

① 精神沉郁，食欲减退，反刍减少，继而食欲废绝，反刍停止，瘤胃蠕动音减弱，内容物黏硬，粪便干硬色暗，附有黏液和血液。

② 呼吸困难，呼吸浅而快，头颈伸展，眼球突出，鼻翼扇动，张口喘气。

③ 听诊胸部有啰音；肩部、颈部、背部甚至全身皮下气肿，触之呈捻发音。

【早治疗】

方案1：0.1% ~ 0.5%高锰酸钾溶液500 ~ 1000mL或0.5% ~ 1%双氧水2000 ~ 3000mL灌服，1次/d。内服盐类泻剂，硫酸钠300 ~ 500g、人工盐70 ~ 120g，加5000mL温水，1次灌服。

方案2：硫代硫酸钠60g、碳酸氢钠20g，加水3000mL，溶解后1次内服，每4h内服1次；或5% ~ 20%硫代硫酸钠500mL，1次静注。酸中毒时，用5%碳酸氢钠溶液250 ~ 500mL，1次静注。50%葡萄糖500mL、10%氯化钙100mL、20%苯甲酸钠咖啡因10mL，混合静注，以缓解肺水肿。

方案3：柴胡、黄芩、知母、金银花、麦冬、桔梗、桑白皮、大黄、瓜蒌仁、款冬花各20g，葶苈子、甘草各25g，川贝、白芥子各30g，共研为末，加蜂蜜500g为引，开水冲调，候温灌服，1剂/d，连用2剂。

3. 亚硝酸盐中毒

【识病因】

食用含多量硝酸盐或亚硝酸盐的饲料引起，如白菜、油菜、菠菜、芥菜、韭菜、甜菜、萝卜、南瓜藤、甘薯藤、燕麦秆、苜蓿、玉米秸秆等。

【看症状】

① 哞叫，转圈，烦躁不安，肌肉颤抖，口吐白沫，站立不稳；继而昏迷倒地，四肢乱蹬，呼吸困难而死亡。

② 精神沉郁，瘤胃蠕动音较弱，食欲减少，体温正常或降低，四肢、耳、鼻发凉，呼吸浅表，心跳加快，呆立不动或步态不稳，四肢无力，肌肉震颤，流涎，瘤胃膨胀，磨牙，呻吟，腹痛，眼结膜、阴道黏膜发绀。

③ 剪断尾尖流出少量黏滞性酱油样血液。

【观病变】

① 血液凝固不全，呈酱油色，遇空气后不久变为鲜红色。

② 口腔黏膜灰红，胃肠黏膜和气管黏膜出血；肺脏充血、出血及

气肿；心肌出血；肝脏肿大，肾脏充血、出血。

【重预防】

① 加强饲养管理，加强青绿饲料保管，现采现喂，严禁堆放。已发热、变质的饲料不能饲喂。

② 防止突然饲喂大量富含硝酸盐的青绿饲料，当饮水和饲料中含有大量硝酸盐时，应在饲料中加入碳水化合物。

【早治疗】

方案1：亚甲蓝8 ~ 9mg/kg体重，用生理盐水或5%葡萄糖溶液配成2% ~ 4%美蓝溶液，一次静注。

方案2：甲苯胺蓝5mg/kg体重，用生理盐水配成 5%溶液一次静注，也可肌肉或腹腔注射。

方案3：25% ~ 50%葡萄糖溶液500mL、5%维生素C 40 ~ 100mL，静注；休克时，尼克刹米20mL或10%安钠咖20 ~ 50mL等皮下或肌肉注射。

三十四、外科病

1.外伤

包括新鲜创和感染创。

【早治疗】

方案1：（新鲜创）如创伤清洁，不必冲洗，剪毛消毒后撒上消炎粉或青霉素即可，然后用纱布或药棉盖住伤口。如创腔被污染，先用0.1%高锰酸钾溶液或0.1%新洁尔灭溶液彻底冲洗，然后撒药包扎。若有出血应先止血，可用止血粉、云南白药等；若出血严重，除局部止血外，还应全身性止血，可肌注维生素K_3注射液10 ~ 30mL、止血敏注射液10 ~ 20mL。创伤较大的应缝合。

方案2：（感染创）先冲洗，再消毒；清理创腔，排出脓液，清除坏死组织，然后冲洗、擦干，撒布消炎粉或涂抹抗生素软膏、祛腐生肌软膏。化脓创一般实行开放疗法。严重时应全身用药，可静注10%氯化钠注射液150 ~ 200mL、10%葡萄糖注射液500 ~ 1000mL、40%乌洛托品注射液50mL或5%碳酸氢钠注射液50 ~ 100mL。

2.脓肿

【看症状】

① 浅在性脓肿　初期热、痛、肿，后期形成脓汁，肿部中央逐渐软化，出现波动，皮肤渐薄，被毛脱落，最后自行破溃。

② 深部脓肿　局部肿胀不明显，患部有压痛，并有压痕，无明显波动。

【早治疗】

初期消炎，后期促其成熟。患部剪毛消毒，用冷敷和消炎剂，如涂布用醋调制的复方醋酸铅散或雄黄散。必要时用1%普鲁卡因青霉素患部封闭。若炎症不能制止，用鱼石脂软膏，促脓肿迅速成熟，然后切开，按一般外科处理，实行开放疗法。若出现全身症状，则用抗生素或磺胺类药物治疗。

3.肢蹄病

主要表现为蹄炎、指（趾）间皮肤增生和腐蹄病，蹄壳变形，关节僵硬、蹄裂、蹄底溃疡等。

【识病因】

① 日粮营养因素　优质粗饲料不足，长期饲喂高精料、高青贮饲料、高酸度糟粕饲料；矿物质比例失调，如钙磷缺乏或比例失调时，导致奶牛骨质疏松、蹄部角质软化和蹄形态改变。此外，微量元素（锌、铜、锰）缺乏也会引发肢蹄病。

② 牛场设施因素　食槽高度不当，圈舍或运动场地面粗糙，蹄长期处在潮湿和粪尿堆积的场地，牛床长度不合适等。

③ 气候条件因素　一般6～9月份肢蹄病的发病率偏高，高温高湿气候使奶牛容易产生热应激，导致采食量下降，机体抵抗力减弱，代谢病也随之发生，进而蹄底角质层脆弱，使肢蹄病增加。

④ 饲养管理因素　饲养密度过大，运动场面积过小，奶牛运动不足，造成蹄角质磨损不够，角质过长；牛舍粪尿清理不及时，日常对牛蹄洗刷保洁、药浴护蹄和定期修蹄工作重视不够，使蹄病大量发生；发生蹄病后治疗不及时、不彻底，使蹄病越发严重。

⑤ 疾病因素　产后疾病如胎衣不下、子宫内膜炎、乳房炎、软骨症、酮病以及坏死杆菌病等易导致肢蹄病的发生。

【看症状】

① 初期蹄间裂的后面发生肿胀，以后逐渐向上蔓延至蹄冠，严重肢跛，局部红、肿、热、痛，破溃，组织逐渐坏死，流出红黄色脓汁，形成漏管，恶臭。常卧于地面，强行驱赶后站立，患肢悬空不着地。

② 严重时体温升高，食欲废绝、蹄壳脱落，生产性能下降。若不及时治疗，奶牛可因极度消瘦或败血症而死亡。

【重预防】

① 牛舍、运动场地面应保持平整、干净、干燥。保持牛蹄清洁、清除趾间污物或用水清洗（夏天）。坚持定期消毒。用4%硫酸铜液喷洒浴蹄，夏、秋季每隔5～7d消毒1～2次，冬天可适当延长间隔。

② 坚持定期修蹄和护蹄。成年母牛每年春秋两季集中修蹄，以矫正蹄形、发现蹄病、治疗蹄病；蹄变形严重和蹄病牛要及时修蹄，并要对症治疗，促进痊愈过程；保持蹄部卫生，经常清理蹄部污物。坚持供应平衡日粮，以防蹄叶炎发生。

【早治疗】

方案1：初期用5%碘酊、1%～2%甲醛等涂抹患处；如有异物刺入，先清洗，5%碘酊消毒后再拔出，用3%双氧水冲洗消毒，撒布青霉素和链霉素或消炎粉等，并包扎，以防感染，若已经形成蹄漏，应采取引流。如有全身症状，应对症治疗，如普鲁卡因青霉素，1万IU/kg体重、安痛定20～50mL，肌注，解热止痛。

方案2：10%硫酸铜溶液或5%福尔马林溶液浸泡蹄部，2次/d，连用5～7d。

4. 结膜炎和角膜炎

【识病因】

一是异物刺激，如风沙、灰尘、芒刺、花粉及化学药品进入眼内；二是机械损伤，如鞭打、摩擦或异物刺入眼内；三是某些传染病，如流感、恶性卡他热、传染性角膜炎等。

【看症状】

① 结膜炎　初期结膜潮红，羞明流泪，有大量黄色黏性分泌物。严重时眼结膜肿胀外翻，血管怒张，内眼角逐渐增大，形如蚌肉样的赘肉，眼睑高肿如梨，完全看不到眼珠。病畜痛痒难忍，有蝇类骚扰时更

甚，常常表现不安，用蹄扒踢患眼，或揩树擦桩，日久发生溃疡，流出脓性分泌物及血清样液体，最后常侵入角膜，中现翳障，引起失明。

② 角膜炎　初羞明流泪，眼结膜肿胀，疼痛。角膜凸起，周围血管充血，表面粗糙，表面有点状、棒状或云雾状灰白色或淡蓝色浑浊，严重者角膜增厚遮住眼睛，有的发生溃疡，形成斑痕或角膜翳，失明。有的伴有体温升高，精神沉郁，食欲减退等全身症状。

【早治疗】

方案1：自家血2 ~ 3mL，眼睑皮下注射或眼球结膜下注射氢化可的松与1%盐酸普鲁卡因等量混合液，隔日1次，连用2 ~ 4次。

方案2：金叶滴眼剂（人用）点眼，3 ~ 5次/d；向眼内吹入拨云散眼药，2 ~ 3次/d；或用醋酸可的松或青霉素、金霉素等抗生素眼药水点眼，3 ~ 4次/d。

方案3：生石决明40g、草决明40g、金银花60g、连翘40g、栀子40g、菊花40g、赤芍20g、夏枯草40g、羌活30g、大黄15g、木贼40g、蝉蜕40g、车前子40g、青葙子40g、荆芥15g、甘草5g、灯芯草10g、竹叶10g，水煎滤渣留药液3000mL，1剂/d，分2次灌服，连用3 ~ 5d。

方案4：栀子60g、蝉蜕30g、黄芩50g、羌活30g、防风30g、川芎30g、甘草20g、草决明30g、甘菊花50g、木贼草30g、荆芥穗30g、蔓荆子30g、密蒙花30g、炒白蒺藜60g、谷精草30g，1剂/d，连用3 ~ 5剂。

方案5：2% ~ 3%硼酸、0.1%雷佛奴尔溶液等彻底清洗患眼，清除异物和分泌物。当分泌物过多时用1% ~ 2%明矾或1%硫酸铜溶液洗眼。

第八章　经营管理

一、奶牛场生产定额管理

1.人员配备定额

就是完成一定任务应配备的各类人员的标准。人员组成包括管理人员（场长、生产主管副场长、财务人员）、技术人员（畜牧技术人员、兽医技术人员、授精员）、生产人员（饲养员、挤奶员、饲料加工人员、奶处理员）、后勤服务（司机、锅炉工、夜班工、维修工、食堂工、仓库管理工）等。

2.劳动定额

是在一定生产技术和组织条件下，为生产一定的合格产品或完成一定的工作量，所规定的必要劳动消耗量。根据奶牛场的机械化和自动化水平、每个人的劳动能力和技术熟练程度等，规定适宜的劳动定额是降低生产成本、提高劳动效率的核心内容。

（1）配种　定额200～250头，按计划对适配牛配种，保证总受胎率在96%以上，受胎母牛平均使用的冷冻精液在3.5粒（支）以下。

（2）兽医　定额200～250头，防控疫病，保障牛群健康，控制医药费和死亡率等。

（3）挤奶工　手工挤奶定额10～12头，手推式挤奶机15～16头，管道挤奶30～40头，挤奶厅60～80头。负责清洗、按摩乳房和挤奶，清洗挤奶器具，打扫奶厅，记录泌乳量，协助观察母牛发情等。

（4）饲养工　成年母牛50～60头，哺乳犊牛35～40头，育成牛60～70头。负责母牛饲喂、饮水、牛舍、牛体及运动场卫生，观察母牛食欲和协助观察发情；哺乳犊牛成活率达到95%以上，日增重0.7kg以上；育成牛日增重0.7kg以上，成活率达到98%以上。

（5）饲料加工员　定额120～150头，负责饲料入库、加工粉碎、清除异物、配制混合、供应各牛群。

（6）产房工　定额18～20头，负责围产期母牛饲喂、饮水、牛舍、牛体及运动场卫生，观察临产症状、协助接产及挤奶工作。

（7）清洁工　定额120～150头，负责收拾运动场、牛舍的粪尿以及周围环境卫生。

3. 饲料消耗定额

（1）精饲料　成年母牛需要量为基础料2～3kg/（头·d），产奶料按每3kg奶提供1kg精饲料计算；育成母牛和青年母牛按2～3kg/（头·d）计算；犊牛按1.5kg/（头·d）计算。损耗量按5%计算。

（2）干草　以干草当量表示，干草当量1kg就是表示相当于1kg干草的营养价值。每头成年母牛年需3.5t。1kg干草顶替3～5kg青贮或青干草。育成母牛和青年母牛按成年母牛的50%～60%计算；犊牛干草按1.5kg/（头·d）计算。

4. 成本定额

通常指生产单位奶量或增重所消耗的生产资料和所付的劳动报酬的总和，包括各龄母牛群的饲养日成本和牛奶单位成本。成本项目包括：工资和福利费、饲料费、燃料动力费、医药费、牛群摊销、固定资产折旧费、固定资产修理费、低值易耗品费、其他直接费用、共同生产费和企业管理费等。这些费用定额的制定，可参照历年的实际费用、当年的生产条件和计划来确定。

二、奶牛场经营管理

1. 饲料管理

一般情况下，饲料成本占饲养成本的55%～65%，精料成本占饲料成本的55%～65%。目前，在饲料价格颇高、养殖利润趋薄的形势下，减少饲料浪费，降低生产成本、提高经济效益显得尤为重要。

（1）管理原则　质量并重的原则，根据生产上的要求，尽量发挥当地饲料资源的优势，扩大饲料来源渠道，既要满足生产上的需要，又要力争降低饲料成本。饲料供给要注意合理配制日粮的要求，做到均衡供应。

（2）合理计划　为了使养牛生产在可靠的基础上发展，做到心中有数，牛场都要制定饲料计划。编制饲料计划时，先要有牛群周转计划（就是某时期各类牛的饲养头数）、各类牛群维持和生产的饲料定额等资料；按照牛的生产计划，定出每个月消耗的草料数，再增加10%～15%的损耗量，求得每个月的草料需求量，各月累加获得年总需求量，即为全年该种饲料的总需要量。不同生长阶段牛的主要饲料参考量，见表8-1。

表8-1　不同生长阶段牛的主要饲料参考量

饲料品种	牛群分类				
	成年母牛/［kg/（头·年）］	后备牛/kg			
		0～2月	3～6月	7～15月	16月～投产
精料	2800～3600	15～18	200～240	680～750	1400～1600
青贮玉米	4000～7000	30～40	500～600	2500～2800	4500～5000
干草	1400～1800	25～35	240～300	800～1000	1000～1400
糟渣	2400～3000	—	—	—	—
青绿饲料	5000～8000	—	1200～2400	3000～4000	4000～5000
块根	2000	—	—	—	—

注：后备牛阶段如处青绿饲料旺季，可按每供应5kg青绿料比例扣去1kg干草。

（3）饲料供应　了解市场的供求信息，熟悉产地，摸清当前的市场产销情况，联系采购点，把握好价格、质量、数量、验收和运输，对一些季节性强的饲料、饲草，要做好收购后的贮藏工作，以保证不受损失。

（4）加工贮藏　玉米（秸秆）青贮的制备要按规定要求，保证质量。饲料收购的季节性很强，收购后必须做好保管工作，防止霉烂变质，保持其原有的营养价值。

（5）饲料开发利用　能满足奶牛营养需要的饲料丰富多样，除种植的豆科、禾本科牧草外，粮食作物如谷类、薯类副产品可作能量饲料，经济作物主要是油料作物副产品可提供大量饼类，是植物蛋白的主要来源。

（6）合理利用　通过合理的饲料配合和采用科学的饲养方法来实

现。根据不同生理时期、不同年龄、不同生产要求的牛群对营养的不同需求，经过试验和计算，配制不同日粮，既满足奶牛的营养需要，也不浪费饲料。

2.人员管理

培养、利用优秀的技术人员及饲养员，是保证科学饲养管理的关键。人是核心因素，要实行亲情化管理、标准化管理等，调动人的积极性，挖掘劳动潜力，是企业取得经济效益的关键。养牛场应制定劳动管理制度（如劳动定额、上下班时间）、饲养管理制度、防疫制度要求工作人员遵守。还应有合理的奖惩制度，使企业的总收入和劳动者的经济利益结合起来，充分调动人的积极因素。不同岗位人员考核指标如下：

（1）人工授精员　受配率达80%以上；总受胎率达95%以上，产犊率90%以上；个体每次妊娠平均所需输精次数少于1.6次；牛群的平均产犊间隔在13个月以下；牛群中有繁殖障碍的个体不超过10%。

（2）饲养员　达到规定的饲养定额；哺乳犊牛和断奶犊牛平均日增重分别为0.68～0.75kg和0.70～0.80kg，育成牛和青年牛阶段平均日增重分别为0.88～1.00kg和0.60～0.70kg；18月龄达到受配体重的牛只达90%以上；犊牛死亡率低于5%，育成牛和青年牛死亡率低于2%，成年牛死亡率低于3%；牛体表部位无寄生虫等皮肤性疾病；牛发病8h内检出率为100%；对发情牛的检出率达到场里要求；妊娠母牛的流产率低于5%。

（3）挤奶员　达到规定的挤奶定额；乳房炎发病率：手工挤奶低于10%，机器挤奶低于15%；牛奶中的体细胞数介于20万～50万/mL。

（4）兽医　场内不发生严重传染病；场内每头牛的平均年医疗费小于本行业全国平均水平；牛群的体内外寄生虫病发病率接近零。

3.生产管理

建立场长负责制，场长可行使指挥、监督、管理、控制等职能，实行生产责任制，建立健全养牛生产责任制，加强牛场经营管理，提高生产管理水平，调动职工生产积极性，奖勤罚懒。制定各种规章制度，并认真组织落实。定期开展企业经营活动分析，收集各种核算资料和记录数据，加以综合处理，得出结论，提出建议，制定新的实施方案。

4.财务管理

奶牛场应建立严格的财务管理制度，重点搞好经济核算（资金核算、成本核算、盈利核算），积极进行企业经营活动分析。重点分析：固定资金产值率、固定资金利润率、流动资金周转率、产值资金率、资金利润率、成本利润率、销售利润率、产值利润率等数据，以利于及时控制资金使用，获得最佳经济效益。

5.物资管理

根据物资的用途分类管理，工具类、药品类和生活用品类等；根据物资的使用频率分类管理，常用的物资和使用频率高的物品要放在显眼和好找的地方；根据有效期分类管理，生活用品和药品大都有明确的有效期，对于时间影响品质的物资要少购、勤购及定期用完；对于重要物资要单独存放和妥善管理，比如饲料粉碎机、混合机、打浆机、挤奶机等易损物资及配件。

6.计划管理

包括牛群周转计划、饲料供应计划、产奶计划及配种产犊计划等。

（1）牛群周转计划　一般情况下，牛群中泌乳牛的比例为60%（58%～72%）左右，青年牛16%～18%，12～18月龄育成牛6%～7%，6～12月龄育成牛7%～8%，犊牛比例为8%～9%。泌乳牛的比例越大，对牛场的经营、效益的提高越有利。牛群平均淘汰牛的年龄越大，泌乳牛的比例越大，同时可减少后备牛培养费的折旧，有利于对后备牛群的选择（表8-2）。

（2）产奶计划　是奶牛场的核心计划，是制定饲料供应计划、鲜奶销售计划、乳制品加工计划的依据。

① 制定产奶计划需要的资料　a.本计划年度内每头产奶母牛基本情况：本计划年度中是第几个泌乳期，计划年度末是第几泌乳月，上个泌乳期305d产奶量，最高日泌乳量及出现的时间，每个泌乳月产奶情况。b.牛群配种情况，根据最后一次配种期预计每头牛的下一个年度预产期和干乳期。母牛本身的健康状况和体况，尤其是否有乳房炎等。计划在下一个计划年度投产的初胎母牛的预产期，本身生长发育情况，其同胞姐妹的第一胎平均产奶量，或本场第一胎平均产奶量及泌乳期长短，或者其母亲第一胎的产奶情况等。c.本计划年度气候、饲料供

表8-2　自然状态下奶牛群结构分布　　单位：%

淘汰平均年龄	成年母牛	青年牛	12～18月龄育成牛	6～12月龄育成牛	犊牛
13	73.0	12.0	5.0	5.0	5.0
12	70.9	13.1	5.3	5.3	5.4
11	68.5	14.4	5.7	5.7	5.7
10	65.5	16.0	6.1	6.1	6.2
9	61.9	17.9	6.7	6.7	6.8
8	57.4	20.4	7.4	7.4	7.4
7	51.6	23.5	8.3	8.3	8.3
6	43.8	27.7	9.5	9.5	9.5
5	33.0	33.5	11.1	11.1	11.2
4	16.8	42.3	13.6	13.6	13.7

应和饲草料储备情况，并判断下个计划年度饲料生产、供应情况等的改善程度。d.该品种或本奶牛群各泌乳期泌乳量的变化规律。

② 制定方法和步骤

第一步：根据本泌乳期产奶量预计下个泌乳期产奶量。由于不同泌乳期的产奶量变化存在一定的规律（表8-3），所以对于经产牛，在一般情况下利用这个规律可得出计划年度中，新泌乳期的理论产奶量。刚投产的初产牛，第一泌乳期产奶量依据表8-3中的第四泌乳期确定。

表8-3　北方荷斯坦牛不同泌乳期与奶产量的关系　　单位：%

泌乳期	一	二	三	四	五	六	七	八
产奶量比较	62.9	86.2	95.1	99.1	100.0	99.7	95.0	85.0

第二步：根据理论产奶量，结合本计划年度饲料、牛只健康、体况和管理工作的改善情况，对理论产奶量进行修订。

第三步：根据牛群配种情况，推算出该牛的预产期和干奶期（一般干奶期为60d）。

第四步：根据已修订的产奶量，找出各泌乳月的理论日平均产奶量。

第五步：根据各泌乳月的理论日平均产奶量，再根据各泌乳月在各自然月中的实际泌乳天数，算出各自然月的理论产奶量。

第六步：根据各自然月的理论产奶量，结合各自然月的气候特点和粗饲料供应情况进行调整。

第七步：列出调整后的各自然月的计划产奶量，即为该牛只该计划年度的产奶计划。

第八步：把全场所有该年度泌乳牛的产奶计划按照该方式计算出，即为该牛场的年度产奶计划。

（3）配种产犊（分娩）计划　牛群繁殖计划是按预期要求，使母牛适时配种、分娩的一项措施，又是编制牛群周转计划的重要依据。编制配种分娩计划，不能单从自然生产规律出发，配种多少就分娩多少。而应在全面研究牛群生产规律和经济要求的基础上，搞好选种选配，根据开始繁殖年龄、妊娠期、产犊间隔、生产方向、生产任务、饲料供应、牛舍设备以及饲养管理水平等条件，确定牛只的大批配种分娩时间和头数，才能编制配种分娩计划。母牛的繁殖特点为全年散发性交配和分娩，季节性特点不明显。所谓的按计划控制产犊，就是把母牛的分娩时间安排到最适宜产奶的季节，有利于提高生产性能。

（4）饲料计划　饲料费用的支出是奶牛场生产经营中支出最重要的一个项目，如以舍饲为主的奶牛场来计算，该费用占全部费用的50%以上，甚至更高，其管理得好坏不仅影响到饲养成本，并且对牛群的质量和产奶量均有影响。具体见前述饲料管理。

7.安全管理

包括人员安全，主要是用电安全、生活安全、设备安全、生产安全及产品安全等。

8.信息化管理

通过互联网技术，奶牛场可快速传递和获取信息（包括科学技术信息、市场信息、政策法规信息和企业、个人及机构信息等），提高决策水平，更好地指导生产。奶牛场信息化管理平台是一个完整的信息集成管理系统，主要包括成本管理平台、生产管理平台和综合管理平台。目前，市场上销售奶牛场信息化管理的软件较多，可以选择使用。

三、奶牛市场预测及动态分析

1.市场预测

所谓市场预测就是掌握市场需求与价格的信息，经营者可以按照

一般的市场经济规律和自身的经验，对市场的现状、发展趋势作出客观的综合分析与评估。

（1）预测内容　主要有奶牛生产的发展变化情况；城乡消费习惯、消费结构、消费增长和消费心理的变化；市场价格变化情况；同类产品进出口贸易情况；国家法律、政策和国际贸易政策的变化对市场供求的影响；本地区及国内奶牛业的变化；市场饲料、生产设备价格情况。

（2）预测方法

① 经验判断法　主要依靠从业者本身的业务经验、销售人员的直觉以及专家的综合分析，来全面判断市场的发展趋势。

② 市场调查预测法　主要通过市场调查来预测产品销售趋势，可采取典型调查、抽样调查、表格调查、询问调查和样品征询法等。

③ 实销趋势分析法　可根据以往实际销售增长趋势（即百分比），推算下期预测值的方法，计算公式为：下期销售预测值=本期销售实际值×（本期销售实际值/上期销售实际值）。

2.市场动态分析

主要是对饲料市场、犊牛、育成牛、原料奶、乳制品等不同用途价格的变化和社会需求量的变化因素进行综合性、客观性分析。

（1）饲料市场变化　除青绿饲料、粗饲料外，主要还有玉米、豆粕等粮油作物及其副产品，因此，农业的丰欠直接影响到饲料工业的生产，并直接制约着奶牛饲料的价格。奶牛的饲料费用占生产成本的50%～70%，因而饲料又影响到奶牛产品的经济效益。

（2）乳制品价格变化　原料奶、奶粉及相关乳制品等价格直接影响到奶牛生产的经济效益。

（3）消费习惯变化　2015年中国原奶产量3755万吨，位居世界第三，中国13亿人口，人均不到29L，每人每天只能消费国产奶79mL，只是发展中国家人平均乳品的二分之一。随着人们生活水平的提高，乳制品的需求仍有较大空间。由于我国原料奶短缺，需求大于供给，只能通过进口来满足国内市场对牛奶的需求。

四、奶牛养殖的经营模式

目前，我国奶牛养殖的模式主要包括散养户、养殖小区、规模养殖场、托牛所、奶联社等。其中散养户、养殖小区、规模养殖场是三种最主要的养殖模式，托牛所和奶联社是近年来兴起的新的奶牛养殖模式。

1. 散养户

主要以家庭散养为主，一般夫妻二人共同饲养，费用独立核算，一般都是作为家庭副业，种地养牛两不耽误；饲养规模较小，养殖规模大多在1～19头或几十头。饲养条件较为简陋，场地一般为自家庭院，人畜不分，饲养环境相对恶劣；经营管理粗放，大多利用自产农副产品。目前，我国散养户奶牛存栏占全国奶牛存栏的比重逐渐下降，随着国家对畜禽规模化养殖的大力推进，未来散养户比重将进一步下降。

2. 奶牛养殖小区

指在一定范围内，按照集约化养殖要求，农户在系统规划、合理布局的专一区域内进行奶牛饲养。养殖小区模式中小区经营者或者公司需要向养殖户提供以下3方面的条件：①提供牛圈、牛舍、青贮窖和宿舍等基本生产和生活条件；②提供挤奶厅、饲料加工机械、饲喂机械、清粪机械、运奶车等生产必需设施；③提供配套管理、技术、挤奶和后勤等服务人员。养殖小区中农户牵着牛入住，享受技术、管理和后勤等全面服务，农户按奶牛头数和牛奶产量向小区经营者或者公司缴纳管理费和租赁费。养殖小区奶牛饲养实现“统一建设，统一管理，统一配种，统一防疫，统一机械挤奶”的“五统一”模式。

目前，我国大概有4万多个奶牛养殖小区，养殖小区的存栏数量占全国奶牛存栏总数的50%～60%。养殖小区主要分为农民合伙投资建“小区”，乳品企业与村委会共建“小区”和养殖大户投资建“小区”三大类。奶牛养殖小区的饲养规模一般在200～500头，多的能达到500～1000头，一般每个农户饲养10～20头，多的达20～30头。

3. 规模养殖场

指经当地农业、工商等行政主管部门批准，具有法人资格的奶牛养殖场。规模养殖场的所有制性质可以是国营、民（私）营、独资、股份、村集体或者个体。不管是何种性质的规模养殖场，均独立经营，费用单独核算。一般而言，规模养殖场的饲养规模在100头以上，大规模养殖场在1000头以上。近年来是否有万头牧场，已经成为衡量一个企业牧场建设和管理能力的标志，现代牧业、蒙牛、伊利、三元等乳品

企业先后开始积极发展万头牧场，目前中国在建万头牧场超过40个。

4.托牛所

奶农将奶牛托付给技术高的标准化养殖场，养殖场根据每头牛的体况给奶农1500～3000元的稳定回报，这种养殖模式称为“托牛所”。一般按照共赢互利、自愿协商的宗旨，以托管为主、自购为辅，以量定价的原则进行饲养管理。托管的奶牛经布鲁氏杆菌病、结核病检疫合格后，托牛所与奶农双方签订奶牛入托合同，奶牛由托牛所统一饲养管理，实行统一管理、统一防疫、统一配种、统一供料、统一保险、统一挤奶、统一结算的“七统一”管理模式。托牛所将奶农从奶牛饲养管理过程中解放出来，奶牛在入托期间的经营管理权归托牛所所有，奶牛的市场风险和疫病风险由托牛所承担，犊牛归托牛所所有，但入托奶牛的所有权仍归奶农所有。目前，“托牛所”饲养模式在黑龙江、内蒙古、河北、天津、新疆等省（市、区）逐渐发展。“托牛所”与奶农之间的结算方式主要有2种：一是定额结算托牛收入，即对奶农全托的产奶牛，托牛所按照每头日均产奶量划分等级，每年结算奶农不同的托牛收入。二是分红结算托牛收入，即奶农全托一头产奶牛，每年或每月按照托牛所的经营状况，给奶农保本分红、入股分红结算托牛收入。前一种结算方式相对简单，后一种方式相对复杂，目前以定额结算托牛收入为主。

5.奶联社

2007年，内蒙古奶联科技有限公司借鉴奶业发达国家奶农合作组织经验与模式，结合中国国情，提出了中国首创的奶牛养殖合作化产业模式——“奶联社”。奶联社通过重新配置奶牛养殖环节的设施、设备、技术、奶牛、饲草料资源，以提高资源配置效率的创新商业模式。运作模式由企业搭建技术、设备、资金和管理平台，奶农按照“自愿入社、不参与经营、获取稳定回报、到期自愿退社、退社时领取入社奶牛金”的原则，将现有奶牛以固定回报形式入社、获得回报。与奶牛养殖小区的饲养模式不同，奶联社的奶农自愿以自己的奶牛入社，但不参与生产和经营，奶联社负责“统一繁育，统一饲喂，统一挤奶，统一防疫，统一管理”。奶农通过现有奶牛以入股分红、保本分红、固定回报、合作生产等多种形式入社。入社之前，奶联社对每头奶牛的胎次、产奶能力、体况情况等进行评估作价并建立档案，年底按照奶牛入社时的作价进行分红；合同期内，奶牛所产牛犊归奶联社所有，奶牛疫病和死亡风险也由奶联社承担。奶农还可以和奶联社签订协议，用自己家里的土地种植玉米，由奶联社负责收购。

五、成立奶牛养殖专业合作社的条件和程序

1.办理养殖专业合作社程序

（1）到农民专业合作社所在地的工商所申请核准合作社的名称。

（2）到畜牧局办理动物防疫合格证。

（3）到工商所提交材料办理执照。

2.到工商所办理养殖农民专业合作社所需材料如下

（1）农民专业合作社设立登记申请书（成员最低5人以上，其中农民成员需达80%以上）。

（2）全体设立人签名、盖章的设立大会纪要。

（3）所有理事、监事的任职文件（全体设立人签名，如果设立大会纪要中已含有任职说明则无需此文件）。

（4）全体设立人签名、盖章的农民专业合作社章程。

（5）法定代表人身份证明。

（6）全体出资成员签名、盖章的出资清单。

（7）法定代表人签署的成员名册。

（8）全部成员身份证明：身份证复印件及户口本复印件（农民身份证明——户口本上标注农业家庭户；户口本上个人职业标注农民或由村里提供证明）。

（9）住所使用证明。

（10）指定代表或者委托代理人的证明（必须由全体设立人签名）。

（11）名称预先核准通知书。

（12）动物防疫合格证。

注：凡复印件需标明“此件由本人提供，与原件一致”并签名；在农民专业合作社办理执照过程中需有一次成员全体到场。详细情况可参阅《中华人民共和国农民专业合作社法》。

第九章　信息发布

一、我国提供犊牛、育成牛的种牛场

目前，我国在许多地区都分布有不同性质的种牛场，经营范围包括荷斯坦奶牛、娟姗奶牛及新疆褐牛等。具体可登录农业部畜牧业司主办的《国家种畜禽生产经营许可证管理系统》（http://www.chinazxq.cn/index.asp），点“种畜场”查询，然后根据要求选择相应的省、市、县和关键字（奶牛）进行查询。如福建南平禾原牧业有限公司、辽宁辉山乳业集团、四川新希望奶牛养殖有限公司、宁夏青铜峡市美加农牧业发展有限公司、大同市新荣区伊磊牧业科技有限责任公司、辽宁辉山乳业集团榆树牧业有限公司、伊犁新褐种牛场、宁夏赛科星养殖有限责任公司、福建新曙光农业发展有限公司、河南花花牛畜牧科技有限公司、河南源源乳业集团有限公司、张掖市新华草畜科技有限责任公司、山东银香伟业集团有限公司、山西九牛农业开发有限公司等。请实地考察、询问同行及了解其信誉度后，再做选择，以免上当受骗。

二、奶牛饲料与兽药生产企业

目前，我国许多饲料、兽药企业都可以生产奶牛饲料和兽药。更多信息养殖户可以通过网络（http://slxk.chinafeed.org.cn/）进行饲料和饲料添加剂生产许可信息查询，通过国家兽药基础信息查询系统（http://sysjk.ivdc.org.cn:8081/cx/）查阅兽药企业信息及产品批准文号。

查询到相关奶牛饲料、兽药产品后，可直接与企业或当地经销商联系，实地考察或了解口碑后，再决定是否购买，以免上当受骗。

三、奶牛养殖与疾病防治相关期刊

我国目前有奶牛饲养及疫病防治方面的专业期刊——《中国奶牛》，还有一些关于养牛与牛病防治方面的期刊，这些期刊内刊登有奶牛方面的论文和资料。如《黑龙江畜牧兽医》、《北方牧业》、《中国乳业》、《中国兽医杂志》、《中国牛业科学》、《黑龙江动物繁殖》、《中国畜牧兽医》、《中国畜牧业》、《现代畜牧科技》、《乳业科学与技术》、《当代畜牧》、《中国草食动物科学》等，此外，还有各省、市、自治区的畜牧兽医方面的杂志和高等院校的学报等期刊。

四、了解犊牛、育成牛及原料奶价格行情的渠道

1. 调查当地畜产品农贸市场或超市，了解犊牛、育成牛及奶牛价格。

2. 与当地养牛同行交流，获取相关价格信息。

3. 经常与销售犊牛、育成牛、奶牛的经纪人联系，获取价格信息。

4. 通过相关网站查询价格，如荷斯坦网（http://www.hesitan.com/）、黑龙江农业信息网（http://www.hljagri.gov.cn/scxx/）等。

5. 与相关同行交流，如饲料、兽药、疫苗、畜牧器械等企业的人员，获取相关信息。

6. 加入与奶牛行情相关的QQ群或微信群。

五、奶牛养殖与疾病防治相关网站

牛联网（http://www.niulianwang.com/）；牛农网（http://www.niunong.com.cn/）；中国奶业信息网（http://www.chinadairyindustry.org.cn/）；奶源网（http://www.eemilk.com/）；国家饲料数据中心（http//www.chinafeeddata.org.cn/）；国家饲料工程技术研究中心牧草与青贮饲料研究推广中心（http://www.nferc-silage.com/）；国家奶牛产业技术网（http://www.niu305.com/）；中国奶业协会（http://www.dac.com.cn/）；奶牛专家咨询系统（http://cecs.tjau.edu.cn/）；齐贝网（http://www.7bei.cc/jishu/niu/）；中国乳业信息网（http://www.chinadairy.net/）；中国奶牛数据中心（http://www.holstein.org.cn/）等。

参考文献

[1] 王泽奇，徐华．农区奶牛养殖技术．北京：中国农业科学技术出版社，2014.6.
[2] 李建国，高艳霞．规模化生态奶牛养殖技术．北京：中国农业大学出版社，2013.1.
[3] 张拴林，高文俊，刘强．奶牛养殖实用技术．北京：中国农业科学技术出版社，2014.3.
[4] 董晓霞，曲峻岭，李孟娇．奶牛规模化养殖与环境保护．北京：中国农业科学技术出版社，2014.6.
[5] 蒋林树，陈俊杰．现代化奶牛饲养管理技术．北京：中国农业出版社，2014.3.
[6] 樊航奇，张学炜．无公害奶牛标准化生产．第2版．北京：中国农业出版社，2014.1
[7] 中国兽药典委员会．兽药使用指南（化学卷、中药卷）．北京：中国农业出版社，2010.8.
[8] 王仲兵，王凤龙．舍饲牛场疾病预防与控制新技术．北京：中国农业出版社，2013.4.
[9] 李绍钰．奶牛标准化生态养殖关键技术．郑州：中原农民出版社，2014.5.
[10] 中国知网．http://www.cnki.net/.

附本书中单位说明对照表：

单位名称	吨	千克	克	毫克	微克	米
对应国际标准符号	t	kg	g	mg	μg	m
单位名称	厘米	毫米	微米	平方米	公顷	立方米
对应国际标准符号	cm	mm	μm	m^2	hm^2	m^3
单位名称	平方厘米	光照强度/勒克斯	升	毫升	天	小时
对应国际标准符号	cm^2	lx	L	mL	d	h
单位名称	分钟	摄氏度	千焦	兆焦	国际单位	瓦
对应国际标准符号	min	℃	kJ	MJ	IU	W